2017年海南省自然科学基金面上项目：紫外线照射影响小鼠
APOBEC3mRNA表达水平的研究（编号：317163）

APOBEC家族研究进展

吴小霞 著

东南大学出版社
SOUTHEAST UNIVERSITY PRESS
·南京·

图书在版编目(CIP)数据

APOBEC 家族研究进展 / 吴小霞著. — 南京:东南
大学出版社,2019.11
  ISBN 978－7－5641－8552－7

  Ⅰ. ①A⋯ Ⅱ. ①吴⋯ Ⅲ. ①胞嘧啶核苷－脱
氨酶－研究 Ⅳ. ①Q557

中国版本图书馆 CIP 数据核字(2019)第 218148 号

APOBEC 家族研究进展   APOBEC Jiazu Yanjiu Jinzhan

著　　者	吴小霞
出版发行	东南大学出版社
出 版 人	江建中
社　　址	南京市四牌楼 2 号(邮编:210096)
印　　刷	江苏凤凰数码印务有限公司
开　　本	787 mm×1 092 mm　1/16
印　　张	12.5
字　　数	296 千字
版印　次	2019 年 11 月第 1 版　2019 年 11 月第 1 次印刷
书　　号	ISBN 978－7－5641－8552－7
定　　价	39.00 元
经　　销	全国各地新华书店
发行热线	025－83790519　83791830

(本社图书若有印装质量问题,请直接与营销部联系,电话:025－83791830)

前 言
PREFACE

APOBEC 家族是 APOBEC 基因上进化保守的胞苷脱氨酶家族。人类编码 11 个 APOBEC 酶家族成员,分别是位于 12 号染色体上的 AID、APOBEC1 基因,6 号染色体上的 APOBEC2 基因,7 个位于 22 号染色体上的 APOBEC3 基因(APOBEC3A、APOBEC3B、APOBEC3C、APOBEC3D、APOBEC3F、APOBEC3G 和 APOBEC3H),1 号染色体上的 APOBEC4 基因。

APOBEC 酶含有 1 个或 2 个识别特定 DNA/RNA 序列的催化结构域,有催化活性的 APOBEC 通过将胞嘧啶(C)编辑为尿嘧啶来诱导 ssDNA 或 RNA 上的突变。

APOBEC 蛋白在获得性和先天性免疫系统中发挥着重要作用。AID 通过使成熟 B 细胞的免疫球蛋白基因座中的胞嘧啶脱氨基而诱导体细胞超突变,并引发抗体类别转换重组,这是抗体多样化和体液免疫成熟的关键过程。APOBEC1 编辑编码载脂蛋白 B(apoB)的 mRNA 以引入早期终止密码子并产生截短的 apoB 用于脂质转运。APOBEC3 家族参与控制基因组中的内在逆转录元件并限制外部病毒感染和复制。目前已知受 A3 蛋白限制的病毒包括人免疫缺陷病毒(HIV)、乙型肝炎病毒(HBV)和人乳头瘤病毒(HPV)等。与其他 APOBEC 成员不同,APOBEC2 和 APOBEC4 的功能仍有待澄清,但因 APOBEC2 在心脏和骨骼肌中表达,对肌肉发育至关重要。

自 2002 年 Sheehy 等人发现 APOBEC3G 可以抵抗 Vif 缺陷的 HIV-1 以来,很多研究者都在关注 APOBEC 胞苷脱氨酶家族,包括其功能结构、作用机制、抗病毒原理以及对癌症的贡献等,所以汇聚了很多的研究成果。本书就这些年来 APOBEC 家族的研究做了简单的梳理,希望给生物医学相关领域的工作者提供帮助,为其科学研究提供思路,但由于编者水平有限,差错和缺点在所难免,还望读者雅正。

吴小霞
2019 年 4 月
于琼台师范学院

目 录
CONTENTS

1　HIV 与限制因子

　　HIV，即人类免疫缺陷病毒，是一种导致艾滋病的无法治愈的感染。尽管抗逆转录病毒疗法（ART）可以将 HIV 抑制到无法检测的水平，但中断 ART 会导致病毒迅速反弹至治疗前水平。因此，艾滋病病毒感染者必须致力于终身抗逆转录病毒治疗，以防止艾滋病病毒的复制。然而，ART 并不能完全预防病理学或恢复 HIV 感染患者的正常寿命。此外，随着 ART 的持续和广泛使用，HIV 逐渐变得越来越耐药，这削弱了 ART 的功效，特别是在资源有限或治疗不足的环境中。因此，终身抗逆转录病毒疗法不是在个人或全球范围内治疗艾滋病病毒/艾滋病的可持续解决方案，迫切需要治疗疗法。

　　HIV 属于逆转录病毒科慢病毒属，可利用自身的逆转录酶将自身 RNA 基因逆转录为 DNA，并使得此 DNA 进入细胞核而整合到细胞的染色体上。HIV-1 感染人免疫系统的细胞，例如辅助 T 细胞（特别是 CD4$^+$T 细胞）、巨噬细胞和树突细胞。HIV-1 感染通过许多机制降低辅助 T 细胞的水平，例如未感染的旁观者细胞的凋亡，直接病毒杀死感染细胞，以及通过 CD8$^+$T 杀死感染的 CD4$^+$T 细胞识别感染细胞的细胞毒性淋巴细胞，并导致获得性免疫缺陷综合征（AIDS）。由于 HIV-1 能够改变宿主机制以逃避免疫反应并促进其自身的存活和复制，因此在世界范围内广泛传播。

　　逆转录病毒科家族的慢病毒属可使得一些哺乳动物产生各种疾病。尤其是外源性慢病毒根据宿主物种被分成五类：灵长类的慢病毒（PLVs）、猫科动物的猫免疫缺陷病毒（FIVs）、牛科动物的牛免疫缺陷病毒（BIV）和空膜病病毒（JDV）、反刍动物的梅迪-维斯那病毒（MVV）和山羊关节炎脑炎病毒（CAEV）以及马科的马传染性贫血病毒（EIAV）。

　　这些病毒从生命的各个领域感染生物体。它们对宿主施加的进化压力是显而易见的，因为宿主存在多种防御机制。病毒的主要目标是将其基因组复制到合适的宿主细胞中，并产生用于感染新靶细胞的子代病毒粒子。不同生物体采用对病毒感染免疫的策略,包括细菌 CRISPR 系统或植物与脊椎动物的 RNA 干扰。病毒为生存而逃避、对抗这种抗病毒机制,反过来又导致新的宿主防御途径的出现。事实上,高等生物通常采用多种措施来遏制和消除感染的病毒。例如,哺乳动物的细胞毒性 T 细胞、抗体、自然杀伤细胞、干扰素以及多种抗病毒蛋白都有助于病毒感染后的免疫应答,通过宿主生物体的抗病毒反应在大多数情况下消除或限制病毒感染。病毒已经制定了不同的策略来克服这些限制,一些导致长期慢性感染,另一些则在快速裂解周期中复制。然而,所有病毒在很大程度上依赖于特定宿主因子,从识别病毒进入靶细胞所需的特定细胞表面受体到将细胞因子包装成病毒粒子。

自从被确定为艾滋病的致病因素以来,HIV-1 已引起全世界数百万人死亡。人们可能会认为病毒不应该杀死宿主,因为这样会两败俱伤。事实上,许多病毒已经以相对和平共存的方式适应了它们的宿主。此外,许多病毒感染通过接种预防性疫苗从而被有效控制。那么,为什么 HIV-1 或流感病毒等其他病毒仍会引起全球性的大流行呢? 这个问题的答案很简单:① 预防性疫苗不可用或无效;② 我们的免疫系统尚未适应这些病毒挑战。HIV-1 病毒感染并杀死 $CD4^+$ T 细胞,从而严重损害宿主产生有效的自适应 T 细胞或 B 细胞反应的能力。最重要的是,HIV可以整合到记忆细胞和长寿的巨噬细胞中,从而建立潜伏或慢性感染。这并不是说人类没有配备抗击艾滋病病毒感染的工具。实际上,越来越多的宿主限制因子可以,至少在原则上可以靶向人类免疫缺陷病毒 HIV,例如载脂蛋白 B mRNA 编辑酶 3G(APOBEC3G)。

尽管 SIV 对非洲绿猴是持续的病毒感染,SIV 对非洲绿猴的自然感染通常不会引起类似艾滋病的症状。那么,为什么 SIV 感染的猴子可以健康的生活,而与之密切相关的 HIV-1 对人类的感染导致了严重的通常致命的免疫缺陷? 答案是至少部分是人类缺乏适应性。有研究者认为 HIV-1 是从黑猩猩免疫缺陷病毒(SIVcpz)进化而来,最近才被引入人体。虽然有证据表明宿主限制因子的阳性选择,但先天和内在免疫系统对新的病毒攻击的人群适应性变化缓慢,可能需要在几个世纪内而不是几周内进行。这可能是为什么在 HIV-1 病例中,病毒对策目前占优势的原因。

1.1　HIV

1.1.1　基因组

1983 年首次显示艾滋病可能是由逆转录病毒引起,当时巴斯德研究所的研究者从一个持续性淋巴腺病综合征(PGL)患者的淋巴结中找到了含有逆转录酶活性的病毒。当时许多医生认为 PGL 是由一种已知的人类病毒如 Epstein-Bar 病毒（EBV）或巨细胞病毒（CMV）引起的。另外，巴斯德研究所分离的逆转录病毒特征与人 T 细胞白血病病毒（HTLV）相似。1986 年，国际病毒分类委员会将艾滋病病毒命名为人类免疫缺陷病毒，简称为 HIV。在发现 HIV-1 不久后，在葡萄牙几例来自西非、佛得角群岛和塞内加尔的艾滋病病人体内又发现了第二种 HIV，此基因序列与 HIV-1 差异大于 55%，二者的抗原也有差异性，所以它被命名为一种新的 HIV 类型——HIV-2。HIV-1 对人类细胞感染力最强，威胁最大。

HIV-1 由两个长度为 9749 个核苷酸的单链 RNA 组成。HIV-1 的 RNA 基因组包含 LTR（长末端重复序列），其作为宿主转录因子的结合位点，转录机制的元件和调节 LTR 活性以及随后病毒 RNA 和蛋白质表达的病毒编码蛋白质。HIV-1 的基因排列为 LTR-gag-pol-vif-vpr-tat-rev-vpu-env-nef-LTR，这些基因编码出来的抗原包括 gp160、gp120、gp41、p66、p55、p39、p31、p24、p17、p15 等。HIV-2 的基因序列为 LTR-gag-pol-vif-vpx-vpr-tat-rev-env-nef-LTR。HIV-1 编码三种结构蛋白，即在所有逆转录病毒中发现的 Gag、Pol 和 Env，以及六种附属蛋白，即 Tat、Rev、Vpr、Vif、Vpu 和 Nef。LTR 含顺式调控序列，它们控制前病毒基因的表达。

HIV-1 的生命周期与其他逆转录病毒的生命周期相似。它首先将病毒附着到特定的靶细胞，然后是含有病毒衣壳的 RNA 基因组进入细胞质。在病毒逆转录酶的帮助下，病毒 RNA 被逆转录成双链 DNA。双链前病毒 DNA 整合到宿主染色体 DNA 中，转录并翻译成病毒蛋白。接着是病毒颗粒的组装和来自宿主细胞表面的成熟病毒粒子的出芽。HIV-1 Tat 和 Rev 在 HIV-1 的生命周期中的早期起必要的调节作用。Tat 与 LTR 启动子中的 TAR（反式激活响应）元件相互作用并增加所有病毒转录物的稳态水平。另一方面，Rev 主要通过称为 Rev 反应元件（RRE）的顺式作用元件转运单剪接或未剪接的 HIV-1 基因组 RNA。HIV-1 的其他辅助蛋白，即 Vif、Vpr、Vpu 和 Nef 似乎对于病毒生命周期是不必要的，但已发现其在宿主中病毒的发病机理中起重要作用。

HIV-1 的 Gag 前体在 N 末端具有基质（MA，p17），衣壳（CA，p24），核衣壳（NC，p7）和称为 p6 的 C 末端结构域，是灵长类动物慢病毒所特有的。55 KDa HIV-1 Gag 前体在胞质核糖体上合成，并通过肉豆蔻基的 N 末端连接进行共翻译修饰，增加其对膜的亲和力。Gag 通过蛋白质-蛋白质和蛋白质-RNA 相互作用在质膜下面寡聚化，MA 结构域朝向脂质双层，这有助于将 Gag 靶向质膜并将病毒包膜（Env）糖蛋白进入新生病毒粒子。

Tat 是 HIV-1 基因表达的两种必需病毒调节因子（Tat 和 Rev）之一。自 1985 年发现以来，HIV-1 Tat 一直是 HIV 研究的重点。Tat 在激活病毒基因转录中起着至关重要的作用，并发挥着对病毒发病机制具有重要意义的功能。Tat 是 9—

11 KDa 的小蛋白质,由86～101个氨基酸组成,取决于亚型。Tat 通过与 TAR RNA 元件结合并激活 LTR 启动子的转录起始和延伸起作用。已经发现 Tat 的转录活性受泛素刺激。Hdm2(Mdm2 的人类同源物,E3 泛素连接酶)是 Tat 转录活性的正调节因子,并且已发现其介导 Tat 泛素化。

Rev 是 HIV-1 基因表达的第二个最关键的调节因子。Rev 是一种小的19 KDa 磷蛋白,主要定位于细胞核,并在 HIV-1 生命周期的早期阶段表达。Rev 在细胞核和细胞质之间快速循环,Rev 的特征功能是将含有 RRE 的 HIV-1 mRNA 从细胞核输出到细胞质,以促进病毒结构蛋白的产生。在没有 Rev 的情况下,宿主 RNA 剪接机器快速剪接 RNA,从而只能产生调节蛋白 Rev、Tat 和辅助蛋白 Nef。

Nef 是 HIV-1 的辅助蛋白,是感染细胞中最早产生的 HIV 蛋白之一。Nef 是一种 27 KDa 大小的多功能蛋白质。Nef 主要存在于细胞质中,并且通过与保守的第二氨基酸残基(Gly)连接的肉豆蔻酰残基与质膜结合。Nef 下调 CD4 的表达,防止感染细胞的重复感染和过早死亡,从而促进有效的病毒复制。它涉及 Nef 介导的 CD4 受体胞吞作用,其通过 Nef 在 Lys-144 上去泛素化而发生。Nef 蛋白的赖氨酸 144 位置的突变完全消除了其下调 CD4 受体的能力。HIV-1 Nef 还通过 E3 连接酶 AIP4 或神经前体细胞表达的 NEDD4 诱导其泛素化来下调 CXCR4,但将其指向溶酶体降解。

Vif 是 23 KDa 的附属蛋白。据报道,Vif 对于有效的病毒复制是必需的,在没有 Vif 的情况下,产生缺陷的病毒颗粒。Vif 是一种细胞质蛋白,以可溶性细胞溶质形式和膜相关形式存在。Vif 如同 Nef 那样促进病毒的传染性,但不会产生病毒颗粒。为了增加病毒的感染性,Vif 抵消了重要的细胞限制因子 APOBEC-3G(载脂蛋白 B mRNA 编辑酶催化多肽如 3G),以及 APOBEC3 家族的其他成员。

Vpr 是 96 个氨基酸组成的 14 KDa 蛋白质,主要定位于细胞核,其定位受其富含亮氨酸-异亮氨酸(LR)基序的控制。Vpr 的特征功能是通过与核转运途径相互作用在非分裂细胞中核转位 HIV-1 预整合复合物(PIC),通过其 C 末端结构域导致感染细胞的凋亡。由于其细胞周期调节活性,Vpr 还上调 HIV 复制,已发现 Vpr 蛋白通过与 Tat 的结构和功能相互作用协同增强 HIV-1 LTR 的转录活性。

Vpu 是辅助蛋白之一,是 16 KDa、由 81 个氨基酸组成的 I 型整合跨膜蛋白,其共翻译插入感染细胞的膜中。Vpu 具有两个主要的生物学功能:① 增强 HIV-1 感染细胞质膜的病毒粒子释放。如果从病毒基因组中删除 Vpu,则新形成的病毒颗粒在出芽后仍然与质膜的外表面连接,并最终被内吞和消化。② 下调辅助性 T 细胞表面的 CD4 表达。

1.1.2　亚型

对部分病毒基因尤其是包膜蛋白区进行 PCR 扩增及序列测定,特别有助于快速进行 HIV-1 和 HIV-2 毒株之间差异的比较。通过氨基酸分析方法发现不同毒株包膜的显著多样性的同时也发现了一定的相似性。目前,依据病毒全基因序列的测序结果,HIV-1 可分为三个组,分别为 M 组(主要组)、O 组(外围组)和 N 组(非 M 非 O 组)。

M 组内有 9 个群(亚型)已被确定,分别定名为 A～D,F～H,J 和 K。一些亚型归属于 O 组,只有几个毒株属于 N 组。HIVM 组的不同亚型在包膜区的氨基酸组成上至少有 20% 的差异,Gag 区至少有 15% 的差异。HIV-1 不同组间的差异在 Env 和 Gag 至少为 25%,而亚型间的遗传距离则近似。

HIV-1M 组 A 亚型主要发现于中非,B 亚型在北美和欧洲,C 亚型在南非和印度,D 亚型在中非,F 亚型包括了几个来自巴西的毒株和所有目前从罗马尼亚儿童体内得到的毒株。有一些研究人员建议将 A 亚型再分为 A1 和 A2 亚型,F 亚型再分为 F1 和 F2 亚型。F1 来源于巴西、罗马尼亚和芬兰,F2 来源于喀麦隆和刚果民主共和国。M 组内的其他亚型包括来自俄罗斯(G 亚型)、非洲和中国台湾(H 亚型)、扎伊尔(J 亚型)和喀麦隆(K 亚型)的毒株。

在多种亚型共同流行时,重组病毒经常出现于感染人群中。在某些情况下,病毒重组株会成为流行病学上的一个重要株系。这些毒株被称为流行重组模式(CRF)。当不知道亲本毒株时,用字母 U 来表示。含有四种或更多种亚型的重组毒株被称为复合型毒株(cpx)。当前,来源于 HIVM 组的 16 种 CRF 已被确认。

之前定义的 HIV-1 E 亚型和 I 亚型也是重组毒株,尽管没有发现 E 亚型的全长代表株,该亚型(含 A 和 E)还是被再次命名为 CRF-01AE,此亚型毒株主要在泰国流行。最初在塞浦路斯发现的 I 亚型病毒也是一个重组株,现在被命名为 CRF-04cpx,该重组株至少包含四个亚型,约有 11 个重组断点。CRF-02AG 主要在非洲一些国家流行。对一个新型或新的亚型或重组型的命名,需要获得三个没有流行病学关联个体的 HIV 全长基因组序列代表株。总体来说,全球 90% 以上的感染由 A 到 D 亚型,CRF-01AE 和 CRF-02AG 重组株引起。全球 75% 的新发感染是由 A 亚型、C 亚型和 CRF-02AG 引起的,随着 C 亚型从中非传播至南非,C 和 E 亚型成为全球最流行的亚型。C 亚型主要在中国部分地区、印度和埃塞俄比亚地区流行,世界近 50% 的感染可能由该亚型引起。

除 M 组外,在喀麦隆最初发现的其他毒株被认为是非主要流行株,被归为 O 组。可通过遗传序列分析将其与 M 组分开。在非洲其他国家也偶尔发现该组毒株,约 25% 的喀麦隆分离株是 O 亚型。值得注意的是,关于 HIV 感染的最早记录来源于 3 个挪威感染者(夫妇俩与其女儿),在其出现 HIV 感染临床症状的 10 年后死亡,他们携带的病毒属于 O 亚型。研究结果表明,在流行开始很久以前这些新发现的亚型就已经存在。

除 M 组和 O 组外,还在喀麦隆的几个患者体内分离到了 N 组毒株。这些病毒的基因序列与猴免疫缺陷病毒(SIV)具有更多的相似性。最初的 N 组毒株是 1995 年从一位 40 岁的患有艾滋病的喀麦隆妇女体内分离得到的。HIV-1 N 组明显比 M 组和 O 组中的任一病毒更接近黑猩猩的 SIV。因此,N 组病毒的进化祖先可能是非人灵长类动物。然而,研究发现 HIV-1N 组病毒流行率极低,而且仅有少数 N 组病毒被鉴定。

所有的 HIV-1 亚型和其中 CRF 都已在非洲被发现,大多数亚型在中非地区共流行。HIV-1 在其他国家的亚型分布的不同最能反映病毒的分离数量和流行情况。例如,在 20 世纪 90 年代返回美国的服役军人中,发现了 B 亚型以外的三种 M 组亚型、A 亚型、D 亚型和 CRF-01AE 亚型。

1.1.3　传播途径

HIV-1 传播是由黏膜表面的病毒暴露或经皮接种引起的。由于直接分析无法进行人体暴露,因此对传播事件的理解必然来自 HIV-1 流行病学、病毒和宿主遗传学、风险因素和行为分析、动物模型、人类外植体组织和研究中收集的见解。流行病学的研究显示,HIV-1 的主要传播途径是亲密的性传播途径、血液传播以及母婴传播。

艾滋病最初被认为是一种主要通过性途径传播的疾病。2009 年,估计全球有 260 万人新感染 HIV-1。与 1997 年艾滋病感染达到高峰时相比,新感染减少了 21%。但所有地区和风险群体的 HIV-1 发病率下降并不一致,突出了不同传播途径和风险行为在促进 HIV-1 传播方面的重要性。最极端的例子是在东欧和中亚,由于与性工作、吸毒和男男性接触者(MSM)相关的集中流行病,HIV-1 流行率在 2001 年至 2009 年间增加了 2 倍。根据文献的数据,截至 2016 年底,中国已有 664 751 人感染了艾滋病病毒/艾滋病,新增 124 555 人感染。新发现的由性传播引起的艾滋病病毒/艾滋病病例占所有新发现病例的 94.7%,在那些被性传播感染的病例中,异性传播的比例从 2008 年的 8.7% 显著增加到 2016 年的67.1%。因此,异性传播已成为当前我国艾滋病流行的主导因素。在性传播途径中,生殖液中的病毒数量起着重要作用。一般而言,在 10%~30% 的精液和阴道液标本中可发现游离感染性病毒和/或病毒感染细胞。然而,目前,研究者还没有从大量人群中检测到这些液体中游离的感染性病毒的水平,但是已在 HIV-1 感染患者疾病发展任何阶段的精液中检测到高水平的病毒载量。

1985 年,一名外国旅游者和四名中国血友病患者在中国艾滋病病毒感染史上"首开先河"。经血液传播艾滋病的报道受到高度关注,结果显示血液中既有游离的传染性病毒也有病毒感染的细胞,且感染 HIV 的细胞数量明显多于传染性病毒。已有证据显示,美国和欧洲的静脉吸毒者是第一批 HIV 感染者。这一人群的 HIV 血清阳性率估计在 50%～60%。从血液污染 4 周后的注射器中发现感染性 HIV。然而,在接下来的几十年里,艾滋病已经逐渐蔓延到普通人群中,中国艾滋病流行的主要驱动因素已经从血液传播转变为性接触传播。

预防 HIV-1 母婴传播(MTCT)是近 20 年来取得的重大公共卫生成就之一。在没有任何干预的情况下,从 25% 到 42% 的传播率,在可以实施全套预防策略的环境中,传播率现在已经降低到 1% 或更低。预防方法包括:在怀孕期间、分娩期间和婴儿出生后使用抗逆转录病毒(ARV)方案;在妊娠晚期仍能检测到 HIV 负荷的情况下,在羊膜破裂前选择剖宫产。在母乳喂养是最安全的婴儿喂养选择的环境中,世界卫生组织(WHO)建议母亲在整个母乳喂养期间使用抗逆转录病毒药物。由于实施了这些循证预防措施,美国每年新感染艾滋病病毒的婴儿不到 200 人。然而,在不太有利的环境中,儿童艾滋病病毒感染仍是一种持续的流行病,2012 年全球约有 26 万新的儿童感染,其中大多数是通过 MTCT 获得的,大多数是在撒哈拉以南非洲地区。我们在实施临床实践建议方面面临着许多挑战。胎盘巨噬细胞(Hofbauer 细胞)是 HIV-1 子宫内传播的关键介质。Hofbauer 细胞组成性表达细胞调节因子使其浓度升高,并在体外抑制 HIV-1 复制,并具有内在的抗病毒特性。Hofbauer 细胞在 HIV-1 特异性抗体可以进入的细胞内区室中隔离 HIV-1,并且可以在体内发生以抵消 MTCT。有研究者发现了母体人巨细胞病毒(HCMV)血症与 HIV-1 的 MTCT 之间的强烈关联,即胎盘中的 HCMV 感染促进炎症、慢性绒毛炎和滋养层损伤,从而为 CD4 CCR5 靶细胞提供潜在的 HIV-1 通路。胎盘具有多种限制 HIV-1 复制的机制,但是母体 HCMV 的病毒诱导的激活可以超越这种保护以促进 HIV-1 的子宫内传播。

1.1.4 病毒感染细胞

HIV 的传播需要病毒与细胞表面受体的相互作用,从而使病毒核衣壳穿过细胞膜进入细胞。早期 HIV 研究的重大突破就是发现其主要细胞受体为 CD 分子。HIV 附着在细胞表面的 CD4 分子上,然后进入细胞。在探讨 CD 病毒相互作用时发现单纯 CD4 受体对病毒进入细胞既不是充分的,也不是唯一的途径。一些高水平表达 CD4 蛋白的细胞,如未分化的 CD4+ 单核细胞,对 HIV 感染不敏感。在寻找与 HIV 结合的其他细胞表面蛋白的过程中,人们发现了趋化因子受体参与了病毒的进入。有研究证实 CCR5 是嗜巨噬细胞性病毒的辅助受体,而 CXCR4 是嗜 T

细胞性病毒的辅助受体,这两类病毒被区分为 R5 和 X4 病毒。

CXCR4 的天然配体是基质细胞产生的趋化诱导物因子(SDF-1),这种细胞因子能阻断 HIV 感染 T 细胞系,SDF-1 是趋化因子的一种低分子量细胞因子家族的一员,趋化因子通过诱导免疫细胞至损伤部位以介导炎症反应。

在 CXCR4 被鉴定为 HIV 辅助受体不久后,研究者开始检测 HIV 感染的趋化因子受体。β 趋化因子 RANTES、巨噬细胞炎性蛋白-1α(MIP-1α)和 MIP-1β 三者联合可有效抑制 HIV-1 感染 $CD4^+$ 淋巴细胞。MIP-1α 可吸引多种白蛋白前往炎症区域,MIP-1β 可吸引 T 细胞、树突状细胞(DCs)、巨噬细胞和 NK 细胞。利用 β 趋化因子受体 CCR5、CCR3 和 CCR2b 的分子克隆,一些研究者发现这些分子帮助 HIV 进入宿主细胞,推测 β 趋化因子是通过竞争性结合受体位点而发挥作用。β 趋化因子受体的表达可以增强病毒感染细胞,而 β 趋化因子可以阻止病毒的感染,特别是嗜巨噬细胞性的 R5 病毒。

CXCR4 主要表达于静止的(HLA-DR)$CD4^+$ T 细胞。而 CCR5 主要表达于活跃的(HLA-DR)T 细胞,伴随着疾病的进展即进一步的免疫激活,CCR5 出现高表达。

骨髓细胞,包括树突细胞和巨噬细胞,在针对病毒病原体如 HIV 的先天性和适应性免疫应答中起重要作用。骨髓细胞也是 HIV 的重要靶标。巨噬细胞和树突细胞表达 HIV-1 进入所需的必需受体(CD4 和趋化因子共同受体),并且与 $CD4^+$ T 细胞一样,是 HIV-1 体内最早的靶标。

1.1.5 病毒生命周期

HIV 的大小和超微结构各不相同,例如,病毒的总体大小范围为 119~207 nm。Gag 和 Gag Pol 的数量和分布范围很广。

ENV 与受体 CD4 结合,然后与受体 CCR5 或 CXCR4 结合,这引发 ENV 构象变化,允许融合肽插入细胞膜。在 30 年的病毒流行期间,人们已经了解了神经胶质细胞的 HIV 感染和中枢神经系统(CNS)中的病毒复制。在 CNS 中,巨噬细胞系是主要的病毒生产者,而星形胶质细胞可能仅支持受限制的病毒复制。这些研究者发现嗜巨噬细胞病毒 Env 蛋白依赖 CD4,能够感染 CD4 表面密度非常低的细胞,与淋巴结衍生的嗜 T 淋巴细胞向性分离株相比,脑源性嗜巨噬细胞病毒 Env 蛋白的构象增加了 CD4 结合位点暴露和与 CCR5 的物理相互作用的改变。

进入细胞后,病毒核心重新排列成为逆转录复合物(RTC)。RTC 的实验观察将其视为几百纳米宽的大型复合物,具有可变形态,包括 RNA、NC、一些 RT 和可能的 Vpr。然而,Nef 和大多数 CA、RT 在重排期间迅速脱落。关于脱壳的几个问题仍然存在:位置可能在细胞质或核孔复合体中,亲环蛋白 A 似乎很重要,但机制尚不清楚。而衣壳在大多数逆转录过程中基本上是完整的,但是被重塑的,并在核孔处发生脱壳。宿主细胞 tRNAlys3 的 3′末端的 18 个核苷酸与 HIV 引物结合位点互补,其充当逆转录的引物。通过 RT RNase 水解 RNA,其对于每 100 个聚合的核苷酸切割约一次,因此可能需要额外的切割以完全去除 RNA。一旦进入宿主细胞,许多因素可以改变病毒复制。促炎条件可增强大多数细胞类型的病毒复制。CXCL8(IL-8)由大脑中的大多数细胞类型产生,增强巨噬细胞和 T 细胞中的 HIV复制。有研究者发现 CXCL8 在巨噬细胞和原代小胶质细胞中增加了 2-LTR 环的形成,这是病毒 DNA 核输入或增强感染性的标志,并且增强的复制依赖于NF-κB。微小 RNA(miRNA)作为 HIV 复制的调节剂最近也受到关注。miRNA是小的约 22 个核苷酸的 RNA,它们通常通过与 3′UTR 的结合来抑制靶 mRNA的翻译。miRNA 可通过直接结合并抑制病毒 mRNA 的翻译或通过抑制 HIV 生命周期的任何阶段中涉及的蛋白质的翻译来调节 HIV 生命周期。

整合复合物(PIC)与许多细胞蛋白相关,如 Ku70、Ku80、Ini1、PML、BAF、LEDGF/p75 和 HMGA。HIV Tat 蛋白劫持细胞 P-TEFb 以促进细胞伸长转录。P-TEFb 在 7SK snRNP 中保持无效状态。通过细胞剪接体剪接 HIV-1 RNA 以产生超过 40 种不同的 RNA 种类。装配和出芽的过程大约需要 25 分钟。该过程由 Gag 的结构驱动,需要连接到膜,需要 CA 亚基之间的相互作用以及当它们与RNA 结合时相邻 NC 的束缚。

1.2 限制因子

限制因子是宿主细胞蛋白,有助于防御病毒感染。限制因子识别并干扰病毒复制周期的特定步骤,从而阻止感染,通常是由干扰素(IFN)诱导的,赋予病毒有效的早期限制。HIV-1 在靶细胞复制期间与多种宿主细胞蛋白相互作用。虽然许多这些宿主细胞蛋白促进病毒复制,但据报道其中许多蛋白在其生命周期的不同阶段抑制 HIV-1 复制。这些宿主细胞蛋白,被称为限制因子,构成宿主抵抗病毒病原体的第一道防线的组成部分。自从发现载脂蛋白 B mRNA 编辑酶 3G(A3G)是 HIV-1 限制因子以来,已经鉴定了几种表现出抗 HIV-1 限制的人类蛋白质。虽然每种限制因子都采用不同的抑制机制,但 HIV-1 病毒同样进化出复杂的反策略以中和其抑制作用。A3G、BST2、SAMHD1 和 Trim5α 是一些最著名的 HIV-1 限制因子,已经进行了非常详细的研究。细胞限制因子阻断 HIV-1 生命周期的各个阶段,包括病毒进入、逆转录、核转运和病毒粒子释放。

限制因子至少应有四个定义特征。第一,一个限制因子必须直接和主要导致HIV 感染性显著降低。这通常是利用转染细胞系来确认的,例如带有病毒分子克隆的 HEK293 和 HeLa 细胞系,无论有或没有表达限制因子的质粒,并测量培养1～2 天后的细胞培养基中回收的病毒的数量和传染性的。在一系列限制因子的表达中,这种检测方法是理想的,最高水平常常导致病毒感染的对数下降。这种用于病毒复制的"单周期"检测对于测试病毒突变和/或限制因子变异的影响是有用的。

第二,如果限制因子确实是病毒复制的威胁,那么 HIV 的前身(祖先)总是进化出一种同样有效的、仍然存在于现今病毒中的抑制机制。例如,为上述单周期感染实验滴定计数器限制因子导致病毒完全恢复了传染性,尽管存在有效的抑制因子。这些缺乏不同对策的病毒能在某些但非全部的细胞类型复制,取决于相关限制因子的表达水平。支持复制的细胞系称为"允许",不支持的称为"不允许"。生命/死亡二分法被巧妙地利用,以确定几个限制因子及其相应的病毒拮抗者。

第三,由于限制因子和反限制因子之间的相互作用是通过直接的蛋白质-蛋白质相互作用发生的,所以限制因子经常显示出快速进化的特征。一般来说,只有在突变具有选择性优势的情况下,才能在人群中维持。如果宿主物种经历了反复的致病压力,那么宿主就会选择那些被改变了的不再容易受到病原体抵抗机制的限制因子的突变体。在进化过程中,相对于非氨基酸变化或沉默突变,这导致了基因中氨基酸替换突变过多。这些正向选择标志变得明显,利用比较宿主与进化相关物种的限制因子基因序列。值得注意的是,每个氨基酸替换都可以由独立病原体冲突选择,而祖先的病原体可能甚至不像现在的 HIV 病毒。所以,正向选择的一个重要推论就是当今的限制因子很可能是从古老的宿主病原体冲突中产生的,并精心调整以对付大量的病原体(即限制因素引起广泛的活动)。这些超进化限制因子的蛋白序列无疑将继续与现代病原体相互作用而发生改变。

第四,每个限制因子的表达常常与先天免疫反应有关。例如,限制因子通常是由干扰素诱导表达,因此直接与宿主固有免疫应答有关。干扰素也诱导很多其他的基因(干扰素基因自身),每个限制因子或是一组限制因子占固有免疫应答的很小一部分。由于先天免疫调节因子的整体组成的一部分是由每个物种及其祖先暴露的病原体形成的,所以固有免疫蛋白可在种间变化,这对一个物种来说同一类型更为重要。所以,这些较大的固有免疫调节因子的全体成员有助于合理解释为什么每种类型的限制因子的数量在哺乳动物谱系中经常不同。

值得注意的是,相对于影响病毒复制的其他宿主蛋白,限制因子相对稀少。遵循上述标准,人类细胞可能拥有少数限制因子。真正的限制因子导致病毒感染的对数差异,直接与至少一种病毒成分相互作用。

在病毒进入细胞质后,发生逆转录病毒 RNA 基因组的逆转录。最近发现的限制因子 SAMHD1 针对 HIV-1 生命周期中的这一步,SAMHD1 作为限制因子的发现可以追溯到 HIV-1 感染在静息髓样细胞如树突状细胞中效率低的观察,密切相关的病毒 HIV-2 更容易感染这些类型的细胞。HIV-1 和 HIV-2 之间的这种差异归因于 Vpx——一种由 HIV-2 编码但不是由 HIV-1 编码的辅助蛋白。实际上,在 Vpx 存在的情况下,HIV-1 对髓样细胞的感染显著增强,Vpx 克服了逆转录之前或之后的进入后阻滞。当时,这表明骨髓细胞表达限制因子,并且 Vpx 使该蛋白质失活,这可能干扰逆转录。两项蛋白质组学研究发现 SAMHD1 是一种与Vpx 共同纯化的宿主蛋白。这些研究还表明,Vpx 募集细胞泛素连接酶复合物到SAMHD1,靶向蛋白质进行蛋白酶体降解。结果,在 Vpx 存在下,SAMHD1 蛋白水平大大降低。重要的是,通过 RNA 干扰消除骨髓细胞中的 SAMHD1 至少部分地表现出 Vpx 的作用,并促进 HIV-1 衍生的慢病毒感染,SAMHD1 已被确定为新的 HIV-1 限制因子。

Trim5α 是一种能够有效抵抗 HIV-1 感染的限制因子,由 B-box2、卷曲螺旋和PRYSPRY 结构域组成。Trim5αPRYSPRY 结构域与 HIV-1 衣壳核心之间的相互作用触发了 Trim5α 的抗 HIV-1 活性。对天然 HIV 变异体和广泛突变实验的分析揭示了 PRYSPRY 结构域和 HIV 衣壳中存在关键氨基酸残基,用于 Trim5α的强效 HIV 抑制。对人类 TRIM5 基因的遗传操作可以建立对 HIV-1 完全抗性的人类细胞,这可能导致将来治愈 HIV-1 感染。Trim5α 与其他 TRIM 家族成员的不同之处在于其 C 末端 PRYSPRY 结构域与 HIV 衣壳结合并具有物种特异性变异性。由于强烈的选择压力,不同灵长类动物的 PRYSPRY 结构域已经进化以产生针对不同逆转录病毒的物种特异性限制效力。

人 MxB 是干扰素诱导的限制因子,最近被发现靶向 HIV-1。有证据表明它在逆转录和整合之间起作用,并可能与病毒衣壳相互作用。MxB 与经过充分研究的MxA 具有 63% 同一性,MxA 可抑制流感样病毒。MxA 和 MxB 都是发动蛋白样GTP 酶,其包含三个结构域:GTP 酶、束信号元件(BSE)和柄。最近的 MxB 晶体结构显示出类似 MxA 的扩展反平行二聚体。MxB 的抗病毒机制不同于 MxA。MxB 含有核定位信号(NLS),这对 HIV-1 限制至关重要。MxB 的抗 HIV-1 功能不依赖于 GTP 酶和柄域之间通过 BSE 结构域周围的铰链区域的信息传递。这也显示出 MxB 抗病毒功能不依赖于 GTP 酶活性。BSE 铰链通讯和 GTP 酶活性对MxA 抗病毒功能至关重要。此外,MxA 的抗病毒活性需要更高级的寡聚化,而MxB 不需要。MxB 与 HIV-1 衣壳组装结合,但不与衣壳蛋白(CA)六聚体结合,表明 MxB 可能作为另一种病毒衣壳模式传感器起作用。对于抗病毒功能至关重要的 MxB 区域,例如 N 末端和二聚化界面,对于衣壳结合也是重要的。有趣的是,MxB 还与体内逃避 MxB 限制的 CA 突变体相互作用,表明 MxB 的衣壳结合可能是必要的,但不足以限制 HIV-1。目前的数据表明,MxB 可能通过干扰病毒核输入来限制 HIV-1 感染。

骨髓基质细胞抗原 2(BST2,也称为 tetherin 或 CD317)通过将芽殖病毒颗粒保留在细胞表面来抑制新生 HIV 颗粒和其他包膜病毒的释放。此外,BST2 的病毒性束缚引发 NF-κB 信号传导以激活针对感染的先天免疫应答。为了逃避这种宿主的抗病毒反应,各种各样的病毒蛋白通过劫持细胞泛素-蛋白体或内体-溶酶体途径进化而拮抗 BST2,从而降解或稀释 BST2。BST2 上存在两个膜锚,使其能够作为包膜病毒和宿主细胞之间的直接连结。BST2 由 N 末端细胞质尾、跨膜螺旋、卷曲螺旋胞外域和 C 末端糖基磷脂酰肌醇(GPI)膜锚组成。卷曲螺旋胞外域形成长的平行二聚体,并通过分子间二硫键稳定。蛋白酶和表位作图实验表明,卷曲螺旋胞外域垂直于膜的"轴向"取向可能是功能性 BST2 的主要构型。然而,结果并不排除在晶体结构中观察到的四聚体形式的 BST2 也有助于病毒粒子束缚的可能性。但有研究发现 BST2 的 C 末端比 N 末端更频繁地掺入病毒粒子中。保留 BST2 的 N 末端在细胞质中对于宿主可能是有利的,因为 N 末端尾部中的决定子控制捕获的病毒粒子的内化和运输以用于溶酶体降解。BST2 介导的 NF-κB 相关免疫应答的激活也取决于 BST2 N 末端尾部。BST2 被 HIV-1 Vpu 和来自其他病毒的多种病毒蛋白拮抗。事实上,在发现其抗 HIV 活性之前,有人已经发现 BST2 被来自 Karposi 肉瘤相关疱疹病毒(KSHV)的 K5 蛋白抵消。各种各样的 BST2-抗肿瘤策略突出了针对这种广谱抗病毒因子的病毒的趋同进化。

宿主蛋白 APOBEC3G 在 2002 年被鉴定为胞苷脱氨酶家族的成员,并且表明,在没有 HIV 编码的 Vif 的情况下,A3G 可以通过在逆转录期间引入病毒超突变来阻断 HIV-1 的复制,同时赋予病毒先天免疫力。因此,作为抗病毒疗法的 A3G 的治疗性开发受到越来越多的关注。近期的研究已经开发出一系列策略来消除 Vif 和 A3G 之间的相互作用或促进 A3G 表达,从而增强活性 A3G 形成并将 A3G 加入到病毒粒子中。所以,A3G 也是人体内重要的限制因子。

参考文献

[1] Nomaguchi M, Adachi A. Accessory proteins of HIV and innate anti-retroviral factors [J]. Uirusu, 2009, 59(1): 67 - 74.

[2] 邵一鸣主译. 艾滋病毒与艾滋病的发病机制[M]. 3 版. 北京:科学出版社,2010.

[3] Harris R S, Hultquist J F, Evans D T. The restriction factors of human immunodeficiency virus[J]. J Biol Chem, 2012, 287(49): 40875 - 40883.

[4] Shaw G M, Hunter E. HIV transmission[J]. Cold Spring Harb Perspect Med, 2012, 2(11): a006965.

[5] Strebel K. HIV accessory proteins versus host restriction factors[J]. Curr Opin Virol,

2013, 3(6): 692 - 699.

［6］Ambrose Z, Aiken C. HIV-1 uncoating: connection to nuclear entry and regulation by host proteins[J]. Virology, 2014, 454 - 455: 371 - 379.

［7］Meulendyke K A, Croteau J D, Zink M C. HIV life cycle, innate immunity and autophagy in the central nervous system[J]. Curr Opin HIV AIDS, 2014, 9(6): 565 - 571.

［8］Rehwinkel J. Mouse knockout models for HIV-1 restriction factors [J]. Cell Mol Life Sci, 2014, 71(19): 3749 - 3766.

［9］Dahabieh M S, Battivelli E, Verdin E. Understanding HIV latency: the road to an HIV cure[J]. Annu Rev Med, 2015(66): 407 - 421.

［10］Goodsell D S. Illustrations of the HIV life cycle. Curr Top Microbiol Immunol, 2015 (389): 243 - 252.

［11］Hurst S A, Appelgren K E, Kourtis A P. Prevention of mother-to-child transmission of HIV type 1: the role of neonatal and infant prophylaxis[J]. Expert Rev Anti Infect Ther, 2015, 13(2): 169 - 181.

［12］Jia X, Zhao Q, Xiong Y. HIV suppression by host restriction factors and viral immune evasion[J]. Curr Opin Struct Biol, 2015, 31: 106 - 114.

［13］Merindol N, Berthoux LRestriction Factors in HIV-1 Disease Progression[J]. Curr HIV Res, 2015, 13(6): 448 - 461.

［14］Nakayama E E, Shioda T. Impact of TRIM5α in vivo[J]. AIDS, 2015, 29(14): 1733 - 1743.

［15］Ran X, Ao Z, ao X. Apobec3G-Based Strategies to Defeat HIV Infection[J]. Curr HIV Res, 2016, 14(3): 217 - 224.

［16］Xiao P, Li J, Fu G, et al. Geographic Distribution and Temporal Trends of HIV-1 Subtypes through Heterosexual Transmission in China: A Systematic Review and Meta-Analysis [J]. Int J Environ Res Public Health, 2017, 14(7): E830.

［17］Colomer-Lluch M, Ruiz A, Moris A, et al. Restriction Factors: From Intrinsic Viral Restriction to Shaping Cellular Immunity Against HIV-1[J]. Front Immunol, 2018(9): 2876.

［18］Ghimire D, Rai M, Gaur R. Novel host restriction factors implicated in HIV-1 replication[J]. J Gen Virol, 2018, 99(4): 435 - 446.

［19］Lata S, Mishra R, Banerjea A C. Proteasomal Degradation Machinery: Favorite Target of HIV-1 Proteins[J]. Front Microbiol, 2018(9): 2738.

［20］Kömürlü S, Bradley M, Smolin N, et al. Defects in assembly explain reduced antiviral activity of the G249D polymorphism in human TRIM5α[J]. PLoS One, 2019, 14(3): e0212888.

2 APOBEC 家族特征

HIV-1 是逆转录病毒科慢病毒属的成员,可以在宿主细胞内利用病毒的逆转录酶将病毒 RNA 逆转录为 DNA。HIV 编码的几个辅助蛋白,即 Tat、Tev、Rev、Nef、Vif、Vpr 和 Vpu,可在 HIV 病毒复制过程中起重要作用。其中,HIV-1 编码的 Vif,是一个含有 SOCS 框的蛋白,可操纵宿主 E3-Cul5 泛素连接酶系统,引起多聚泛素化。

2002 年 7 月,Sheehy 等发现了抑制病毒粒子 HIV-1 产生的因子,可保护哺乳动物不被逆转录病毒感染,因来源于 CEM-SS 细胞系,所以称为 CEM15,也称为 APOBEC3G(载脂蛋白 B mRNA 催化样多肽 3G,简称 A3G),这是人类细胞编码的第一个真正意义上的抗性基因,而后研究中发现,它实际上是一种广谱的抗病毒蛋白,即不仅对逆转录病毒有抑制作用,而且对抵御其他病毒也有影响。随后,Harris 教授又在实验中发现了一个抗病毒因子 APOBEC3F,与 A3G 一样,位于人类 22 号染色体上,二者具序列相似性。

APOBEC(The apolioprotein B mRNA-editing enzyme catalytic polypeptide),即载脂蛋白 B mRNA 编辑酶催化样蛋白,最初用于描述 APOBEC1,目前这一首字母缩写词用于命名脊椎动物胞苷脱氨酶基序的前缀,是生物体内具有胞嘧啶脱氨酶活性的家族,在人类其家族共有 11 个成员,即 APOBEC1(A1),APOBEC2(A2),AID,APOBEC3A(A3A),APOBEC3B(A3B),APOBEC3C(A3C),APOBEC3DE(A3DE),APOBEC3G,APOBEC3F(A3F),APOBEC3H(A3H) 和 APOBEC4(A4)。APOBEC 家族具有强大的抗病毒活性,是生物体内非常重要的胞内蛋白,也是生物体的防御者。APOBEC 通过与 DNA 或 RNA 结合,使底物上的胞嘧啶 C 脱氨基成为 U,从而完成其各自不同的功能。

拥有胞嘧啶脱氨酶活性的 APOBEC 家族在获得性免疫和固有免疫中具有重要作用。A1 在小肠表达并编辑载脂蛋白 B 的 mRNA;AID 在抗体成熟中的体细胞超突变(SHM)和类别转换重组(CSR)中起关键作用;A3 酶可抑制逆转录元件的移动、逆转录病毒和 DNA 病毒的复制,如 HIV-1 和乙型肝炎病毒;A2 和 A4 的生物功能目前还不清楚。对 APOBEC 家族的研究,为人类进行艾滋病等逆转录病毒的防治和乙肝肝炎病毒的治疗等提出了新的治疗途径,也为未来攻克病毒性疾病带来了希望。

2.1 基因特征

APOBEC 蛋白质家族包含一组能够编辑 DNA 和/或 RNA 序列的胞苷脱氨酶。虽然它属于较大的脱氨酶超家族,但 APOBEC 仅限于脊椎动物。人类的 AID 和 A1 基因位于 12 号染色体上,A2 基因位于 6 号染色体上,7 个 A3 基因位于 22 号染色体上,A4 基因位于 1 号染色体。A1 基因座位源于同一染色体上 AID 座位一个倒置的重复,在多数哺乳动物有 40 KB 的长度。A1 具有同一基因组方向的同源结构在有袋类中有发现。灵长类由于一个倒置,A1 座位大约与 AID 有 1 MB 的距离。A1 与 APOBEC 基因之间的主要区别是在 3′端有一个延伸的编码序列,其重要性还未知。

A3 座位在有袋类与胎盘类哺乳动物血亲分离后发生,位于人类 22q13 染色体。在起始的胎盘动物基因座位发生的复制事件形成了两个祖先 A3 基因,此后开始利用复杂的基因复制和基因融合进化出其他 A3s。很多物种,例如啮齿动物、猪和牛,两个起始(祖先)基因已经合并成有两个锌离子协调基序的单一基因;而另外一些物种,如灵长类动物、马、蝙蝠和猫,其中一个起始基因已经重复复制形成了一排 A3 基因,尤其是灵长类,基因座位已经快速扩增为 7 个基因。A3 座位的快速进化被认为是 A3s 从靶(逆转录病毒和逆转录元件)获得的选择压力的结果。哺乳动物 A3 基因在一个 CBX6 和 CBX7 两侧的染色体位点复制。A3 基因的数量和 A3 复制过程的历史在每个哺乳动物谱系都是不同的。例如,灵长类包括人有 7 个 A3 基因,而啮齿类包括小鼠只有一个同源基因,马、猪和牛分别编码 6 个、2 个和 3 个 A3 基因。

2.2 结构特征

APOBEC 家族所有蛋白在其酶活性中心都有一个保守的胞嘧啶脱氨酶基序 (H/C)-x-E-x$_{(25—30)}$-P-C-xx-C(X 为任意氨基酸)——ZDD。目前,已获得大量高分辨率结构信息的 APOBEC 家族成员有 A3A、A3C、A3F 和 A3G。每一个 APOBEC 家族成员都有一个或两个保守的锌离子协调域,至于双域的酶,两半部分更像是被一个灵活的链接给接起来(图 2-1)。

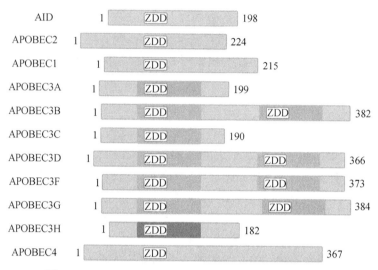

图 2 - 1　APOBEC 家族的 ZDD 基序 (Salter J D 等, 2016)

ZDD 基序 [(H/C)-x-E-x$_{(25—30)}$-P-C-xx-C] 是 APOBEC 胞嘧啶脱氨酶家族的保守基序。几个 APOBEC3 成员 (B、DE、F 和 G) 在单个多肽串联着 2 个 ZDD 基序。A3 家族的 CDA 域根据 ZDD 基序内另外的保守序列被分为 Z1、Z2 或 Z3。

ZDD 的保守残基位于 αβα 超二级结构中邻近的两个 α-螺旋的 N 末端, αβα 嵌入在核心 CDA 的折叠处。核心 CDA 折叠处包含一个被 3～6 个 α 螺旋包围的 5 个搁浅的混合 β 片层。作用于游离核苷的胞苷脱氨酶有 3～5 个 α 螺旋, 而 APOBECs 的结构点缀着 6 个 α 螺旋, 这是家族的一个特征。总之, CDA 域的结构包括螺旋的数量和空间排列, 二级结构组成的拓扑顺序, 尤其是链 β5 的定位, 直接影响底物的选择 (图 2 - 2)。

尽管脱氨酶家族的拓扑特征与核心折叠是保守的, APOBEC 家族也有不同的本质结构特征。A3 蛋白中以锌为中心的活性中心周围带正电荷和疏水残基的区域是常见的, 但其范围有所不同。这些修补程序可能分别在核酸结合与核酸底物的碱基堆积中起中和负电荷主链的作用。几个 NMR 化学位移扰动牵连了与 A3G 活性位点 (C 末端 CDA) 和 A3A 活性位点相邻的表面沟槽上众多的氨基酸残基, 因为要结合多种 DNA 底物。但是, 这些模型彼此不一致, 使核酸结合模式模糊不清。二级结构元件和环区长度的细微差别、残基缺失/插入和活性位点附近的特定残基很可能导致了 A3 家族成员中序列偏好、底物结合亲和力以及催化速率的主要区别。例如, A3s 和其他 APOBECs 保守 CDA 中 β4 与 α4 之间 "loop" 的主要区别决定了底物胞苷酸周围的序列偏好性。

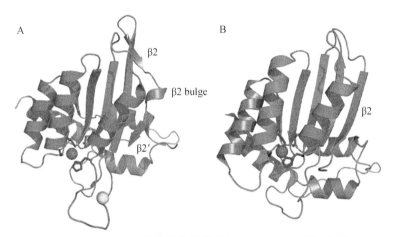

图 2-2　APOBEC 晶体结构的代表(Prohaska K M 等,2014)

　　A 是 A3G(PDB 3IR2)在 2.25 Å 分辨率 81 时的 C 末端 Z1 型 CDA；B 是 A3F(PDB 4IOU)在 2.75 Å 分辨率 82 时的 C 末端 Z2 型。αβα 超二级结构(绿色)是嵌入在核心 CDA 的折叠处,组成了被 6 个 α-螺旋包围的 5 个搁浅的混合 β-片层,即 A3 家族的典型特征。保守的锌结合残基侧链以及质子穿梭谷氨酸残基的侧链分别以红色和橙色表示。催化锌离子被表示为紫色球体。A3G 结构中出现的非催化锌离子由黄色的球体代表;被 4 个残基协调,2 个来自晶体中相邻的 2 个亚基,而且很可能是由于结晶引起的伪影。位于 β2 和 β2′之间的 β2 突起在 Z1-型 A3G C 末端的 CDA 结构出现,但是显然在 A3F C 末端 Z2 型 CDA 没有出现。

　　寡聚化是作用于自由核苷酸的 APOBEC 家族的一个标志,是催化活性所必需的。A1 和 AID 的多聚化已被揭示,但是还没有解决这些蛋白的结构模型。相反,通过 SEC-MALS 和异核 NOE 的磁共振分析表明纯化的 A2 在较宽范围浓度的溶液中为单体。A3A 和 A3C 的 CDA 也是单体。但是,双脱氨酶域的 A3s 的低聚态更为复杂。利用分析超速离心、SEC-MALS 和原子力显微镜进行纯化 A3G 的生物物理分析显示当溶液中以低聚态(单体、二聚体、四聚体和更高阶的低聚物的状态)分布出现时,二聚体占优势。小角 X 射线散射与流体动力学分析显示带有细长的分子外皮的二聚体 A3G 模型,与一个端到端的四级结构一致,CDA 亚基的相互作用在此被最小化。此端到端的细长 A3G 二聚体与体内 FqRET 实验一致,证实 A3G 的 CDA 结构域 C 末端 209-336 残基是低聚化所需要且是必要的。天然凝胶复合物的蛋白质-蛋白质化学交联暗示 A3G 以二聚体结合 ssDNA,在其脱氨酶功能被测量之前必须进一步寡聚化形成四聚体。但是,有研究显示消除寡聚化的 A3G 突变仍具有催化活性。而这需要绑定 ssDNA 底物的 A3G 全长的晶体结构才能完全解决。这对双脱氨酶域 A3G 是至关重要的,与 A3G 的 C 末端相比,A3G 的 N 末端非催化 CDA 被认为促进脱氨酶活性并调节底物结合能力,这已被高结合亲和力证实。但是,寡聚化的 N 末端模式也已暗示其可能是被 RNA 桥连的。RNA 结合 A3GN 末端对其脱氨酶活性有抑制作用。

2.3 功能特征

APOBEC 酶家族的基本生化功能就是 DNA 胞嘧啶脱氨酶。这一功能起初是利用基于 E. coli 的突变试验证实的,接着在大量的生化和病毒实验系统被详细阐述。APOBEC C→U 的脱氨酶功能主要是专门针对于单链 DNA 底物的并需要至少 5 个相邻的脱氧核苷酸(在靶 C 的 5′端三个碱基和 3′端的一个碱基)。DNA C→U 脱氨基利用一个锌介导的水解机制发生,其中一个保守的 Glu 去除水的质子,产生的锌离子-稳定的氢氧根攻击胞嘧啶碱基的 4 号位,形成一个带有双键氧的羧基来取代了原先的氨基。

除了罕见的随机体细胞突变外,人们普遍认为,在有机体的整个生命周期中,相同的基因组含量应该是固定的。这些信息也将作为精确 RNA 拷贝的模板。然而,在人类和许多其他有机体中已经发现了两种能改变基因组含量的内源性过程:通过单链 RNA 中间物主动复制逆转录子,逆转录子被逆转录并整合到宿主基因组中;编辑 RNA 或 DNA,涉及将特定的核苷酸合成不同的核苷酸,而逆转录因子与 RNA 和 DNA 编辑之间的联系紧密,逆转录病毒通过单链 RNA 中间体复制,然后将其逆转录为 DNA 并整合到宿主基因组中。哺乳动物细胞可以中断该过程的有效方式之一是在逆转录后在逆转录病毒 DNA 的负链中诱导多个 C→U 脱氨。

信息战并不局限于网络世界,在细胞内也同样存在“信息战”。APOBEC 家族可利用 C→U DNA 编辑使得其能够利用扰乱基因组的组成抑制寄生的病毒和逆转座子。除攻击基因组入侵者外,APOBECs 也能以宿主自身的基因组为目标,利用此发起创造免疫系统所需的抗体多样性或利用此加速进化速率。AID 也能利用删除基因组表观遗传修饰改变基因调控。但是,当失去控制时,这些强大的改变推动者将威胁基因组稳定并最终导致癌症。

APOBEC 酶的第二个标志属性是一种内在的双核苷酸偏好性,其中一个酶 AID 喜欢靶 C 在一个嘌呤之前,而一个酶 A3G 喜欢靶 C 在另一个 C 之前,剩下的更偏好靶 C 在一个胸腺嘧啶 T 之前(A1、A3A、A3B、A3C、A3D、A3F、A3H),已被用来推断其生物功能。

2.4 快速进化

APOBEC 家族最有趣的标志之一也是所有病毒抑制因子一个可能的特征就是快速进化,已被氨基酸替代突变和基因拷贝数变异的升高率证实。相对沉默突变,氨基酸改变突变的较高比率称为正选择。进化性军备竞赛引起强烈的选择压力,虽然改变基因型和表型,但可能不会导致长期健康增益。在灵长类动物祖先的进化历史中,这种进化"军备竞赛"导致病毒病原体的快速进化变化以及对抗病毒基因的极端水平的定向和平衡选择。所有的 A3 亚家族成员都具有正选择的确凿的证据,与病毒病原体的古老和可能正在进行的斗争是一致的。哺乳动物进化分支树上的 A3 基因复制数也有巨大的变化。例如,人类、黑猩猩和恒河猴,以及其他的灵长类都具有相同的 7 个 A3 基因座位(包含 3 个单域基因 A3A/C/H 和 4 个双域基因 A3B/D/F/G)。而其他的现在的哺乳动物也具有不同的复制数和全部的基因组织。

基因组测序已经让研究者们推测哺乳动物特异的 A3 基因亚家族的起源可能是利用祖先基因座位的复制,这些基因在多数脊椎动物依然相互靠近,但是在另外一些动物则分开,例如灵长类。祖先 A3 基因簇的直线头-尾组织利用大量的不平等交叉事件,为快速进化的多样性提供了需要的底物,有些导致基因扩增,有些导致基因收缩。来自不同病毒感染性的选择压力很可能导致扩增在现今哺乳动物身上发现的全部 A3 基因。然而,缺失也是普遍的,由于啮齿动物早期的一个相对古老的缺失,啮齿类只有一个 A3 基因。复制数目和氨基酸改变也发生在一个特殊的物种内,人类常见的 A3B 基因的缺失,7 个编码稳定或不稳定蛋白的人类 A3H 单倍型的出现,2 个人类 A3A 翻译起始位点,大量的转录起始位点和选择性剪接事件,一个影响剪切的小鼠多态性和许多可能的等待被发现和研究的突变体都证实这一观点。

参考文献

[1] Sheehy A M, Gaddis N C, Choi J D, et al. Isolation of a human gene that inhabites HIV-1 infecton and is suppressed by the viral Vif protein[J]. Nature, 2002, 418(6898): 646-650.

[2] Jarmuz A, Chester A, Bayliss J, et al. An anthropoid-specific locus of orphan C to U RNA-editing enzymes on chromosome 22[J]. Genomics, 2002, 79(3):285-296.

[3] KewalRamani V N, Coffin J M. Weapons of Mutational Destruction[J]. Science, 2003, 301(5635): 923-925.

[4] Pham P, Bransteitter R, Petruska J, et al. Processive AID-catalysed cytosine deaminaton on single-stranded DNA stimulates somatic hypermutation[J]. Nature, 2003, 424(6944): 103-107.

[5] Sheehy A M, Gaddis N C, Malisme M. The antiretroviral enzyme APOBEC3G is degraded by proteasome in response to HIV-1 Vif[J]. Nature Medicine, 2003, 9(11): 1404-1407.

［6］Stopak K，De Noronha C，Yonemoto W，et al. HIV-1 Vif blocks the antiviral activity of APOBEC3G by impairing both its translation and intracellular stability［J］. Mol Cell, 2003, 12(3)：591-601.

［7］Rose K M，Martin M，Susan L K，et al. The viral infectivity factor (Vif) of HIV-1 unveiled［J］. Trends in Molecular medicine, 2004, 10(6)：291-297.

［8］吴小霞,马义才. APOBEC 家族的防御机制［J］.现代预防医学,2006,33(1):41-43.

［9］Conticello S G. The AID/APOBEC family of nucleic acid mutators.［J］. Genome Biol, 2008, 9(6)：229.

［10］Courtney P，Ronda B，Chen xiaojiang S. APOBEC deaminase-mutases with defensive roles for immunity［J］. Science in China Series C：Life Sciences, 2009, 52(10)：893-902.

［11］邵一鸣主译.艾滋病病毒与艾滋病的发病机制［M］. 3 版.北京:科学出版社,2010.

［12］Marcel O，Susan M，Christopher W，et al. The Localization of APOBEC3H Variants in HIV-1 Virions Determines their Antiviral Activity［J］. Journal Of Virology, 2010, 84(16)：7961-7969.

［13］Atsushi Koito, Terumasa Ikeda. Intrinsic restriction activity by AID/APOBEC family of enzymes against the mobility of retroelements［J］. Mob Genet Elements, 2011, 1(3)：197-202.

［14］Zhen A，Du J，Zhou X，et al. Reduced APOBEC3H Variant Anti-Viral Activities Are Associated with Altered RNA Binding Activities［J］. Plos one, 2012, 7(77)：e38771.

［15］Atsushi Koito, Terumasa Ikeda. Intrinsic immunity against retrotransposons by APOBEC cytidine deaminases［J］. Front Microbiol, 2013, 4：28.

［16］Vieira V C，Soares M A. The Role of Cytidine Deaminases on Innate Immune Responses against Human Viral Infections［J］. Biomed Res Int, 2013：683095.

［17］Prohaska K M，Bennett R P，Salter J D，et al. The multifaceted roles of RNA binding in APOBEC cytidine deaminase functions［J］. Wiley Interdiscip Rev RNA, 2014, 5(4)：450-493.

［18］Harris R S，Dudley J P. APOBECs and virus restriction［J］. Virology, 2015, 479-480：131-145.

［19］Knisbacher B A，Gerber D，Levanon E Y. DNA Editing by APOBECs：A Genomic Preserver and Transformer［J］. Trends Genet, 2016, 32(1)：16-28.

［20］Salter J D，Bennett R P，Smith H C. The APOBEC Protein Family：United by Structure, Divergent in Function［J］. Trends Biochem Sci, 2016, 41(7)：578-594.

3 APOBEC1

剪接是处理编码和非编码 RNA 前体（前 RNA）至成熟 RNA 的必需步骤，并且由称为剪接体的核糖核蛋白大颗粒执行。尽管剪接体的顺序组装可以发生在由剪接体组分识别的共有序列组成的任何剪接位点周围，但是更符合共有序列的剪接位点被剪接体复合物强烈地识别和支持。除了共有序列之外，在 5' 和 3' 剪接位点分别由保守的顺式作用 GU 和 AU 序列以及被称为内含子/外显子剪接增强子和沉默子的序列元件来调节最佳剪接位点的选择。因此，剪接位点，共有序列或内含子/外显子增强子和阻遏物中的遗传变异可导致可变剪接（AS），导致来自单个基因的替代性转录物和蛋白质同种型。已知 AS 影响生物过程，例如细胞死亡、多能性和肿瘤进展，并且还可以促进物种内的表型多样性。实际上，有研究最近发现 AS 可能在确定人类表型差异时取代可变基因表达。因此，鉴定调节剪接的遗传变异可以导致更好地理解个体对疾病易感性差异的遗传基础。

除了 AS 之外，生物系统还发展了其他机制，改变了 DNA 和 RNA 中编码信息的保真度，从而增加了基因组多样性，例如 DNA 和 RNA 编辑。自从在锥虫中发现基因编辑以来，在果蝇、人类和小鼠也发现了编辑。编辑通常由胞苷脱氨酶或腺苷脱氨酶催化。尽管 mRNA 剪接和编辑已经涉及多种生物过程并且可能有助于物种内的表型多样性，但 mRNA 剪接和编辑的个体差异和遗传传递性仍然是模糊的。AS 和 mRNA 编辑单独或一起有助于定义巨噬细胞生物学，并且在对各种刺激的反应中是重要的。

A1——第一个被描绘的 APOBEC 成员，于 1993 年被发现为锌依赖性胞苷脱氨酶，在小肠表达并编辑载脂蛋白 B 的 mRNA，这是第一个被发现的，也是迄今为止唯一一个被证明可使体内 RNA 脱氨基的人类 APOBEC 蛋白。

3.1 RNA 编辑

RNA 编辑定义了一种分子过程，通过该过程，核苷酸序列在 RNA 转录物中被修饰,并导致重新编码的信息中的氨基酸出现基因中指定的变化,这是调节基因表达和活性的重要形式。在体内,编辑体由许多其他调节酶活性的辅助蛋白组成。这些蛋白质的相对分子质量范围为 40~300 KDa。为了在生理条件下有效编辑 apoB mRNA,A1 需要属于 hnRNP 家族的 A1 互补因子(ACF)。

在生理温度下,ACF 稳定在较高温度下自发形成的 RNA 底物的改变形式。虽然 A1 主要在小肠中表达,但 ACF 在几种组织中广泛表达,因此在 mRNA 代谢中起一般作用。63.4 KDa 的 ACF 含有 3 个不相同的 RNA 识别基序(RRM),一个富含精氨酸的结构域和一个推定的双链 RNA 结合结构域。在编辑复合物中,ACF 结合 apoB mRNA 和 A1,定位酶用于位点特异性脱氨。最近,有人鉴定了从 ACF 前 mRNA 交替加工的两种新的 mRNA 转录物。它们编码 43 KDa(ACF43)和 45 KDa(ACF45)的同源蛋白与 ACF 蛋白的 N 末端部分,仅在肝脏和小肠中表达。重组 ACF45 可以从"停泊"序列中置换 ACF 和 ACF43,但与 A1 弱相互作用。相比之下,ACF43 与 A1 强烈结合,但与停泊序列结合较弱。ACF 变体可能彼此竞争 A1 和 apoB mRNA 结合,从而有助于 apoB mRNA 编辑的调节。另一种蛋白质 GRY-RBP(富含甘氨酸-精氨酸-酪氨酸的 RNA 结合蛋白)也属于 hnRNP R 家族,与 ACF 具有 50% 的氨基酸序列相似性,被发现可以结合 apoB mRNA 并竞争性抑制编辑体。

虽然 A1 和 apoB mRNA 编辑对生命不是必需的,但 ACF 敲除是胚胎致死的。在发育诱导 apoB mRNA 和 apoB mRNA 编辑之前,ACF 在植入前阶段是必需的,因此 ACF 必须具有除 apoB mRNA 编辑的互补之外的生物学功能。研究者发现 31nt 的 apoB mRNA 茎环的核苷酸结构是胞苷脱氨酶 A1 的底物,位于八环 5′端的编辑碱基在未编辑(胞苷 6666)和编辑(尿苷 6666)两种腺苷酸之间堆积,并且环的其余部分是非结构化的。编辑所必需的 11nt"停泊"序列是部分灵活的,尽管它主要位于 RNA 的茎中。茎的中间的八环和内环提供了这种灵活性。A1 不特异性结合 apoB mRNA 并且需要辅助因子 ACF 来特异性地编辑胞苷 6666。ACF 与"停泊"序列和 A1 的结合解释了反应的特异性。并利用核磁共振研究提出 ACF 首先识别"停泊"序列的灵活核苷酸(内环和 3 末端八环),然后融化茎环,将胞苷 6666 的氨基暴露于 A1。因此,"停泊"序列的灵活性在 ACF 的 RNA 识别中起着重要作用。

A1 编辑的几种可能的功能结果:① 3′UTR 包含被 RNA 结合蛋白识别的序列和结构基序。预测 4 个转录本 3′UTR 中的 A1 编辑事件将产生新的富含 AU 的元件(ARE,AUUUA 五聚体),这可能通过它们与各种 RNA-BP 的相互作用而导致转录物不稳定。② 3′UTR 代表 miRNA 转录调控的主要目标。超过 35% 的 A1 编辑位点位于与已知 miRNA 的种子靶标匹配的序列内。在这些位点的胞苷

脱氨基将修饰靶序列并可能消除 miRNA 结合。相反,A1 编辑可以引入新的
miRNA 种子靶序列,或将现有靶标转移到招募不同 miRNA 的序列。应当注意,
miRNA 靶向在富含 A 和 U 核苷酸 48 的区域内增强,这是 A1 编辑位点的突出特
征。③ A1 介导的 3′UTR 改变可能影响额外的转录后过程,包括转录聚腺苷酸
化、亚细胞定位和翻译效率。

　　RNA C→U 编辑是基因活性的转录后调节的机制,通过 27S 编辑体实现的。
Rbm47 编码 64 KDa 的蛋白质,其含有 3 个 RNA 识别基序(RRM),RBM47 蛋白
存在于多种脊椎动物物种中,小鼠和人 RBM47 的相同性为 94.3%。序列分析表
明 RBM47 与 A1CF 密切相关,二者有 47.9% 的相同,都有 3 个 RRM。RRM 序列
具有 74.9% 的相同性。鉴于 A1CF 作为 A1 的辅助因子在 C→U RNA 编辑中的
作用,RBM47 是与 A1 相互作用的 RBP。然而,A1CF 在体内编辑体中的作用以及
其与 RBM47 相互作用的功能后果尚不清楚。另一方面,有研究者证明 RBM47 可
以替代 A1CF 作为 A1 的辅助因子,与其体外功能一致,RBM47 对小鼠组织的编
辑至关重要。RBM47 是 A1 的第一个辅因子,被证明是体内 C→U RNA 编辑所必
需的。此外,RBM47 对编辑其他转录体至关重要,这表明 RBM47 可能在 C→U
RNA 编辑机制中具有通用功能。RBM47 对于 apoB48 的生产非常重要。

3.2　A1 与 L1

　　细胞培养实验已经证明 A1 酶能够抑制 HIV-1 的复制,而不管 HIV-1 Vif 蛋
白是否存在。类似于 A3 酶,A1 被包装成组装病毒颗粒,并在逆转录过程中将胞
嘧啶脱氨基成新生的单链病毒 cDNA 中的尿嘧啶。该活性导致标志性基因组链 G
→A 突变。此外,基因组链 C→T 突变易于检测,表明 A1 酶也具有编辑病毒基因
组 RNA 的能力。进一步的细胞培养研究表明,A1 酶可以抑制几种病毒的感染
性,如 SIV、FIV、MLV、HBV 和 HSV-1。尽管 A1 在控制病毒感染和体内移动元
件方面的生物学功能仍不清楚,但从 HIV-1 感染的兔巨噬细胞中回收的原病毒
DNA 含有 A1 介导的脱氨基因,这表明 A1 是逆转录病毒感染的天然屏障。

　　负鼠 A1 是 235 个氨基酸的蛋白质,与由哺乳动物编码的氨基酸具有约 70%
的氨基酸同一性。虽然这种蛋白质编辑 apoB mRNA 的能力以前已被描述,但它
是否抑制包括 HIV-1 和 LTR/非 LTR 移动元件在内的逆转录病毒仍有待确定。
来自小肠的负鼠 A1 能够限制几种逆转录病毒的感染性和 LTR/非 LTR 逆转座子
的移动性,A1 酶在保护宿主基因组免受外来核酸入侵的能力在有袋动物和真兽亚
纲哺乳动物中是保守的。已经证明来自羊膜动物的 A1s 在体外抑制 L1 逆转录,
并且这些 A1 也起到 DNA 突变体的作用。

然而,虽然 A1 在蜥蜴中表达,但是在对应于哺乳动物 apoB mRNA 编辑的位点没有观察到脱氨作用,表明 RNA 编辑可能不是 A1 的祖先功能。因为负鼠 A1 具有针对 apoB mRNA 的 RNA 编辑活性,看来至少哺乳动物的 A1s 在该组与其他脊椎动物的共同祖先发散后获得编辑 apoB mRNA 的能力。因此,A1 最可能的原始功能是 DNA 编辑和保护细胞免受移动元件的影响,因为羊膜动物的 A1s,包括哺乳动物,在体外维持抗 L1 活性。虽然有几项研究表明非人类 A1s(如兔子 A1)可能参与先天免疫途径,但似乎人类 A1 的功能仅限于编辑 apoB mRNA。

有证据表明 RNA 编辑机制是进化适应机制之一,而生物体变得更加复杂。A→I RNA 编辑主要发生在灵长类特异性 Alu 重复序列中,其形成 dsRNA 的二级结构。A1 介导的 apoB 编辑——apoB48 的产生,仅发生在哺乳动物中。

3.3 A1 与细胞代谢

A1 是一种 RNA 编辑酶,其主要细胞靶标是 apoB(载脂蛋白 B)mRNA。与其辅助因子 A1CF 一起,来自不同物种的 A1 总是高度特异性的,并且通常仅在 C6666 上对超过 14 000 个核苷酸长的 apoB mRNA 的单个胞苷残基脱氨基以产生过早的翻译终止密码子。啮齿动物 A1 与人 A1 不同,尽管它们的氨基酸具有 69% 的同一性和 79% 的相似性。已有研究显示大鼠 A1,但不是人 A1,在体外减少 HIV-1 复制。小鼠 A1 可以在体内广泛编辑 RNA 和 DNA。人 A1(hA1)编码人载脂蛋白 B(apoB)mRNA 中的单个胞苷残基,这是一种由其主要相互作用因子 ACF 赋予的特异性,其表达局限于肠上皮细胞。相反,小鼠、大鼠、狗和马 A1s 在肠和包括肝脏在内的其他器官中表达。这种情况可能是由于在 hA1 基因的一部分中插入 Alu 而使多功能启动子失活。

A1 在细胞核起作用并利用氨基端的 NLS 和羧基端的 NES 在细胞质与细胞核之间来回移动。已知 APOBEC 互补因子(ACF)以 A1 为靶并抑制了被编辑的载脂蛋白 BmRNA 的无义衰退。有趣的是,A1 缺陷小鼠的唯一表型是无 ApoBmRNA 编辑功能的,ACF 缺陷是致命的。

A1 脱掉了载脂蛋白 B mRNA 上一个特殊的胞嘧啶 C6666 氨基,变成了 U。载脂蛋白 B 的 mRNA 被 A1 脱氨基后产生了一个早熟终止子,这就产生了一个具有不同功能的缩短的蛋白质。载脂蛋白在脂类代谢具有重要作用,而这两种蛋白质,apoB100(全长)和 apoB48(缩短)被分别用来运输血液中的胆固醇和甘油三酯。apoB100 相对分子质量约为 500 KDa,在肝脏中产生。而 apoB48 在小肠合成,apoB48 缺少全长蛋白 apoB100 中的关键域。含 apoB100 的脂蛋白通过与 apoBC 末端结构域的联系被普遍表达的低密度脂蛋白受体(LDLR)识别。因为缺少

apoB100C 末端与 LDLR 结合的域,包含 apoB48 的脂蛋白通过一个主要在肝脏表达的完全不同的受体清除。所以,小肠包含 apoB48 的脂蛋白代表了一种进化的适应性,可有效运输饮食中甘油三酯和脂溶性维生素到肝脏。相反,血浆胆固醇的平衡调节却是靠 LDLR 介导的含 apoB100 的脂蛋白的吸收米调控。除编辑 mRNA 之外,重组的 A1 还可以使体外的 ssDNA 发生脱氨基。

apoB 以两种不同的形式循环,即 apoB100 和 apoB48。人肝脏分泌 apoB100,一种编码 4536 个残基的大 mRNA 的产物。所有哺乳动物的小肠分泌 apoB48,其在核 apoB 转录物中的单个胞苷碱基的 C→U 脱氨作用后引入翻译终止密码子,该过程称为 apoB RNA 编辑。通过多组分酶复合物进行操作,该复合物含有单个催化亚基 A1,以及尚未克隆的其他蛋白质因子。apoB RNA 编辑还表现出严格的顺式作用要求,包括结构和序列特异性元件,特别是位于最小 box 侧面的效率元件,富含 AU 的 RNA 环境,以及位于适当位置附近的 11 个核苷酸的"停泊"序列。

在 A1 过表达的情况下,C→U RNA 编辑可能变得不受约束,在这种情况下,apoB RNA 中的多个胞苷以及其他转录物经历 C→U 编辑。在靶向 A1 后消除 apoB RNA 编辑,确定该功能中没有遗传冗余。在生理环境下,apoB RNA 编辑显示出发育、激素和营养调节,在某些情况下与 A1 mRNA 的转录调节有关。apoB 和微粒体甘油三酯转运蛋白(MTP)对于含有 apoB 的脂蛋白的组装和分泌是必需的。MTP 通过在翻译期间将脂质转移至 apoB 并通过将甘油三酯运输至内质网以形成无 apoB 的脂滴而起作用。这些液滴与新生的含 apoB 的颗粒融合,形成成熟的极低密度的脂蛋白或乳糜微粒。在培养的肝细胞中,脂质可用性决定了 apoB 产生的速率。未脂质或低脂质形式的 apoB 经历分泌前降解,这是通过从内质网腔向细胞溶质的逆行转运介导的过程,与多泛素化和蛋白酶体降解相结合。尽管体内脂质分泌的控制主要在脂蛋白粒度水平上实现,但通过分泌前降解调节 apoB 产生可能与一些血脂异常状态有关。

3.4 A1 与癌症

环境因子和遗传变异可以诱导可遗传的表观遗传变化,影响许多物种的表型变异和疾病风险。这些跨代效应挑战了对遗传模式和机制的传统理解,但是它们的分子基础知之甚少。Deadend1(*Dnd1*)基因增强了小鼠对睾丸生殖细胞肿瘤(TGCTs)的易感性,部分通过与前几代中其他 TGCT 修饰基因的表观遗传相互作用。与 apoB 编辑复合物的 RNA 结合亚基 ACF 的序列同源性提高了 *Dnd1* 的功能与作为胞苷脱氨酶的 A1 活性相关的可能性。研究者在 TGCT 敏感的 129/Sv 近交系背景中进行了一系列 A1 基因工程缺陷的实验,以确定 A1 的剂量是否能单独或与 Dnd1 联合改变易感性并确定 A1 以常规或跨代方式改变易感性。在父系胚系中，A1 缺乏显著增加了杂合子而非野生型雄性后代的易感性，没有随后的转代效应，表明由于 A1 功能的部分丧失导致的 TGCT 风险增加以常规方式遗传。相比之下，母体种系中的部分缺乏导致部分和完全缺失的雄性中 TGCT 的抑制，并且在野生型后代中以跨代方式显著降低 TGCT 风险。这些可遗传的表观遗传变化持续了多代，并且在连续穿过替代种系后完全逆转。这些结果表明 A1 在控制常规和常规的 TGCT 易感性中起着重要作用。

RNA 编辑是癌症中的一种常见现象，有助于推动转录组学和蛋白质组学的多样性，并且与正常组织相比，RNA 编辑的总体水平反映了癌症中编辑酶的表达水平。A1 表达与癌症有关，因为 A1 可以诱导脊椎动物细胞的体细胞突变，这种 A1 诱导的突变体表型可能在小鼠中先前观察到的癌症发病中起作用。在肝脏中组成型表达 A1 的转基因小鼠和兔子发展为肝细胞癌，易患癌症的 APC^{min} 小鼠的 A1 缺乏减少了胃肠道息肉和肿瘤的数量。A1 的致癌潜力主要归因于其靶向 RNA 的能力。然而，有研究者认为 A1 的致癌作用与其靶向 DNA 的能力有关，APOBEC 的异常活动是人类癌症基因改变发生的基础，人类食管腺癌是 A1 高度表达的一种肿瘤。到目前为止，没有证据表明 A1 与任何人类癌症有关。

其他与 A1 编辑特定 mRNAs 的能力无关的作用已经被提出：调节 mRNA 的稳定性，限制逆转录病毒和移动元件，以及主动去甲基化 DNA。此外，其靶向 DNA 的能力与诱变和人类癌症有关。

在肝特异性启动子控制下表达兔 A1 基因的转基因小鼠，发现了肝发育不良和肝细胞癌。这是否是由于 RNA 或 DNA 编辑所致，虽然在大肠杆菌 DNA 突变体测定中，hA1 具有高度诱变性，这意味着后者不能被排除。有研究者用 3DPCR 研究 hA1 对乙肝病毒（HBV）复制的编辑能力时发现在编辑 HBV DNA 时，hA1 与 hA3G 一样有效。在肝特异性 apoE 启动子控制下的 hA1 转基因小鼠表现出肝发育异常并最终导致肝癌，因此，胞苷脱氨作用仍然存在。即使 hA1 不以高频率编辑 HBV，因为 hA1 可以在细胞质和细胞核之间穿梭，它可能比 hA3G 更可能是癌症候选者，因为 hA3G 是严格的细胞质定位。

还有研究者发现鼠 A1 过度表达在 apoB mRNA 底物与 A3 具有相同的超突变类型。短暂的鼠 A1 质粒转染导致 HepG2 和 McA7777 细胞中载脂蛋白 BmRNA 分别出现 0.4% 和 1.8% 的超突变。超突变载脂蛋白 BmRNA 的概率增长至 67%。HepG2 细胞 apoB mRNA 的胞嘧啶至少 69.6% 转换成尿嘧啶，McA7777 细胞 apoB mRNA 至少 75.5% 胞嘧啶转换成尿嘧啶。当鼠 A1 被腺病毒过度表达，apoB mRNA 的超突变频率从 0.4% 增长到约 20%，可通过常规 PCR 检测到。然而，过高的表达效率只增加超突变频率，不改变超突变靶中受影响的胞嘧啶的数目。鼠 A1 超突变可被辅酶调节,可被一个 E181Q 突变消除,这暗示超突变中辅助因子有作用。A3 与 A1 超突变类型的发现暗示辅助因子也与 APOBEC 超突变有关。利用 HBV 超突变,研究者们发现 KSRP 增加 A3C 和 A3B 的超突变。这些数据显示细胞因子在 A3 超突变中有调控作用,如鼠 A1 超突变一样。

3.5　A1 与神经系统

单纯疱疹病毒 1(HSV-1)是一种普遍存在的病原体,能够感染大脑中的神经元,导致脑炎。HSV 是包膜的双链 DNA(dsDNA)病毒,是 α 疱疹病毒属的成员。感染 HSV-1 的每 250 000~500 000 人中就有一人会经历称为 HSV 脑炎(HSE)的破坏性疾病,其特征在于中枢神经系统(CNS)中的急性炎症和/或出血。HSV-1 是西方国家散发性脑炎的主要致病因子,估计超过 90% 的 HSE 病例。研究者在感染 HSV-1 的大鼠的神经元中脑炎期间诱导了 A1。在稳定表达 A1 的细胞中,与对照细胞相比,HSV-1 感染导致病毒复制显著减少。如果 A1 表达被特定的 A1 短发夹 RNA(shRNA)沉默,则感染性可以恢复到与对照细胞观察到的水平相当的水平。此外,胞苷脱氨酶活性似乎是这种抑制所必需的,并导致病毒 mRNA 转录物和 DNA 拷贝数的累积受损。从感染的 A1 表达细胞中提取的病毒基因 UL54 DNA 的测序揭示了 G→A 和 C→T 转换,表明 A1 与 HSV-1 DNA 结合,即神经元脑炎中的 A1 诱导可能有助于阻止 HSV-1 感染。

小胶质细胞(MG)是一种异质的吞噬细胞群,在 CNS 稳态和神经可塑性中起重要作用。在稳态条件下,MG 通过产生抗炎细胞因子和神经营养因子来维持体内平衡,支持髓鞘生成,去除突触和细胞碎片,以及参与"交叉校正",这一过程为神经元提供了执行自噬的关键因素。作为免疫系统的哨兵,MG 还检测"危险"信号(致病或创伤性损伤),被激活产生促炎细胞因子,并通过破裂的血脑屏障或通过脑淋巴管将单核细胞和树突细胞募集到损伤部位。不能有效地解决 MG 激活可能是有问题的并且可能导致慢性炎症,这被认为是遗传性脑疾病以及与年龄相关的神经退行性和认知能力下降的 CNS 病理生理学基础。有研究显示 A1 介导的 RNA 编辑发生在 MG 内,并且是维持其静息状态的关键。与骨髓衍生的巨噬细胞一样,MG 中的 RNA 编辑导致编辑的蛋白质丰度的总体变化,并协调多种细胞途径的功能。相反,在 MG 中缺乏 A1 编辑功能的小鼠显示出调节异常的证据,具有进行性年龄相关的神经变性迹象,其特征在于活化的 MG 聚集、异常的髓鞘形成、炎症增加和溶酶体异常,其最终导致行为和运动缺陷。

C→U RNA 编辑也可能在中枢神经系统中起关键作用。实际上,早有研究者发现了编码甘氨酸(GlyR)神经递质受体的基因转录物的 C→U RNA 编辑。在 GlyR 的情况下,C→U RNA 编辑导致亮氨酸的氨基酸取代用于脯氨酸和受体功能获得。使用切除的海马体的大块材料,在患有严重顽固性颞叶癫痫(iTLE)的患者中显示 GlyR C→U RNA 编辑增加。增加的 C→U RNA 编辑通过 RNA 编辑的 GlyRs 的突触前活性导致神经元功能获得,从而促进神经递质释放。

有研究者用检测单细胞水平的 C→U RNA 编辑的新型分子和化学工具,鉴定了一种激动剂,其允许区分海马神经元中 RNA 编辑的和非 RNA 编辑的 GlyR 蛋白。这些新型分子和化学工具的结合能够证明 A1 在 GlyR 的 C→U RNA 编辑和 RNA 编辑的 GlyR 蛋白表达中的作用。此外,这些研究者利用生物信息学分析揭示了两种不同 A1 80I 或 80M 编码等位基因的等位基因分布的世界性差异。使用新的基于 PCR 的限制性片段长度多态性(RFLP)方法,提供了对 2008 年分析的 iTLE 患者关于 A1 80I 和 80M 变体表达的回顾性评估。结果显示,具有 80I 表达的 iTLE 患者大多数经历简单或复杂的部分性癫痫发作,而具有 80M 表达的患者表现出次要的全身性癫痫发作活动。总之,这些研究者认为 A1 80I 和 80M 变体的表达是 iTLE 的新遗传风险因子。

3.6　A1 与肥胖

2014 年,全世界约有 19 亿成年人被认为超重或肥胖,同时影响了 4 100 万儿童,主要是由于久坐不动的西方生活方式和过度营养。肥胖的特征在于白色脂肪组织(WAT)中脂肪细胞的大小和数量的增加以及脂肪细胞依赖性功能受损。WAT 是一种复杂的内分泌器官,分泌多种激素和其他因子,从而影响许多其他组织的生理过程。肥胖通常与几种合并症有关,其中包括 2 型糖尿病、心血管疾病和肌肉骨骼疾病。肥胖通常导致炎症的慢性状态,导致巨噬细胞的浸润增加和极化受损,这反过来会导致 WAT 内炎性细胞因子和活性氧物质水平升高。此外,肥胖个体中循环游离脂肪酸(FA)升高,导致肌肉组织中的肌细胞内外脂质增加。这种所谓的异位脂质积累导致脂毒性对细胞信号传导和代谢产生负面影响。

肥胖正在成为全球范围内的一个主要问题。数百个基因参与肥胖,估计人类基因组中有 1/4 参与体重管理和能量代谢。在寻找抗击肥胖的新策略时,有研究者针对涉及能量摄取的基因途径研究了 A1 基因途径,其涉及肠中的脂肪吸收。apoB 基因通过 A1 酶编辑 apoB mRNA 中的单个核苷酸编码两种蛋白质 apoB100 和 apoB48。apoB48 蛋白是肠细胞合成乳糜微粒以运输膳食脂质和胆固醇所必需的。利用转基因兔,其永久地和普遍地表达靶向兔 A1 mRNA 的小发夹 RNA。这些兔子在肠道中表现出中度但明显降低的 A1 基因表达水平,apoB mRNA 编辑水平降低,乳糜微粒合成水平降低,体脂总质量减少,最后呈现出持续的瘦表型,没有任何明显的生理障碍。有趣的是,没有与表型相反的代偿机制。将这些瘦转基因兔与在肠中表达人 A1 基因的转基因兔杂交。双转基因动物没有呈现任何瘦表型,因此证明人 A1 转基因的肠表达能够抵消兔 A1 基因表达的减少。因此,A1 依赖性编辑的适度减少至少在兔物种中诱导瘦表型。这表明 A1 基因可能是肥胖治疗的新靶点。

参考文献

[1] Chester A, Somasekaram A, Tzimina M, et al. The apolipoprotein B mRNA editing complex performs a multifunctional cycle and suppresses nonsense-mediated decay[J]. EMBO J, 2003, 22(15): 3971 - 3982.

[2] Chester A, Weinreb V, Carter C W Jr, et al. Optimization of apolipoprotein B mRNA editing by APOBEC1 apoenzyme and the role of its auxiliary factor, ACF[J]. RNA, 2004, 10 (9): 1399 - 1411.

[3] Maris C, Masse J, Chester A, et al. NMR structure of the apoB mRNA stem-loop and its interaction with the C to U editing APOBEC1 complementary factor[J]. RNA, 2005, 11(2): 173 - 186.

[4] Gonzalez M C, Suspène R, Henry M, et al. Human APOBEC1 cytidine deaminase edits HBV DNA[J]. Retrovirology, 2009, 6: 96.

[5] Blanc V, Davidson NO. Davidson. Mouse and other rodent models of C to U RNA editing[J]. Methods Mol Biol, 2011, 718: 121 - 135.

[6] Gee P, Ando Y, Kitayama H, et al. APOBEC1-Mediated Editing and Attenuation of Herpes Simplex Virus 1 DNA Indicate That Neurons Have an Antiviral Role during Herpes Simplex Encephalitis[J]. J Virol, 2011, 85(19): 9726 - 9736.

[7] Rosenberg B R, Hamilton C E, Mwangi M M, et al. Transcriptome-wide sequencing reveals numerous APOBEC1 mRNA editing targets in transcript 3′ UTRs[J]. Nat Struct Mol Biol, 2011, 18(2): 230 - 236.

[8] Chen Z, Eggerman T L, Bocharov A V, et al. Hypermutation of apoB mRNA by rat APOBEC-1 over-expression mimicks APOBEC-3 hypermutation[J]. J Mol Biol, 2012, 418(1 - 2): 65 - 81.

[9] Nelson V R, Heaney J D, Tesar P J, et al. Transgenerational epigenetic effects of the Apobec1 cytidine deaminase deficiency on testicular germ cell tumor susceptibility and embryonic viability[J]. Proc Natl Acad Sci USA, 2012, 109(41): E2766 - 73.

[10] Smith H C, Bennett R P, Kizilyer A, et al. Functions and regulation of the APOBEC family of proteins[J]. Semin Cell Dev Biol, 2012, 23(3): 258 - 268.

[11] Barrett B S, Guo K, Harper M S, et al. Reassessment of murine APOBEC1 as a retrovirus restriction factor in vivo[J]. Virology, 2014, 468 - 470: 601 - 608.

[12] Fossat N, Tam P P. Re-editing the paradigm of Cytidine (C) to Uridine (U) RNA editing[J]. RNA Biol, 2014, 11(10): 1233 – 1237.

[13] Fossat N, Tourle K, Radziewic, et al. C to U RNA editing mediated by APOBEC1 requires RNA-binding protein RBM47[J]. EMBO Rep, 2014, 15(8): 903 – 910.

[14] Hassan MA, Butty V, Jensen K, et al. The genetic basis for individual differences in mRNA splicing and APOBEC1 editing activity in murine macrophages[J]. Genome Research, 2014, 24: 377 – 389.

[15] Jolivet G, Braud S, DaSilva B, et al. Induction of body weight loss through RNAi-knockdown of APOBEC1 gene expression in transgenic rabbits[J]. PLoS One, 2014, 9(9): e106655.

[16] Saraconi G, Severi F, Sala C, et al. The RNA editing enzyme APOBEC1 induces somatic mutations and a compatible mutational signature is present in esophageal adenocarcinomas [J]. Genome Biol, 2014, 15(7): 417.

[17] Lada A G, Kliver S F, Dhar A, et al. Disruption of Transcriptional Coactivator Sub1 Leads to Genome-Wide Re-distribution of Clustered Mutations Induced by APOBEC in Active Yeast Genes[J]. PLoS Genet, 2015, 11(5): e1005217.

[18] Severi F, Conticello S G. Flow-cytometric visualization of C>U mRNA editing reveals the dynamics of the process in live cells[J]. RNA Biol, 2015, 12(4): 389 – 397.

[19] Siriwardena S U, Chen K, Bhagwat A S. Functions and Malfunctions of Mammalian DNA-Cytosine Deaminases[J]. Chem Rev, 2016, 116(20): 12688 – 12710.

[20] Cole D C, Chung Y, Gagnidze K, et al. Loss of APOBEC1 RNA-editing function in microglia exacerbates age-related CNS pathophysiology[J]. Proc Natl Acad Sci USA, 2017, 114 (50): 13272 – 13277.

[21] Smith H C. RNA binding to APOBEC deaminases: Not simply a substrate for C to U editing[J]. RNA Biol, 2017, 14(9): 1153 – 1165.

[22] Vu LT, Tsukahara T. C-to-U editing and site-directed RNA editing for the correction of genetic mutations[J]. Biosci Trends, 2017, 11(3): 243 – 253.

[23] Werner J U, Tödter K, Xu P, et al. Comparison of Fatty Acid and Gene Profiles in Skeletal Muscle in Normal and Obese C57BL/6J Mice before and after Blunt Muscle Injury[J]. Front Physiol, 2018, 9: 19.

[24] Kankowski S, Förstera B, Winkelmann A, et al. A Novel RNA Editing Sensor Tool and a Specific Agonist Determine Neuronal Protein Expression of RNA-Edited Glycine Receptors and Identify a Genomic APOBEC1 Dimorphism as a New Genetic Risk Factor of Epilepsy[J]. Front Mol Neurosci, 2018, 10: 439.

[25] Wolfe A D, Arnold D B, Chen X S. Comparison of RNA Editing Activity of APOBEC1-A1CF and APOBEC1-RBM47 Complexes Reconstituted in HEK293T Cells[J]. J Mol Biol, 2019, 431(7): 1506 – 1517.

4 APOBEC2

A2 是在搜索小鼠与人类 EST 数据库寻找 A1 同源基因时发现的。人类 A2 位于 6 号染色体并在心肌和骨骼肌组织表达。在 A2 的任何功能被确认之前，其晶体结构成为目前为止第一个也是唯一一个被揭示全长的 APOBEC 家族成员。尽管这一结构已被利用来作为其他家族成员的同源模型，但是 A2 在功能上似乎完全不同。

到目前为止，所有脊椎动物都发现了 A2 基因，其表达主要限于横纹肌。已有研究者证明虽然在所有骨骼肌类型和肌纤维检查中都发现了 A2，但高水平的 A2 尤其与慢肌和比目鱼肌相关，与快肌肌纤维不相关。奇怪的是，有研究者发现 A2 的缺乏实际上导致比目鱼肌中慢纤维比例的增加，而不是减少。这些结果表明，虽然 A2 很可能在慢肌中起作用，因为此处为它主要表达的地方，但它对于慢肌纤维来说并不是必需的，因为慢肌纤维的比例实际上在比目鱼肌中增加了。

4.1 A2 与肌肉发育

骨骼肌是占体重最大百分比的组织，并且有助于多种身体功能，包括随意运动。骨骼肌主要由高度专业化和终末分化的多核，有丝分裂后的收缩性肌纤维组成，还包括一小部分肌肉干细胞，称为卫星细胞（SCs），对整个生命周期中的骨骼肌生长、维持和再生至关重要。A2 基因控制肌肉组织中肌肉胚胎祖细胞建立的转录调节网络以及成人中卫星细胞的激活，涉及肌源性调节因子或 MRF（Myf5、MyoD、Mrf4 和 Myog）的上调以及其他谱系指定基因的沉默。此外，Pax 基因家族 Pax3 和 Pax7 的成员位于 MRF 的上游，并且它们的表达对于调节肌肉祖细胞功能是至关重要的。Pax7 对于 SCs 的形成和维持至关重要，包括静息和活化的 SCs 以及增殖的肌源性祖细胞表达。研究者通过比较多能性胚胎干细胞、来自 Pax7 诱导型胚胎干细胞的肌源性前体、增殖肌肉干细胞及其各自的肌管衍生物来解决主要基因的 DNA 甲基化动力学,从而协调肌源性测定和分化。结果显示了 A2 基因获得和维持肌肉细胞身份所需的常见肌肉特异性 DNA 去甲基化特征。值得注意的是,胚胎干细胞(ES)衍生的肌源性前体中肌肉特异性胞苷脱氨酶 A2 的下调减少了肌细胞生成素相关的 DNA 去甲基化并显著影响分化标志物的表达,并最终影响肌肉分化。

先天性肌病是一组异质性的肌肉疾病,通常在出生或婴儿早期就表现出来。动物模型的分子分析和研究极大地拓宽了对这些疾病的病因和病理生理学的了解。斑马鱼胚胎被证明对识别构建和维持肌肉器官所需的基因特别有用,为人类肌病提供了深入的机制和基因候选物以及模型。与人类和小鼠不同,斑马鱼胚胎缺乏肌营养不良蛋白-糖蛋白复合物(DGC)的蛋白质,如肌营养不良蛋白、肌营养不良蛋白、δ-肌聚糖和福库丁相关蛋白(FKRP),在胚胎阶段已经显示出表型。这些突变体具有受损的运动性,并表现出弯曲的身体、U 形体细胞体和肌原纤维,这些肌原纤维与垂直的肌隔膜分离,这是一种连接组织,分离体细胞体在功能上等同于哺乳动物肌腱。

分子伴侣 Unc45b 和 Hsp90a 对于适当的肌球蛋白折叠是必要的。斑马鱼 Unc45b 或 Hsp90a 的突变导致瘫痪动物无法在骨骼和心肌中形成肌原纤维。Unc45b 和 Hsp90a 与肌球蛋白形成复合物,这是将肌球蛋白正确折叠和组装成粗丝所必需的。这两个伴侣的亚细胞分布是高度动态的:Unc45b 和 Hsp90a 与新生肌球蛋白短暂相关,一旦斑马鱼肌肉中形成纤维,就会定位到 Z 线,对肌纤维的损伤导致两个伴侣向 A 带移动,这表明 Z 线是肌球蛋白伴侣的贮存器。Unc45 在秀丽隐杆线虫中的稳定性受到与 Hsp70 相互作用蛋白的泛素连接酶 C 末端复合物的严格调控,这种相互作用与人类晚发性遗传包涵体肌病相关。

斑马鱼 Unc45b,但不是 Hsp90a,在与需要 Unc45/Cro1p/She4p 相关物(UCS)和 Unc45b 中心结构域的相互作用中与 A2 结合。A2a 和 A2b 的敲低导致斑马鱼骨骼肌肉组织中的营养不良表型并损害心脏功能。Unc45b 和 A2 蛋白在 Hsp90a 非依赖性途径中起作用,这是肌纤维附着的完整性所必需的。因为 Unc45b 的唯一已知功能是分子伴侣,A2 蛋白可能是 Unc45b 的客户,但不能排除其他尚未识别的过程。

A2 对 DNA 的潜在功能是很有意义的,因为 A2 是肌肉发育中所必需的。A2 可能在肌肉和心脏组织具有独特的功能。目前还不清楚 A2 是单独起作用还是具有一个辅助因子。数据显示 A2 可能不太容易脱离目标活动,因为其与 RNAs 的相互作用较弱并在细菌活酵母系统缺乏自发的脱氨酶功能。A2 是一个脊椎动物高度保守的而生物功能还未知的蛋白质。在肌肉组织中,蛋白质表达有序老化和维持正确的纤维比例有关,尽管基因缺失并非致命的。有研究者认为 A2 虽然定位于小鼠组织和培养的肌管中的肌节 Z-线,但是肌节结构在 A2 缺陷肌肉中不受影响,而电子显微镜显示自噬空泡吞噬的线粒体和线粒体增大,表明 A2 缺陷导致线粒体缺陷从而使骨骼肌线粒体自噬增加。实际上,A2 缺乏使活性氧生成增加和线粒体去极化,导致线粒体自噬作为防御反应。此外,A2$^{-/-}$ 小鼠的运动能力受损,暗示 A2 缺乏导致持续的肌肉功能障碍。来自 10 周龄小鼠的肌纤维中有边缘空泡的存在表明慢性肌肉损伤会损害正常的自噬。因此,A2 缺陷导致线粒体缺陷,增加肌肉线粒体自噬,导致肌病和萎缩,A2 是线粒体稳态所必需的,以维持正常的骨骼肌功能。

A2 虽然在横纹肌中广泛表达(在成肌细胞分化期间水平达到峰值),A2 优先与慢肌纤维相关,其比例与腓肠肌相比在比目鱼肌中明显更大,并且在比目鱼肌内,与快肌纤维相反,速度较慢。肌肉去神经后其丰度也会减少。进一步研究显示 A2 缺陷小鼠在比目鱼肌中具有显著增加的慢纤维和快纤维比例,并且从出生开始表现出 15%~20% 的体重减少,老年突变动物显示出明显的轻度肌病的组织学证据。因此,A2 对于正常肌肉发育和纤维类型比率的维持至关重要。

A2 在调节和维持哺乳动物的肌肉发育中起重要作用。有研究者评估了 A2 mRNA 丰度和蛋白质表达,结果表明 A2 mRNA 在骨骼肌和心肌中最丰富,在性腺和皮下脂肪组织中表达相对较低。免疫反应性 A2 定位于发育中的心肌和骨骼肌纤维的细胞核。年龄、组织和男性与女性之间的 mRNA 和蛋白质丰度存在显著差异。总之,A2 在骨骼肌和心肌中表达最为明显,A2 定位于细胞核。因此,这些研究者认为 A2 可能在鸡的肌肉发育中起重要作用。

越来越多的证据显示 A2 可能在转录水平产生作用:在干细胞早期分化过程中 A2 表达被上调,在非洲爪蟾的中胚层表达与身体左右轴的有序发展有关。另外,A2 与其他 APOBEC 家族成员同时过度表达,胸苷糖基化酶和 Gadd45α 导致基因去甲基化,这是一种与转录调控密切相关的现象。成对的 APOBEC 驱动的甲基化的胞嘧啶 C 脱氨基成为胸腺嘧啶 T,随后利用一个胸苷糖基化酶进行碱基切除修复,这已被一种可能的机制支持。有研究者利用体外数据证实 A2 涉及生肌干卫星细胞的自我更新功能,即 A2 调节肌肉再生过程中增殖的成肌细胞的两个轨迹之间的竞争平衡:恢复细胞静止,重建卫星细胞池及其分化和融合导致肌管形成。

对人和小鼠组织的 Northern 印迹分析显示,除心脏和骨骼肌外,未能检测到 A2。来自纯合子 A2 靶向小鼠的心脏和骨骼肌的 Northern 印迹分析显示,基因破坏确实消除了 A2 的表达,使用兔抗 A2 抗血清对心脏和骨骼肌中 A2 蛋白表达的 Western 印迹分析进一步支持了这一结论。A2 缺乏对小鼠健康、生育能力或 1 岁以下生存没有任何重大影响,心脏和小腿肌肉的组织学检查也未能发现任何异常。

当然,A2 缺乏可能对肌肉的生化或生理功能以及肌肉对衰老或损伤的反应具有相对微妙的影响。

左右不对称是脊椎动物的进化保守发育过程。在脊椎动物中,左右不对称通过选择性折叠和定位某些内部器官(如心脏和肠道)在解剖学上表现出来。通过在左侧板中胚层中特异性表达的基因,例如分泌因子 Nodal 和 Lefty,TGFβ 信号分子和转录因子 Pitx2,侧向性出现在早期发育中也是显而易见的。然而,关键对称性破坏事件发生在 Nodal、Lefty 和 Pitx2 的左侧特异性表达之前,并且涉及在原肠胚末端的青蛙中晚期组织的后中胚层部分发出的信号,以及其他脊椎动物中的类似组织中心。来自后中胚层的这些早期信号随后转移到侧板中胚层。破坏对称性的关键事件是由纤毛介导的单向流动介导的。在小鸡中涉及细胞迁移,并且在青蛙中已经引用了配体的长程扩散。然而,无论机制如何,初始信号形成第一组织中心(后中胚层),依次产生第二信号中心(左侧外板中胚层)以最终传达右侧与左侧位置信息,引导内部器官的适当折叠和定位。

两种 TGFβ 配体,Derrière/GDF1 和 Xnr1/Nodal,以及 Lefty 和 Coco/Cerl2 等抑制剂之间的相互作用已被证明可提供导致侧向性建立的信号。然而,导致和跟踪这些信号的分子事件仍然是未知的。研究者发现 A2 是 DNA/RNA 编辑酶的胞苷脱氨酶家族的成员,由 TGFβ 信号传导诱导,并且其活性是非洲爪蟾和斑马鱼胚胎的左右轴所必需的。令人惊讶的是,A2 选择性抑制 Derrière,而不是 Xnr1 信号传导。由于 A2 在哺乳动物成肌细胞系中阻断 TGFβ 信号传导并促进肌肉分化,因此抑制作用是保守的。这首次证明了 RNA/DNA 编辑酶调节 TGFβ 信号传导并在发育中起主要作用这一推论。

4.2　A2 与肿瘤

其他的 APOBECs 明显在辅助因子缺失时对 ssDNA 有脱氨酶功能,但是 A2 在基于酵母或细菌的突变试验中是非诱变的。然而,近期有研究暗示 A2 DNA 突变活性以专门的肿瘤抑制基因为靶且 A2 在小鼠的过度表达导致肝癌和肺癌。研究者建立 A2 转基因小鼠模型并研究 A2 表达是否导致宿主 DNA 或 RNA 序列中的核苷酸改变,序列分析显示,A2 在肝脏中的组成型表达导致真核翻译起始因子 4γ2(Eif4g2)、磷酸酶和张力蛋白同源物(PTEN)基因的转录物中的核苷酸改变的频率非常高。在 72 周龄时,20 只 A2 转基因小鼠中的 2 只发展出肝细胞癌。此外,组成型 A2 表达在分析的 20 只转基因小鼠中的 7 只中引起肺肿瘤。结合促炎性细胞因子肿瘤坏死因子-α(TNF-α)诱导肝细胞中 A2 异位表达的事实,表明异常 A2 表达引起特定靶基因转录产物中的核苷酸改变,并可能通过肝脏炎症参与人肝细胞癌的发展。

尽管 A2 的生理功能仍不清楚,但有研究者证明 A2 表达对 TNF-α 和白细胞介素-1β 的反应强烈增强。NF-κB 活化的抑制总是阻断 TNF-α 诱导的 A2 表达。A2 的启动子区在 −625/−616 基因的 5′UTR 含有功能性 NF-κB 反应元件。这些结果表明 A2 表达受促炎细胞因子的 NF-κB 活化调节,并提示 A2 可能在肝脏炎症的病理生理学中起作用。

4.3 A2 与视网膜再生

与哺乳动物不同,成年斑马鱼能够再生多种组织,包括 CNS 的组织。在斑马鱼视网膜中,损伤刺激 Müller 胶质细胞去分化为多能视网膜祖细胞,能够再生所有丢失的细胞类型。这种去分化是由基因表达程序的重新激活驱动的,这些程序与早期发育过程中的那些具有许多共同特征。尽管重新激活这些程序的机制仍然未知,但 DNA 甲基化的变化可能发挥了重要作用。为了研究 DNA 去甲基化是否有助于视网膜再生,研究者在未受伤和受损的视网膜中表征了与 DNA 去甲基化相关的基因的表达,发现在未受损的视网膜中基本表达了两种胞苷脱氨酶 A2a 和 A2b,并且它们在增殖的去分化 Müller 胶质细胞中被诱导。A2b 的最大诱导需要 Ascl1a,但不依赖于 Lin28,因此定义了源自 Ascl1a 的独立信号传导途径。当 A2a 或 A2b 被敲除时,损伤后 Müller 胶质细胞的增殖反应显著降低,并且抑制了对 Ascl1a 及其靶基因的损伤依赖性诱导,表明 A2 蛋白和 Ascl1a 之间存在调节反馈环。

有研究报道斑马鱼 Ascl1a、A2a 和 A2b 调节视网膜再生,作用机制仍然未知,但 DNA 去甲基化可能是重新编程细胞以产生再生反应的基础。在斑马鱼视网膜再生过程中,Müller 神经胶质细胞经过多次变异、去分化、增殖,最后分化再生新的神经元和神经胶质细胞。这些细胞转变与特定基因调控程序的激活和抑制相关。

研究显示虽然 A2a 和 A2b 缺乏胞嘧啶脱氨酶活性,但它们需要保守的锌结合域来刺激视网膜再生。有趣的是,人类 A2 在视网膜再生过程中能够在功能上替代 A2a 和 A2b。通过鉴定 A2 相互作用蛋白,包括泛素结合酶 9(Ubc9)、拓扑异构酶Ⅰ、富含精氨酸/丝氨酸的 E3 泛素连接酶(toporsa)以及 POU class 6 同源框 2(Pou6f2),发现 SUMO 化调节 A2 亚细胞定位,而核 A2 控制 Pou6f2 与 DNA 的结合。重要的是,A2 的锌结合结构域中的突变降低了其刺激 Pou6f2 与 DNA 结合的能力,并且 Ubc9 或 Pou6f2 的降低抑制了视网膜再生。对 A2 蛋白和 Pou6f2 之间相互作用的研究表明,这种相互作用发生在 A2 蛋白的非 N 末端区域和 Pou6f2 的 C 末端之间,POU 蛋白是基因表达的正调节剂和负调节剂。而 Pou6f2 在发育过程中的表达与视网膜细胞的分化有关。

4.4 A2 的晶体结构

A2 形成杆状四聚体,其与游离核苷酸胞苷脱氨酶的方形四聚体明显不同,APOBEC 蛋白与其具有相当大的序列同源性。在 A2 中,单体结构的两个长 α-螺旋阻止形成方形四聚体,并通过两个 A2 二聚体的头对头相互作用促进棒状四聚体的形成。

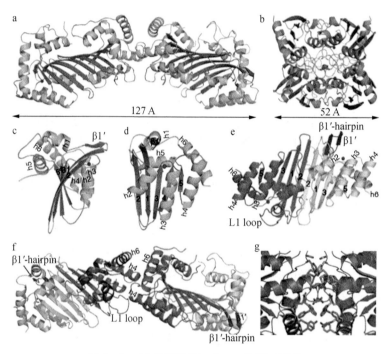

图 4 - 1　A2 的结构(Prochnow C 等,2007)

a 是 A2 四聚体结构。它的端到端跨度为 126.9 Å。活动中心的原子显示为红色球体。b 是人胞苷脱氨酶的方形结构(PDB 登录号:1MQ0),fntCDA。c、d 是 A2 单体结构旋转 90°,显示出 A2 的独特特征:短 b19 链和螺旋 h4、h6。h4 和 h6 决定 A2 如何寡聚化。e 是由两种单体(紫色和黄色)形成的 A2 二聚体。于 h1/b1 转(红色),每个都有不同的构象:环(L1)和发夹。f 是四聚体界面,显示 h4,h6 和 L1。g 是四聚体界面处相互作用的棒模型(h4、h6 和 L1 中的疏水极化带电氨基酸)。

结晶 A2 含有氨基酸残基 41-224,每个不对称单元中有四个单体,形成具有非典型细长形状的四聚体(图 4 - 1a)。这种四聚体通过两种不同的单体-单体界面组装,与自由核苷酸胞苷脱氨酶(fntCDA)四聚体(图 4 - 1b)的规范方形相反,其中所有四种单体彼此相互作用。细长的 A2 四聚体具有蝴蝶的形状(图 4 - 1a),端到端跨度约为 126.9 Å。

　　A2 单体似乎采用 fntCDAs 的典型核心折叠,其两侧具有螺旋侧翼的五链 β 片(图 4 - 1c、d)。然而,一个新属性是围绕核心 β 片的附加 α-螺旋(图 4 - 1c、d);在A2 单体中存在 6 个长螺旋,而在 fntCDA 单体中仅观察到 3 个或 4 个(不包括较短的 310 个螺旋)。螺旋 h3、h6 与 h4 进行广泛接触,稳定了单体亚基内螺旋的位置。基于 A2 与其他 APOBEC 蛋白的紧密序列同源性,长螺旋(h4)可能充当该家族的结构特征(图 4 - 1c、d)。A2 二聚体通过将两个长 β 链(β2)配对而形成(图 4 - 1e),将两个 β 片侧向连接以形成类似于胸腔的宽 β 片(图 4 - 1a、e)。每条 β2 链上的 12个残基(残基 82-93)通过主链原子形成 12 个氢键,提供两个单体之间的主要键合力。二聚体界面通过位于 β 片两侧的环和螺旋发生的侧链相互作用而得到增强。有序水分子也有助于稳定这种界面。

　　二聚体几乎是对称的(图 4 - 1e),其中 6 个螺旋(两个分子的 h2、h3 和 h4)位于增强的 β 片一侧,另一侧有 4 个螺旋(两个单体的 h1 和 h5)。在 β 片的两个边缘上都有 h4 和 h6。然而,二聚体的一部分在 h1 和链 β1 之间的转弯处显示出明显的不对称性(h1/β1 转角)。该 h1/β1 转角(残基 57-68)假定一个单体中的发夹结构(β19 发夹)和另一个单体中的环构象(L1 loop)(图 4 - 1e、f)。A2 四聚体由两个通过头对头相互作用连接的二聚体形成。两个二聚体通过来自 h4 和 h6 的残基以及h1/β1 转角处的环 L1 进行广泛接触(图 4 - 1f)。来自界面各侧的残基 Y61、F155、M156、W157、P160、Y214 和 Y215 形成广泛的疏水性包装相互作用,残基 R57、S62、S63、R153、E158、E159 和 E161 形成盐桥和氢键(图 4 - 1g)。一些带电荷的残基甚至使用它们的脂族侧链与疏水残基相互作用。因此,疏水性、极性和带电荷的氨基酸侧链都参与四聚化相互作用。四聚体界面内的总埋藏面积为 1,745 Å²,其中 h4 和 h6 在形成界面方面起主要作用(图 4 - 1f)。h4 和 h6 还通过占据另一个单体所需的空间而在空间上阻碍方形 fntCDA 型四聚体的形成。因此,h4 和 h6 似乎直接确定了细长的四聚体形成。

　　由于研究者对 A2 的功能了解较少,结构-功能研究是不可能的,A2 结构的主要价值就是作为其他的 APOBEC 家族成员的代替者的利用。所有的 APOBEC 家族成员都体现出高度的主要序列相似性,无论单域或双域的突变体。在APOBECs 中,A3G 获得极大的关注,因其在 Vif 缺失时仍能抑制 HIV。基于 A2结构的 A3G 单体和二聚体结构模型已被创造出来。

参考文献

[1] Mikl M C, Watt I N, Lu M, et al. Mice deficient in APOBEC2 and APOBEC3[J]. Mol Cell Biol, 2005, 25(16): 7270 - 7277.

[2] Matsumoto T, Marusawa H, Endo Y, et al. Expression of APOBEC2 is transcriptionally regulated by NF-kappaB in human hepatocytes. FEBS Lett, 2006, 580(3): 731 - 735.

[3] Prochnow C, Bransteitter R, Klein M G, et al. The APOBEC-2 crystal structure and functional implications for the deaminase AID[J]. Nature, 2007, 445(7126): 447 - 451.

[4] Etard C, Roostalu U, Strähle U. Lack of Apobec2-related proteins causes a dystrophic muscle phenotype in zebrafish embryos[J]. J Cell Biol, 2010, 189(3): 527 - 539.

[5] Sato Y, Probst H C, Tatsumi R, et al. Deficiency in APOBEC2 leads to a shift in muscle fiber type, diminished body mass, and myopathy[J]. J Biol Chem, 2010, 285(10): 7111 - 7118.

[6] Vonica A, Rosa A, Arduini B L, et al. APOBEC2, a selective inhibitor of TGFβ signaling, regulates leftright axis specification during early embryogenesis[J]. Dev Biol, 2011, 350(1): 13 - 23.

[7] Krzysiak T C, Jung J, Thompson J, et al. APOBEC2 is a monomer in solution: implications for APOBEC3G models[J]. Biochemistry, 2012, 51(9): 2008 - 2017.

[8] Okuyama S, Marusawa H, Matsumoto T, et al. Excessive activity of apolipoprotein B mRNA editing enzyme catalytic polypeptide 2 (APOBEC2) contributes to liver and lung tumorigenesis[J]. Int J Cancer, 2012, 130(6): 1294 - 1301.

[9] Powell C, Elsaeidi F, Goldman D. Injury-dependent Müller glia and ganglion cell reprogramming during tissue regeneration requires Apobec2a and Apobec2b[J]. J Neurosci, 2012, 32(3): 1096 - 1109.

[10] Smith H C, Bennett R P, Kizilyer A, et al. Functions and regulation of the APOBEC family of proteins[J]. Semin Cell Dev Biol, 2012, 23(3): 258 - 268.

[11] Li J, Zhao X L, Gilbert E R, et al. APOBEC2 mRNA and protein is predominantly expressed in skeletal and cardiac muscles of chickens[J]. Gene, 2014, 539(2): 263 - 269.

[12] Powell C, Cornblath E, Goldman D. Zinc-binding domain-dependent, deaminase-independent actions of apolipoprotein B mRNA-editing enzyme, catalytic polypeptide 2 (Apobec2), mediate its effect on zebrafish retina regeneration[J]. J Biol Chem, 2014, 289(42): 28924 - 28941.

[13] Carrió E, Magli A, Muñoz M, et al. Muscle cell identity requires Pax7-mediated lineage-specific DNA demethylation. [J]. BMC Biol, 2016, 14: 30.

[14] Ohtsubo H, Sato Y, Suzuki T, et al. Data supporting possible implication of APOBEC2in self-renewal functions of myogenic stem satellite cells: Toward understanding the negative regulation of myoblast differentiation[J]. Data Brief, 2017, 12: 269 - 273.

[15] Sato Y, Ohtsubo H, Nihei N, et al. Apobec2 deficiency causes mitochondrial defects and mitophagy in skeletal muscle[J]. FASEB J, 2018, 32(3): 1428 - 1439.

5 APOBEC3

A3 酶是通过将脱氧胞苷转化为脱氧尿苷来编辑单链 DNA(ssDNA)序列的脱氨酶。A3 参与了针对外源病毒和内源性逆转录元件的先天防御机制。人类基因组编码 7 个 A3 基因(即 A3A、A3B、A3C、A3DE、A3F、A3G 和 A3H),它们在 22 号染色体上串联聚集,并被 CBX6 和 CBX7 基因包围(图 5 - 1)。所有 A3 基因编码一个或两个锌配位结构域蛋白。每个锌结构域属于三个不同的系统发育簇之一,称为 Z1、Z2 和 Z3。7 个 A3 基因通过基因重复和关键哺乳动物祖先与 CBX6-Z1-Z2-Z3-CBX7 基因座组织融合而产生。除小鼠和猪外,A3 基因的重复在不同谱系中独立发生:人类和黑猩猩($n=7$),马($n=6$),猫($n=4$),绵羊和牛($n=3$)。通读转录、可变剪接和内部转录起始可以进一步扩展 A3 蛋白的多样性。

A3s 是干扰素诱导基因,尽管几乎存在于所有细胞类型中,但它们在免疫细胞中高度表达。A3s 同种型之间的亚细胞定位不同:A3DE/A3F/A3G 在整个有丝分裂期间从染色质中排除,在间期变为细胞质,A3B 是细胞核,A3A/A3C/A3H 在间期是细胞范围的。

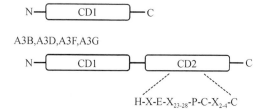

图 5-1　A3 的结构特征(Warren C J 等,2017)

A. 如果 A3 介导的胞嘧啶转化为尿嘧啶未被修复,A3 家族成员将胞嘧啶转化为尿嘧啶并诱导 DNA 降解或突变;B. 所有 A3 家族成员在 22 号染色体上串联排列;C. 含有一个或两个胞苷脱氨酶(CD)结构域的 A3 家族成员的示意图。保守的锌配位基序在虚线之间显示。

A3s 利用脱氨酶活性或非脱氨酶机制发挥抗病毒作用。脱氨酶活性包括从脱氧胞苷中除去环外胺基团以形成脱氧尿苷。该过程可以生成不同类型的替换。首先,通过脱氧尿苷的 DNA 复制导致脱氧腺苷的插入,因此导致 C→T 转变。或者,Rev1 跨损伤合成 DNA 聚合酶可以在无碱基位点前插入 C,该位点通过尿嘧啶-DNA 糖基化酶(UNG2)进行尿嘧啶切除而产生,导致 C→G 颠换。除了在病毒基因组中诱导有害突变外,脱氧胞苷的脱氨基还可以通过 UNG2 依赖性途径引发尿嘧啶化病毒 DNA 的降解。另一方面,非脱氨酶非依赖性抑制需要在复制周期的各个步骤中将 A3 与 ssDNA 或 RNA 病毒序列结合。

人类 A3 在免疫应答中起重要作用。A3 蛋白可抑制逆转录病毒组织和逆转录元件的移动,尤其是 A3B、A3DE、A3F 和 A3G 可抑制 HIV-1 的复制。A3A 和 A3C 抑制带有或不带有长重复序列的内生逆转录转座子的复制,而 A3A 专门抑制腺病毒有关的病毒复制。A3G 可抑制 vif 缺陷的 HIV-1 的复制。HIV-1 表达的 Vif 蛋白可与 A3G 结合,引发 A3G 多聚泛素化,从而导致蛋白酶体降解,若无 Vif,A3G 可被包装进入出芽的 HIV-1 病毒粒子。当这些粒子进入新的靶细胞时,A3G 就会引发 HIV-1 负链 cDNA 上多个胞嘧啶脱氨基,使得前病毒失活,阻止病毒感染。不仅如此,已有研究发现,A3G 还具有广谱抗逆转录病毒功能。体外实验中,A3G 可降低鼠白血病病毒(MLV)感染性,可作为大肠杆菌 DNA 突变子诱发 dC→dU 的脱氨基突变,对乙肝病毒(HBV)复制抑制明显。

A3F 与 A3G 的启动子位置相似性超过 90%。相似性在编码区也能找到,60 个 N-端氨基酸有 59 个是一样的。与 A3G 相同,A3F 已被证明在大肠杆菌突变试验和模式逆转录病毒感染试验中有 DNA 编辑功能。A3G 和 A3F 的抗病毒效果需要有效的进入 HIV-1 病毒粒子。若没有 Vif,A3G 和 A3F 进入病毒粒子需要 RNA 结合 Gag 的 NC 域,并且很多研究表明在 Gag 和 A3G 之间的联系中,RNA

是需要的。有些研究也报道了有效的 A3G 包装需要病毒的基因组 RNA,而另外一些则认为胞内 RNA,尤其是 7SLRNA 对于介导 AG 和 A3F 的包装是必需的。宿主的 7SLRNA 在 HIV-1 病毒粒子非常丰富,似乎在 HIV-1 病毒粒子尤其丰富。A3G 和 A3F 与 7SLRNA 有很高的亲和力,而不同的 A3 蛋白与 7SLRNA 的亲和力对其抗病毒功能及精确的病毒核心定位是非常重要的。

双脱氨酶域的 APOBEC 酶都可有效抑制 HIV-1 的复制,单脱氨酶域的 A3 蛋白抵抗 HIV-1 的功能较弱。A3B 和 A3F、A3G 的 CD1 在与病毒 RNA 结合中起重要作用,是进入 HIV-1 病毒整合所必需的。事实上,当 A3G 的 CD1 与 A3A 的 N-端融合产生的嵌合体可有效抑制 HIV-1 的感染,这也表明 CD1 的重要性。CD2 具有脱氨酶催化活性,也是抑制 HIV-1 复制所必需的。

A3H 是唯一一个含有 Z3 APOBEC 脱氨酶域的蛋白。这个脱氨酶域在所有哺乳动物都是保守的,在灵长目动物进化中是正向选择的。在人类的外周血、单核细胞、肝脏、皮肤等组织均已检测到 A3H。人类 A3H 具有 7 个 SNP,已检测出至少 7 个单倍型。尽管 A3H 单倍型的抗病毒功能差异还不完全了解,但目前已知,只有携带 15N105R 的 A3H 对 vif-缺陷的 HIV-1 具有强大的抵抗功能,人类 A3H 蛋白在细胞培养中表达很少,而它的抗病毒功能还未确定。A3H 在细胞培养中很少表达,是由于第 5 外显子上的早熟终止子,严重损害了 mRNA 的表达。一旦表达优化,人类 A3H 可以抑制 HIV-1 和 SIV 的复制。此外,其抗反转录病毒功能不能被 HIV-1 的 Vif 反击。这显示了人类 A3H 基因的独特的抗 HIV 功能。

基因组不稳定性是众所周知的癌症标志,并且会导致异常的染色体结构以及单核苷酸水平的突变。最近,在超过 30 种癌症类型中进行的分析已经确定许多肿瘤表现出胞嘧啶突变偏差,特别是 C→T 转换和 C→G 颠换主要在 TCA 或 TCT 三核苷酸环境中。诱变剂已被鉴定为 A3 胞苷脱氨酶家族的成员。在肿瘤进化中 A3 诱变的富集,发生在雌激素受体(ER)阴性乳腺癌、肺腺癌、头颈部鳞状细胞癌和膀胱癌的亚克隆突变中,表明 A3 可能有助于某些肿瘤的分支进化。

5.1 APOBEC3A

尽管大多数研究者的目光集中在抗病毒蛋白 A3G 的功能研究,近期的研究显示 A3A 也是一个重要的 HIV-1 和其他灵长类慢病毒的抑制因子。A3G 的功能在 T 细胞有效,A3A 在髓系血细胞有抗病毒功能,并能在骨髓细胞、单核细胞、树突状细胞及巨噬细胞大量表达。也有研究显示 A3A 可抑制某些 DNA 病毒,包括腺相关病毒(AAV)及其他微小病毒。另外,有研究者在癌症前期损伤和细胞系中发现了编辑人乳头瘤病毒(HPV)DNA 的证据,这也说明 A3A 可作为抑制 HPVs 的因子。当然,APOBEC 蛋白需要严谨的细胞调控来阻止 DNA 上的 C 在错误的时间和地点发生脱氨基,否则会引起基因组的不稳定及癌症。例如,A3A 在皮肤角质细胞表达,很可能是需要对抗病毒感染。但是,在发炎的皮肤组织、痤疮或牛皮癣也过度表达,会使正常的良性皮肤损伤转变为癌症前期的损伤,从而发展成癌症。A3A 有多种生物功能,脱氨基并不是每个功能所必需的。因此,深入研究 A3A,可能会加深对人体应对致病原的免疫应答的了解,为研究癌症和病毒性疾病等的治疗提供新的方案。

通常认为,由于编码的细胞质保留信号,人类 A3G(hA3G)在细胞的细胞质中表达,而人类 A3A(hA3A)已显示在细胞质和细胞核中均表达。已知 hA3A 在分化的细胞群中表达,包括单核细胞、巨噬细胞、突细胞和角质形成细胞。

5.1.1 A3A 的结构

人类 A3 酶有一个或两个锌离子结合域 $HX_1EX_{23-24}CX_{2-4}$（X 为任意氨基酸）。A3A 有一个脱氨酶域,Cys 和 His 与锌离子协调,而 Glu 则出现在催化作用的质子转移。研究者最近利用核磁共振光谱(NMR)解释了 A3A 的高分辨率溶液结构,并证实 A3A 的所有结构与已知的 A3C 和 A3G 的 C 末端域结构相似,尽管在环(loop)区有些不同。有研究者发现一个能改变 A3A 序列特异性的识别 loop 环,在预测的 DNA 结合沟位置的氨基酸突变抑制底物的结合,说明此沟在底物结合中具有重要作用。A3A 蛋白的脱氨基靶点有专一性,作用于含 TC 的 ssDNA 上 C 碱基,是由底物核苷酸侧面的 dC 决定。

通过 NMR 光谱法解析 hA3A 的结构,hA3A 结构由围绕五片 β-折叠的 6 个螺旋组成。hA3A 与其他可用 APOBEC 结构的结构比较显示,A3A NMR 结构与 hA3G 的 C 末端结构域的 X 射线晶体结构最相似。在其他 hA3 蛋白中未发现 hA3A 的一个有趣特征,即在经典脱氨酶结构域的两个半胱氨酸残基之间存在4个氨基酸。hA3A 对 ssRNA 的结合亲和力略高于 ssDNA,并且对 TTCA 和 CCCA 底物显示出相似的催化活性。

研究者发现 ssDNA 的结合特异性由 A3A 的协同二聚化调控,晶体结构显示这一同型二聚体作为 N 末端残基的等价交换域。A3A 协同识别底物并具有高亲和力和特异性。这种识别的关键是 A3A 二聚体,其形成连接两种单体的活性位点的广泛的带正电荷的凹槽。A3A 表面的连续且带正电的凹槽与 DNA 识别和结合一致。事实上,活性位点区域周围的许多残基似乎参与底物结合。研究都确定了活性位点外的两个残基,K30 和 K60 分别连接二聚体界面并有助于沟槽电荷,影响底物亲和力和脱氨作用(图 5 - 2)。H56A 突变体对二聚化具有显著影响并且对底物亲和力的影响小得多,似乎允许功能分离并且表明在单体状态下也可以实现高亲和力。另外,有研究者证明人类 A3A 可有效地使 ssDNA 底物上的 MeC 脱氨基成为 T,使 C 脱氨基成为 U。在通过干扰素对内源性 A3A 进行 100 倍诱导后,大量染色体 DNA 的 MeC 状态未改变,而转染的质粒 DNA 底物中的 MeC 和 C 碱基对编辑非常敏感。敲减实验表明,内源性 A3A 是这两种细胞 DNA 脱氨酶活性的来源。这是人类细胞中非染色体 DNA MeC→T 编辑的第一个证据。有人将这些生物化学和细胞数据相结合,提出了一种模型,其中 A3A 的扩展底物多功能性可能是一种进化适应,其发生似乎强化了其在髓系细胞类型的外源 DNA 清除中的先天免疫功能。

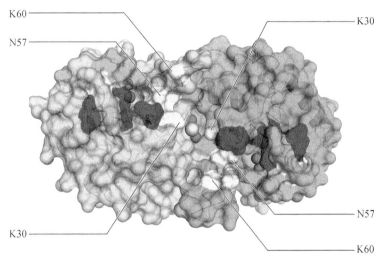

图 5 - 2　A3A 的晶体结构(Bohn M F 等,2016)

5.1.2　A3A 的功能

A3A 有多种生物功能。早期的研究显示 A3A 在细胞实验中对 LINE-1(L1) 和 Alu 逆转座有强大抑制功能。A3A 编辑功能也是 HPV DNA 突变、人类细胞外源 DNA 降解及抑制 RSV 病毒和 HTLV-1 病毒等复制所必需的。A3A 在介导从细胞中清除外源性环状 DNA 方面也起着重要作用。A3A 过表达导致转染的外源质粒 DNA 的脱氨基和降解。HBV 和 HPV 基因组均作为 dsDNA 附加体维持在持续感染细胞的细胞核中,A3A 限制外来环状 DNA,A3A 介导持续感染细胞中 HBV 和 HPV DNA 的清除。

5.1.2.1　抑制逆转座

逆转录元件通过与中间 RNA 有关的胞内复制和粘贴过程,组成了大量的可移动基因原件。内源性逆转录病毒是 LTR 逆转录元件,大约占人类或鼠基因组

DNA 的 8%，非 LTR 元件以极高重复序列的形式出现。L1 大约占人类或鼠基因组 DNA 的 40%。这些 L1 元件不仅通过插入，而且通过非自发的逆转座子如 SINEs 间接复制改变基因组。L1 的逆转座对人类基因组产生突变威胁。L1 编码三个开放阅读框，一个是新识别的未知功能的 ORF0，一个是具有 RNA 结合剂核酸分子伴侣功能的 ORF1p，一个是具有 L1 逆转座所需的 AP 样内切核酸酶及逆转录酶活性的 ORF2p。ORF0 主要位于细胞核近 PML 位点并增强了 L1 的移动性。

在 L1-RNP 复合物进入细胞核后，L1 利用靶向逆转录 TPRT 介入基因组。在 TPRT 过程中，L1 内切核酸酶(EN)产生一个有缺口的作为 L1 逆转录引物的 DNA，导致 L1cDNA 插入人类基因组。宿主 DNA 修复机制如非同源末端连接 (NHEJ)修复途径也参与 L1 逆转录转座。另一方面，L1 是插入诱变剂，有助于遗传改变，导致基因组不稳定性和肿瘤发生。实际上，基于高通量测序的方法在多种癌症中鉴定了许多肿瘤特异性体细胞 L1 插入，例如结肠癌、乳腺癌和肝细胞癌 (HCC)。事实上，L1 逆转录转座似乎是降低 HCC 肿瘤抑制特性的潜在因素。

L1 蛋白表达是一种常见的许多类型的高级恶性肿瘤的特征，但很少发现在肿瘤发生的早期阶段。L1 启动子在正常体细胞中通常被甲基化沉默。相比之下，L1 启动子低甲基化，而 L1 在许多肿瘤中表达升高。事实上，L1 在人类乳腺癌和睾丸癌中也有表达，L1 ORF1p 蛋白可以在多种肿瘤细胞中检测到，包括乳腺癌、结肠癌、胰腺导管腺癌和 HCC，但在正常体细胞中检测不到。因此，L1 ORF1p 表达作为一种高度特异性的肿瘤标志物，似乎是许多人类癌症的一个标志。

人类细胞已进化出调控 L1 逆转座的策略。人类 A3 基因家族具有抑制大量逆转录元件的功能，A3A 是培养的细胞中抑制 L1 的最强大的因子。有研究者利用体内和体外试验证明 A3A 可抑制 L1 逆转座，在 L1 整合过程中通过使暂时暴露的 ssDNA 脱氨基，A3A 还能可抑制 Alu、LTR 的逆转座。有趣的是，A3A 脱氨基导致的 DNA 突变在 L1 和其他的逆转录转座子没有发现，这暗示除 A3A 的酶催化功能外，似乎还有其他机制与此有关。

5.1.2.2 抑制病毒

人类 A3 酶都有抑制 HIV 的功能。A3A 在自然的骨髓细胞内环境中对抗 HIV-1，过度表达还能抑制很多病毒，包括 HPV、AAV、RSV、HTLV-1。

5.1.2.2.1 抑制逆转录病毒

骨髓细胞作为病毒传播的工具和病毒贮存器在 HIV-1 发病机理中起多种作用。但是，骨髓细胞系普遍抑制 HIV-1 感染，与其他细胞系相比，其特殊性就是在感染早期阶段出现急性感染现象。有研究者研究了 A3A 在这些阶段的作用，并利用 A3A 在建立的细胞系的异常表达及在巨噬细胞和树突状细胞的特殊沉默证实，

A3A 在靶细胞抑制 HIV-1 感染的早期阶段同时抑制有复制能力的 R5 亚型 HIV-1 的传播。当在 293 或 HeLa 细胞中表达时,似乎 A3A 对 HIV-1Δvif 的复制几乎没有影响。然而,hA3A 在巨噬细胞和单核细胞中以高水平表达响应于 IFN-α,并且显示出抑制进入的病毒而没有掺入。这些研究表明,hA3A 可以限制生产细胞中的复制,而不会被整合到病毒粒子中。也有研究者发现在单核细胞和巨噬细胞中,siRNA 介导的 A3A 下调使细胞更易于被 HIV-1 感染,而用 α 干扰素治疗的骨髓细胞对抗 HIV-1 的感染显著增强。A3A 是应答 α 干扰素时,在巨噬细胞和单核细胞能大量表达的唯一 A3 成员。

HIV-1 整合到靶细胞的基因组中并无限期地建立潜伏期。有研究者发现 A3A 在维持 HIV-1 感染细胞的潜伏状态方面具有意想不到的作用。在潜伏感染的细胞系中过表达 A3A 导致较低的再激活,而敲低或敲除 A3A 导致自发和诱导的 HIV-1 再激活增加。A3A 通过与 5′长末端重复区域(LTR)的原病毒 DNA 结合,募集 KAP1 和 HP1,并施加抑制性组蛋白标记来维持 HIV-1 潜伏期。在打开 dsDNA 时,A3A 与宿主基因组中的 HIV-1 LTR 结合。有许多 ssDNA 结合蛋白在端粒合成、转录、DNA 复制、重组和修复过程中发挥重要作用。与 ssDNA 结合的转录调节因子还包括 FUSE 结合蛋白 1(FUBP1)、runt 相关转录因子-1(RUNX-1)和 RUNX-3、富含嘌呤负调节因子 α 和 β,以及髓鞘基因表达因子-2。由于大多数转录调节因子和表观网络修饰因子与 dsDNA 结合,因此需要进一步研究以确定 A3A 在稳态下协调 ssDNA 与基因组 DNA 结合的机制。A3A 与 ssDNA 的强制性结合表明需要 LTR 的初始转录以募集 A3A,然后是 KAP1 募集和原病毒表达的抑制。

最近的一项生化研究表明,pH 值可以影响 hA3A 的特异性和脱氨酶活性。这些研究人员发现,纯化的 A3A 在 pH 值为 5.8～6.1 时具有最佳的胞苷脱氨酶活性,并且具有严格的 YYCR(其中 Y 是嘧啶,R 是嘌呤)特异性。相反,脱氨酶活性降低了 13～30 倍,并且在 7.4～7.8 的 pH 下具有较弱的胞苷脱氨特异性。这可能与 HIV-1 感染的单核细胞衍生的巨噬细胞(MDM)有关,因为据报道自噬的诱导是 MDM 中 HIV-1 复制所必需的。在 3-甲基腺嘌呤存在下培养的 MDM 抑制 III 类磷脂酰肌醇 3-激酶(PI3K)和自噬体形成,显示出 R5 和 X4 病毒的 HIV-1 产生显著减少。

在被 Vif-缺陷 HIV-1 感染的非允许细胞,A3G 利用胞嘧啶脱氨酶的酶活性导致病毒 DNA 超突变。Vif 是 HIV-1 的附属蛋白之一,可与 CUL5-RBX2、ELOB-ELOC 和 CBFβ 组装构成泛素-E3 连接酶,导致 A3G 多聚泛素化而触发蛋白酶体降解。在 HIV-1 复制过程中,一旦负链 DNA 的合成从 HIV-1 的 RNA 基因组逆转录开始,HIV-1 逆转录酶的 RNase 开始降解 RNA 模板。此时,在易于发生 C→U

脱氨基的 ssDNA 区域是裸露的,直到正链 DNA 合成结束。

在靶细胞感染之前被包装进入病毒粒子的时候,A3G 似乎只能在逆转录过程中发生脱氨基作用。在将 HIV-1Δvif 和 hA3G 转染到不表达 hA3G 的生产细胞(例如 293 细胞或 SupT1 细胞)中时,hA3G 不被降解并且被包装进入到生产细胞释放的新生病毒粒子的病毒核心中。在下一轮复制中,hA3G 在逆转录过程中引起胞苷脱氨基转化为 ssDNA 负链中的尿嘧啶。脱氨作用的机理涉及水分子的谷氨酸质子化,其作为胞苷氨基氧化中的催化亲核试剂,导致转化为尿苷并释放 NH_3。脱氨基发生的核苷酸环境也很重要,其中 5′-CC 是 hA3G 的优选背景,并且 hA3G 的脱氨基本质上是进行性的。这导致病毒基因组的 G→A 超突变,病毒序列中过早终止密码子的产生,或抑制嘧啶核酸内切酶对 ssDNA 的复制或降解。对于 hA3G,已知 Z3 结构域具有催化活性。有研究发现 hA3G 的 Z1 结构域的活性位点中 Glu67 的突变对于抗病毒活性是不必要的,而 Z3 结构域中 Glu259 的突变消除了抗病毒活性。相反,另一组显示缺乏脱氨酶活性的 Glu259Gln 仍保留抗病毒活性。这些研究表明 Z3 结构域活性位点的突变几乎没有抗病毒活性,这表明脱氨酶活性对 hA3G 抗病毒活性很重要。

hA3A 被整合到新生的 HIV-1 或 HIV-1Δvif 病毒体中,但研究表明 hA3A 不限制 HIV-1 或 HIV-1Δvif(这些研究均在 293 或 HeLa 细胞中进行)。与 hA3G 相比,很少或没有 hA3A 掺入病毒颗粒的核蛋白复合物中。研究表明,hA3A 基因与 N 末端结构域 hA3G 或 Vpr 的融合导致蛋白质被包装进入核蛋白复合物并限制病毒复制。hA3A 确实发生胞嘧啶残基的脱氨基,并且该过程优选 5′-TC 的核苷酸环境中的胞嘧啶。然而,已显示 hA3A 在 HIV-1 基因组中诱导较少的突变,并且与 hA3G 不同,其本质上不具有进行性。最近的一项研究表明,在原始人类物种中截短的识别环 1(RL1,AC-loop1)是 hA3A(即 5′-TC)的靶特异性的决定因素。这些研究人员表明,具有来自 hA3G 的 RL1 区域的嵌合 hA3A/A3G 蛋白相对于脱氨基 C 的 5′核苷酸,使 AC、CC 和 GC 脱氨的频率增加更灵活。这些研究者表明,hA3A 的 RL1 中氨基酸位置 25 和 26 处甘氨酸和异亮氨酸残基的存在指定了 5′核苷酸。有研究表明在单核细胞和巨噬细胞,A3A 可引起裸露的外源 DNA 降解,从而抑制入侵的 HIV-1 的复制。这种抑制 HIV-1 的方式是独特的,而 A3G 似乎不能作为 HIV-1 入侵后的障碍。

慢病毒以外的逆转录病毒可受 A3A 限制。一项研究报道,劳斯肉瘤病毒(RSV)对 hA3A 有中度敏感性。A3A、A3B 和 A3H 单倍型 II 蛋白限制人 T 细胞嗜淋巴细胞病毒 1 型(HTLV-1)。在该研究中,A3A 被包装进入病毒粒子中,并且催化位点突变体消除 HTLV-1 限制,表明该限制可能依赖于脱氨酶活性。这些研究人员还表明,A3A 可以使用 3D-PCR 技术突变病毒基因组,偏向于产生富含 AT

的低变性扩增子。研究者认为可以在 HTLV-1 细胞系中检测到多个独立突变的 HTLV-1 原病毒基因组。然而,3D-PCR 结果本质上不是定量的,因此真正的编辑频率是未知的并且可能不会显著影响 HTLV-I 复制。

人内源性逆转录病毒(HERV)是一类转座因子,其占人类基因组的 8% 以上。HERV 最可能源于灵长类动物进化过程中外源性逆转录病毒的种系感染。大多数 HERV 组也存在于旧世界猴和猿中,这表明它们在种系中的引入可能发生在超过 3 000 万年前。HERV 已经积累了许多点突变,包括缺失和插入,使得它们具有非传染性。一种这样的 HERV[HERV-K(MHL-2)]被重建成感染性病毒,这种复活的病毒显示受到包括 hA3A 在内的几种 A3 蛋白的限制。这表明,在灵长类动物进化过程中,包括 A3A 在内的 A3 蛋白可能已经进化,以帮助对抗最终在人类种系中积累的逆转录病毒的冲击。

最近,一项研究分析了小鼠 A3 敲除背景中 hA3A 和 hA3G 转基因小鼠中逆转录病毒鼠白血病病毒(MMLV)的限制。这些研究者表明,hA3G 和 hA3A 通过不同的机制限制了鼠逆转录病毒。他们观察到 hA3G 被包装到病毒粒子中并引起病毒基因组的广泛脱氨,而 hA3A 未被包装到病毒粒子中并且在靶细胞中表达时限制感染。该研究还发现 hA3A 可通过非脱氨基依赖机制限制鼠逆转录病毒。

5.1.2.2.2 抑制 DNA 病毒

hA3A 限制某些 DNA 病毒。研究人员发现细小病毒腺相关病毒 2(AAV-2)显示受 hA3A 限制,经典脱氨酶基序中 106 位半胱氨酸突变为丝氨酸不会影响其核定位但不限制 AAV-2,表明酶促位点在限制中的作用。在同一组研究人员使用 A3A 全面诱变的后续研究中,发现催化位点以外的区域也有助于 A3A 的抗病毒活性。他们还发现脱氨酶缺陷型 A3A 突变体阻断了 AAV-2 的复制。在一项单纯疱疹病毒 1 型(HSV-1)的研究中,研究人员发现,A3A 可以编辑一小部分 HSV-1 基因组,而不会严重影响病毒滴度,表明 A3A 可能在限制测试的疱疹病毒方面不起重要作用。另一项研究分析了 7 种 A3 蛋白编辑乙型肝炎病毒(HBV)基因组的能力,研究人员使用 3D-PCR 结果显示,除 A3D 外,其他 A3 蛋白都编辑了 HBV 基因组,A3A 是最有效的编辑器。在随后的研究中,显示 A3A 的过表达诱导 HBV 基因组中的超突变,尽管超突变的水平低于 A3G 引入的水平。

A3A 也被证明可以抑制乳头瘤病毒(HPVs)的活性。HPVs 是小的、无衣壳的 DNA 病毒,是最流行的性传播疾病之一的病原体。可持续感染的 HPVs,称为"高风险 HPVs",包括 HPV16 和 HPV18,是宫颈癌的主要病因。宫颈癌是全世界女性第二常见癌症,是发展中国家女性的主要死因。HPVs 引起的癌症需要两个病毒癌蛋白 E6 和 E7,可分别结合并降解 p53 和 Rb,抑制这些肿瘤抑制因子,导致恶性癌症表型的发展。但是,还没有直接证据证实 A3A 蛋白能干扰宫颈细胞增殖、迁移和入侵。

研究者发现在 HPV(+)的角化细胞和癌症早期的宫颈组织中,很可能是通过与 HPV E7 癌蛋白有关的机制,使得 hA3A 和 hA3B 的表达水平被大大上调。与无 hA3A 或催化失活突变体 hA3A/E72Q 装配的 HPV 粒子相比,hA3A 存在时,可显著降低装配产生的 HPV16 病毒粒子的感染性。另外,在人类角质细胞内的 hA3A 基因敲除则导致 HPV 感染性的增加。

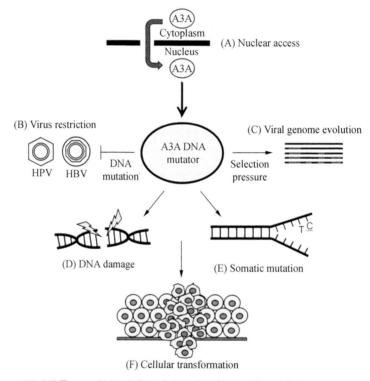

图 5 - 3　A3A 可以说是 HPV 限制、进化和癌症诱变中最重要的 A3 成员(Warren C J 等,2017 年)

(A)A3A 定位于细胞质和细胞核,核通路拓宽了 A3A 靶向的底物。(B)除限制细胞质逆转录期间的慢病毒外,A3A 还限制在细胞核中复制的 DNA 病毒,如人乳头瘤病毒(HPV)和乙型肝炎病毒(HBV)。(C)A3A 施加的选择压力可能导致病毒基因组进化(如红色所示)和部分逃避 A3A 限制。(D,E)由病毒持续性和/或慢性炎症增强的 A3A 活性可促进 DNA 损伤并诱导宿主 DNA 中的体细胞突变。(F)体细胞诱变和 DNA 损伤进一步促进癌细胞进化并推动疾病进展。

IFN-α 诱导的 A3A 可以触发胞苷脱氨基和核 HBV DNA 的降解。共聚焦显微镜显示 A3A 与 HBV 核心蛋白共定位,这可能促进与细胞核中病毒 DNA 的紧密接触。HBV DNA 的降解可防止病毒再激活而无肝毒性,这表明 A3A 可用作治疗持续性 HBV 感染的工具,目前的治疗方法有限。鉴于 A3A 是角质形成细胞中的 IFN 诱导蛋白,并且 A3A 可以消除外来 DNA,因此 A3A 可能导致持续感染细胞中 HPV 基因组丢失,这类似于清除 HBV DNA。然而,IFN 和 A3A 的限制压力还可以通过促进 HPV DNA 整合到宿主染色体中来加速 HPV 诱导的癌症进展。同样,IFN-β 或 IFN-γ 治疗可显著增强持续感染的宫颈角质形成细胞中的 HPV 整合。这些发现表明,使用 IFN 和/或 A3A 作为治疗患者的抗病毒药物可能是不可行的。开发治疗慢性 HPV 感染的疗法需要深入了解持续感染期间 A3A 和 HPV 之间复杂的相互作用。

人巨细胞病毒(HCMV)是一种普遍存在的 β 疱疹病毒,是世界范围内先天性感染的最常见原因,也是传染先天性神经感觉疾病的主要原因。HCMV 通过胎盘从母体传播到胎儿。人胎盘是一种嵌合器官,含有母体结构(母体蜕膜)和胎儿结构(胎儿来源的绒毛膜绒毛)。HCMV 母体-胎儿传播的最早事件被认为发生在母体蜕膜中,其构成多细胞型组织,与侵入性胎儿细胞和母体免疫细胞、非免疫细胞共存。

在 HCMV 感染的背景下,广泛研究的先天抗病毒免疫的中心组分是在病毒感测时干扰素(IFN)信号级联和炎性细胞因子的快速激活,还有已知的内在细胞限制因子是对多种病毒的先天免疫的关键组分。有研究者最近在人类蜕膜组织中建立了独特的 HCMV 感染离体模型,维持多细胞型器官培养,证明了对 HCMV 感染的强大蜕膜组织先天免疫反应。采用该蜕膜组织感染模型,这些研究者揭示了一个重要且具体的在 HCMV 感染的蜕膜组织中上调的内在限制因子 A3A,并且证实 A3A 是 HCMV 复制的有效限制因子,在蜕膜器官培养和先天感染时,A3A 能将超突变引入病毒基因组。

5.1.2.3 DNA 降解

组蛋白 H2AX 是变体组蛋白,约占正常人成纤维细胞中总 H2A 组蛋白的10%。在 dsDNA 断裂后检查点介导的细胞周期停滞和 DNA 修复需要 H2AX。由电离辐射、紫外线或放射性模拟剂引起的 DNA 损伤导致 PI3K 样激酶(包括 ATM、ATR 和 DNA-PK)在 Ser139 处快速磷酸化 H2AX。在 DNA 损伤后数分钟内,H2AX 在 DNA 损伤位点的 Ser139 处被磷酸化,并且该变体被称为 γH2AX。人 A3A 显示诱导 DNA 损伤反应和 H2AX 的磷酸化。最近,使用针对 A3A 特异性肽产生的抗体,有研究者发现终末分化的巨噬细胞中的 A3A 表达主要是在细胞质并且没有遗传毒性。最近的一项研究表明,与 hA3A 一样,来自不同哺乳动物物种的 A3A 蛋白也能够使基因组 DNA 变异,表明这种活性在大约 1.48 亿年的进化过程中得到了保护。

细胞内的外源 DNA 威胁健康及细胞的正常功能,如果此 DNA 是一个致病原的基因,将会产生细胞毒性基因产物或复制以扩大感染。即使是一个非致病的DNA,也会通过插入突变对基因组产生威胁,这可能破坏基因的表达。外源DNA由 Toll 样受体(TLR)依赖和非 TLR 依赖性机制检测。TLR9 感知细胞中的ssDNA 和信号,以诱导产生Ⅰ型干扰素(IFN)和促炎细胞因子、趋化因子。有人已经鉴定了几种双链 DNA 传感器,DAI、AIM2 和 RNA 聚合酶 III,但是只有后者才是 IFN 产生所必需的。无论如何,一旦产生 IFN,它就会刺激许多基因的转录,这些基因的产物可协调各种先天免疫反应。

hA3A 可降解引入细胞的外源 DNA。研究人员使用基于转染表达 GFP 和hA3A 的质粒测定荧光细胞数量的测定发现转染 5 天但不是 2 天时 GFP 阳性细胞水平降低,并提出了一种模型,外源 DNA 被"降解"导致 IFN 反应和 A3A 的表达。这导致 UNG2 的 DNA 脱氨和尿嘧啶切除,以及降解。然而,如何识别外来 DNA的机制尚不清楚。但是相关蛋白存在于所有脊椎动物中,它可能是一种保守的先天免疫机制。研究者认为 DNA 病毒或具有 DNA 中间体的病毒最有可能构成外源 DNA 的最常见引入。此外,许多 DNA 病毒(例如痘病毒、疱疹病毒、腺病毒和一些细小病毒)将在感染 48 小时内进入、复制、组装并从细胞中释放,这可能伴随着细胞的死亡。同样,大多数逆转录病毒将进入,使基因组逆转录并在 48 小时内整合。

A3A 通过三种方法降低外源 DNA 的稳定性和完整性:稳定的基因转移,瞬时基因表达和 DNA 持久性。异常水平的外源 DNA C/G→T/A 超突变,对 A3A 活性位点谷氨酸的需求以及 UGI 的强烈影响结合起来证明外源 DNA 限制是脱氨基和尿嘧啶切除依赖性过程。有研究者检测到外源 DNA 后,干扰素刺激机体产生A3A,导致外来的双链 DNA 上的 C 脱氨基成 U,这些非典型的 DNA 核苷酸被UNG2 转化成不能修复的损伤,引起外来 DNA 的降解。细胞系和原始单核细胞系中,外来 DNA 中 97% 以上的 C 都是以这种机制被脱氨基。相反,细胞内基因组DNA 似乎不受影响。外源性细胞内 DNA 的识别和清除被认为是先天免疫应答的基本功能。

5.1.2.4 RNA 编辑功能

RNA 编辑酶改变由 DNA 编码的转录物序列以满足生理需求并且发生在单细胞生物、植物和动物中。腺嘌呤和胞苷脱氨是哺乳动物中 RNA 编辑的两种主要类型。腺苷脱氨酶对腺苷(A→I)的脱氨作用发生在数十万个位点,但这种脱氨作用主要针对非编码和内含子区域,特别是那些含有 Alu 重复序列的区域。蛋白质重编码 A→I RNA 编辑会影响数十种基因,但主要发生在大脑中。通过胞苷脱氨作用重新编码 RNA 被认为在人类中很少见,仅在 A1 胞苷脱氨酶介导的肠细胞apoB RNA 中发生。

数百个基因的转录本协调获得外周血单核细胞中的位点特异性 C→U RNA 编辑,这些外周血单核细胞暴露于缺氧和 M1(促炎性)巨噬细胞分化期间。这种编辑预测了几十个基因中的蛋白质重编码。干扰素(IFN)和缺氧在单核细胞中以相加的方式诱导 C→U RNA 编辑,使几种测试基因的 RNA 编辑水平增加至 80% 以上。基因表达、转染、敲低、定点突变研究和纯化蛋白的体外分析表明,A3A 是一种胞嘧啶脱氨酶,与 A1 结构相关,主要在包括单核细胞和巨噬细胞在内的骨髓细胞中表达催化这种 RNA。因此,A3A 是一种新型的 C→U RNA 编辑酶。

也有研究者在研究 Wilms Tumor 1(WT1)突变体的作用时发现了 CBMCs 获得的 WT1cDNA 上反复出现的 G→A 突变和偶尔出现的 T→C 改变,并证实这些不正常的改变是真正的细胞类型特异的 mRNA 改变,并非体外现象,认为 A3A 在过度表达时,会出现一种新的 G→A 编辑方式。

WT1 突变和变异涉及几种疾病,包括肾母细胞瘤和急性髓性白血病。WT1 是具有双重肿瘤抑制/癌基因活性的调节蛋白,取决于表达的同种型,包括 Lys-Thr-Ser(KTS)变体。最近,在来自非祖细胞系但不是祖细胞单核细胞的 cDNA 克隆中检测到两个 G→A 变化(G1303A 和 G1586A)。研究者表明,与祖细胞相比,A3A 在非祖细胞中高水平表达。使用小干扰 RNA 表明 A3A 表达的敲低,而不是 A3B、A3D 或 A3F 的敲低,导致 WT1 c. 1303G→A 几乎完全逆转。此外,在 Fujioka 细胞系中过量表达 A3A 导致显著增加 WT1 c. 1303G→A 改变。这是 hA3A 对转录本的特定 G→A mRNA 编辑。随后进行的研究表明,hA3A 在单核细胞和巨噬细胞中以高水平表达,在 M1 巨噬细胞和单核细胞极化期间诱导 RNA 编辑是在低氧条件下或对 IFN 的反应。确定 hA3A 是否可以编辑来自逆转录病毒的病毒 mRNA,特别是在 hA3A 以高水平表达的感染巨噬细胞是非常有意义的。

研究证实 A3A 在细胞内有 RNA 编辑功能。数以百计的基因副本在巨噬细胞 M1 极化过程中,单核细胞应答氧气不足和干扰素时,就会产生专门的 C→U RNA 编辑。这一编辑改变了大量蛋白的氨基酸序列,包括与病毒性疾病的发病过程有关的蛋白。为了检查 A3A 过表达的影响,有研究者在 HEK293T 细胞系中瞬时表达 A3A 并进行 RNA 测序。A3A 过表达在 3 078 个基因的转录本中诱导了超过 4 200 个位点的 C→U 编辑,导致 1 110 个基因的蛋白质重新编码。检测乳腺癌、血液肿瘤、肌萎缩侧索硬化、阿尔茨海默病和原发性肺动脉高压相关基因的编码 RNA 编辑结果显示了 A3A 过表达通过广泛的 RNA 编辑对人类转录组产生影响。

5.1.2.5 A3A 与癌症

癌基因组体细胞突变是癌症病人一生中不停运转的一个或多个突变过程积累的结果,每一个突变过程都会留下一个典型由 DNA 损伤与修复机制决定的印记,

APOBEC 胞嘧啶脱氨酶家族制造特殊的基因组范围的突变称为 kataegis 超突变印记。自发的 DNA 断裂可加速癌变和进化的基因组变化,但是 DSBs 的直接数量是有限的。DSBs 是导致基因组最不稳定的 DNA 损伤。目前,A3A 是唯一能启动线粒体和细胞核 DNA 分解的酶。A3A 可有效利用其脱氨基功能使细胞核 DNA 上的 C→U,接着 U 被切除,导致 DSBs。在 U2OS 细胞表达时,A3A 会以此方式导致 DNA 损伤和细胞周期停止。

有研究者发现 A3A 表达在人急性髓性白血病(AML)亚群中升高,证明了人类癌症中 A3A 表达升高,以及 A3 酶与血液系统恶性肿瘤的首次关联。为了模拟高 A3A 表达的影响,这些研究者开发了具有诱导型 A3A 表达的 AML 细胞系,并证明了 DNA 复制检查点在白血病细胞中被 A3A 强力激活,并且 A3A 使 AML 细胞对用 ATR 和 Chk1 激酶的小分子抑制剂治疗敏感,确定 A3A 脱氨作用使癌细胞依赖于复制检查点进行基因组保护。

外源和自身细胞质 DNA 被许多 DNA 传感器分子识别,导致产生 I 型干扰素。有研究者使用具有干扰素诱导型 A3A 基因的人髓样细胞系 THP-1,显示细胞质 DNA 通过 RNA 聚合酶Ⅲ转录/RIG-I 途径诱导干扰素 α 和 β 产生,导致 A3A 的大量上调。通过在 ssDNA 片段中催化 C→U 编辑,酶可以防止其再次退火,从而减弱危险信号。而付出的代价是 CG→TA 突变和双链 DNA 断裂形式的染色体 DNA 损伤,在慢性炎症的情况下,驱使细胞走向癌症的道路。

APOBEC 蛋白需要严谨的细胞调控阻止 DNA 上的 C 在错误的时间和地点发生脱氨基,例如 AID 的"脱靶"突变导致 B 细胞淋巴瘤。研究者证实 A3A 的表达能导致 DNA 解链并能活化脱氨酶依赖的伤害性应答。与之前的发现一致的是,A3A 导致细胞周期停止,这些结果显示胞内 DNA 易于被 A3 作用,A3A 的不正常表达对基因组整合造成威胁。

高级别浆液性癌占卵巢肿瘤的最大比例,预后最差,长期存活率<30%。在输卵管伞端的远端已经确定了非侵入性前驱病变,导致输卵管是大多数高级别浆液性癌的起源,而不是卵巢表面上皮的假设。此外,输卵管伞端的前驱病变通常包含肿瘤抑制基因 TP53 的突变,其与癌中发生的 TP53 突变相同,支持克隆关系。与卵巢癌最正相关的非遗传风险因素是排卵,尽管这种关联的致病因素尚不清楚。在排卵期间,排卵前卵巢卵泡破裂释放卵丘-卵母细胞复合体和卵泡液(FF)。这些材料立即与输卵管的伞状物并置,并且主动进入漏斗部以促进卵子的受精。因此 FF 内某些因子的连续重复暴露可能对邻近的上皮细胞产生不利影响。

最近的一项研究表明,暴露于 FF 后,AID 在输卵管上皮细胞中增加。AID 的激活导致总 DNA 甲基化的减少,可能是由于 5mC 对 T 的脱氨作用引起的。然而,未检查其他 APOBEC 家族成员的活性。有研究者评估了 FF 暴露后所有

APOBEC 家族基因的变化,确定了 A3A mRNA 和蛋白质表达的显著升高。当检查个体 FF 样本时,8 名患者中 5 人的流体诱导 A3A 基因表达,表明每个患者 FF 的组成变化可能有遗传成分。这些研究者确定 A3A 瞬时过表达足以诱导输卵管上皮细胞中的双链断裂,但是需要进一步的实验来确定瞬时 A3A 诱导是否导致暴露于 FF 后的输卵管上皮细胞突变。

A3A 在皮肤角质细胞表达,很可能是为对抗病毒感染,并在皮肤伤害时表达上调。研究者发现 A3A 有最佳活性和严格的 $5'$-YYCR 基序特异性,在 pH 7.9 环境中,非转录链上形成了转录依赖的 CC→TT 串联突变,这是皮肤癌的典型标志。这暗示正常复制后在 C 附近的酶催化脱氨基作用产生的 CC→TT 串联突变为皮肤癌的起始提供了另一种分子基础,与已知的 UV 辐射产生的 CC 二聚体途径不同,CC 二聚体经历的可能是非酶催化的自发的脱氨基或是不正常的复制。研究者利用实时 PCR 证实,与形态正常的组织相比,A3A 和 A3B 在胰腺癌组织表达不足。

A3A 不仅在骨髓细胞的细胞质产生功能,在多种培养细胞过度表达时也能突变细胞核和线粒体 DNA。当过度表达时,A3A 可能会具有细胞毒性,是因为基因组 DNA 解链激活了可导致细胞周期停止的伤害性应答,而 TRIB3 蛋白阻止 A3A 对基因组 DNA 产生脱氨基作用,并促进 A3A 被酶降解并消除细胞毒性。

人类 A3A 是体内抑制逆转录病毒和内生逆转录元件的因子,作为胞嘧啶脱氨酶使 ssDNA 上的 dC→dU,引起 DNA 突变,也能使 5mC 碱基发生脱氨基作用,在人体的固有免疫应答中起重要作用。A3A 是家族中最为独特的成员,主要是在骨髓系细胞表达。A3A 的脱氨酶功能会引起基因组的不稳定和癌症,例如皮肤癌。

佛波酯(PMA)可促进啮齿动物的皮肤癌。在小鼠肿瘤中发现的突变与在人类皮肤癌中发现的突变类似,并且 PMA 可促进人皮肤细胞的增殖。人角质形成细胞的 PMA 处理增加了 A3A 的合成,A3A 是将单链 DNA 中的胞嘧啶转化为尿嘧啶的酶,并且多种人癌症中的突变归因于 A3A 或 A3B 的表达。研究者测试了 PMA 诱导 A3A 引起尿嘧啶基因组积累的可能性。当用 PMA 处理人角质形成细胞系时,A3A 和 A3B 基因表达均增加,抗 A3A/A3B 抗体结合细胞核中的蛋白质,并且核提取物显示胞嘧啶脱氨活性。值得注意的是,在 PMA 处理的野生型或尿嘧啶修复缺陷细胞中基因组尿嘧啶几乎没有增加。相反,用表达 A3A 的质粒转染的细胞获得更多的基因组尿嘧啶。PMA 处理,而不是 A3A 质粒转染,导致细胞生长停止。因此,复制叉上单链 DNA 的减少可以解释 PMA 诱导的 A3A/A3B 不能增加基因组尿嘧啶。这些结果表明,促炎性 PMA 不太可能促进人角质形成细胞中广泛的 A3A/A3B 介导的胞嘧啶脱氨作用。

口腔癌是世界范围内常见的癌症。2012 年诊断出大约 300 373 例新病例,使口腔癌成为一种日益增长的健康问题。口腔鳞状细胞癌(OSCC)是口腔癌的主要亚型,占所有口腔癌病例的90%以上。在中国台湾,OSCC是一种流行的恶性肿瘤,是影响男性的第四大常见癌症。有研究者发现A3A的转录水平通常比OSCC肿瘤中A3B的转录水平高至少10倍,特别是在A3B$^{-/-}$基因型个体中。值得注意的是,与这种肿瘤相关的上调相反,所有三种基因型的正常组织中的A3A表达水平都很低。这种差异可能反映了两种主要的肿瘤是内在改变。这些研究者还发现高A3A表达与OSCC患者更好的总体生存率(OS)有关,这表明A3A的上调可能会影响肿瘤。OSCC肿瘤细胞中A3A活性的增强可加速受损肿瘤细胞的去除,从而提高化疗效果并改善治疗反应。

口腔恶性黑素瘤(OMM)是黑素细胞的肿瘤增殖,并且是狗中最常见的口腔肿瘤。OMM的特征是局部侵袭,手术切除后复发,高转移倾向,以及从局部疾病到晚期疾病的快速进展。OMM转移的范围大约58%~74%到区域淋巴结,14%~67%到肺部,65%到扁桃体。通过手术和/或放疗治疗局部转移的狗比没有转移的狗有更短的存活时间。虽然OMM代表狗中最常见的黑素瘤类型,但口腔黏膜黑色素瘤(最常见于口腔和牙龈中)仅占所有人黑素瘤的1%~8%和所有人口腔肿瘤的约0.5%。然而,人类OMM也是快速增长的侵袭性肿瘤,其转移率分别为66%(区域淋巴结)、53%(肺)、36%(骨)和20%(肝和脑),5年生存率为15%~25%。晚期人黏膜黑色素瘤对辅助化疗的反应率也很低。所有人类种族都受到口腔黏膜黑色素瘤的影响,尽管有研究者认为日本人似乎具有较高的易感性。这些研究者使用外显子微阵列对18个转移的原发性犬OMM和10个未转移的原发性OMM的福尔马林固定石蜡包埋(FFPE)切片进行比较表达谱分析。研究结果显示转移相关表达的基因可以是抗转移治疗的靶标,以及OMM转移的生物标志物。转移性OMM中CXCL12的表达降低意味着CXCR4/CXCL12轴可能参与OMM转移。A3A在转移性OMM中的表达增加可能表明A3A诱导的双链DNA断裂和促转移性超突变。

有研究者认为A3A通过DNA复制叉上的胞嘧啶脱氨作用产生独特类型的复制应激。在DNA复制期间,A3A以UNG2依赖性方式诱导脱碱基位点,导致适度的ATR活化。在表达A3A的细胞中抑制ATR导致复制叉上无碱基位点的激增,揭示了先前未知的ATR介导的反向环路,其对抗A3A。在ATR抑制下复制叉上的无碱基位点的积累增加了DNA聚合酶的停滞和ssDNA(A3A的底物)的暴露。在缺乏ATR活性的情况下,ssDNA触发A3A驱动的前馈环路,推动复制叉上的无碱基位点和ssDNA的进一步累积,最终导致细胞进入复制灾难。有趣的是,A3A诱导的复制应激使细胞对ATR抑制剂(ATRi)敏感,但对多种复制抑制剂和基因毒性药物无敏感,突出了A3A诱导的复制应激的独特性以及ATR对这种应激的独特作用。在一组癌细胞系中,ATRi 在携带高 A3A 活性的那些细胞中迅速诱导复制灾难,表明 A3A 施加的复制应激可为各种癌症中的 ATR 靶向治疗提供有机会。

总之,A3A 有多种生物功能,脱氨基却并不是每个功能所必需的。例如,A3A 在细胞实验中对 L1 和 Alu 逆转录转座有强大抑制功能,但是,A3A 脱氨基导致的 DNA 突变在 L1 和其他的逆转录转座子没有发现,这说明除 A3A 的酶催化功能外,还有其他机制与此有关。另外,A3A 介导的微小病毒复制的抑制也被证明是非脱氨酶依赖机制。如果深入研究 A3A 的功能和其作用机制,很可能为基因治疗、疫苗研究及癌症治疗等方面带来新的希望与机遇。A3 是将胞苷转化为尿苷的胞苷脱氨酶。能够靶向基因组 DNA 的 A3A 和 A3B 酶参与相当多的人类癌症的肿瘤发生。虽然 A3 基因座在哺乳动物中是保守的,但它编码 1～7 个基因。A3A 在大多数哺乳动物中是保守的,尽管在猪、猫和整个啮齿目中没有,而 A3B 仅限于灵长类动物。研究者发现兔 A3 基因座编码两个基因,其中 A3A 酶与人 A3A 严格直系同源。兔酶在细胞核和细胞质中表达,它可以使胞苷、5-甲基胞苷残基、核 DNA 脱氨并诱导 dsDNA 断裂。兔子 A3A 酶受到兔 TRIB3 假激酶蛋白的负调控,该蛋白是基因组完整性的守护者,就像它的人类同源物一样。这表明 A3A/TRIB3 在大约 1 亿年中是保守的。与人 A3A 不同,兔 A3A 基因在兔组织中广泛表达。这些数据表明兔可以用作研究 A3 驱动的肿瘤发生的小动物模型。

5.2 APOBEC3B

A3B 也是具有广谱抗病毒功能的固有免疫成员。与 A3G 及 A3F 不同的是,A3B 在 CD4＋T 细胞和巨噬细胞检测不到,而 A3G 与 A3F 在多种组织普遍表达,包括 HIV-1 经常感染的 CD4＋T 细胞和巨噬细胞。有趣的是,相对于正常组织内的不表达或低水平表达,A3B 在乳腺癌、宫颈癌、膀胱癌、肺癌、卵巢癌等肿瘤组织却过量表达,但是机制不太清楚,A3B 在癌细胞的过量表达也被认为是诱发癌症突变的重要因素。人类癌症在很大程度上归因于多个突变的积累。癌前细胞的进展是一个进化过程,其中突变为遗传多样性提供了基本的驱动力。在癌前期细胞中突变率的增加允许选择增加增殖和存活,并最终导致侵袭、转移、复发和治疗抗性。A3B 是一种 DNA 胞嘧啶脱氨酶,在广泛的人类癌症中过表达。其过度表达和异常激活导致大多数癌症中出乎意料的突变簇,称为 Kataegis 突变。

A3B 也是唯一可抵抗 Vif 降解的 A3 蛋白,这为 AIDs 等疾病的治疗带来希望,A3B 在癌症细胞内的异常表达也可以为正在进行的癌症靶向治疗及生物标记的研究奠定重要的研究基础。

5.2.1 A3B 的结构

到目前为止,唯一充分研究的 CD1 结构域来自 A3G。以前的研究表明,A3G-CD1 不仅在体外大大增强了底物结合能力、持续合成能力和脱氨基活性,而且还介导了 A3G 的 RNA 依赖性寡聚化。研究显示 A3G 的寡聚化是 A3G 包装进入 HIV 病毒粒子并抑制病毒复制所必需的。在活化的 CD4+T 细胞的细胞质中,A3G 作为非活性形式存在于 RNA 依赖的高分子量复合物(HMW,也称为高分子量或 HMM),并通过 RNase A 处理激活,HMM 复合物可转化为低分子量(LMW,也称为低分子量或 LMM)复合物。在从 Sf9 细胞纯化的 A3G 中也观察到这种现象,其在非活性 HMM 聚集体和活性 LMM 形式之间显示出类似的转化。突变分析已经明确了 A3G-CD1 W94 和 W127 上的两个色氨酸残基参与 HMW 复合物组装。最近,灵长类动物 A3G-CD1(rA3G-CD1)的晶体结构揭示了二聚体界面内的相互作用对于核酸结合和寡聚化是至关重要的。对 A3F 的 CD1 的研究进一步支持了 CD1 增强催化活性并介导 A3 双域蛋白的 HMM 组装的观察结果,然而,A3F 的 HMW 复合物对 RNase A 的抗性更强。

A3B-CD1m 的晶体结构具有典型的、保守的 APOBEC CD 折叠,其由 5 个核心 β-折叠组成,被 6 个 α-螺旋和连接环包围(图 5-4A)。该结构与先前确定的 APOBEC 结构很好地叠加,特别是在 Zn 配位中心和核心五链 β-折叠。A3B-CD1 与先前公布的 A3B-CD2 之间的代表性结构叠加显示在图 5-4B 中。锌原子与一个组氨酸(H66)和两个半胱氨酸(C97,C100),此三维构象类似于在其他催化 APOBEC 蛋白先前观察到的保守结构配置和非催化 rA3G-CD1。像一些其他 Z2 型结构域结构,包括 A3C、rA3G-CD1 和 A3F-CD2,此 A3B-CD1m 中 loop3 的长度相对较短,导致 Zn 配位中心的封闭形成。这与包括 A3A 和 A3G-CD2 在内的 Z1 型域不同(图 5-4E)。突变残基 Y13、Y28、Y83、W127 和 Y162 分别分散在 N 端、loop1、loop4、loop7 和 loop10 上(图 5-4G)。A3B-CD1m 的一个独特特征是不连续的 α4,在螺旋开始时形成一个小的 310 螺旋 α4(图 5-4B、F),并与其他 APOBEC 结构进行比较,这是 α 的开始部分 A3B-CD1m 中的 4 个偏离 Zn 配位中心的内核(图 5-4F)。结果,α4 开始部分和相邻的 loop7 残基显示出与 rA3G-CD1 不同的构象(图 5-4F)。

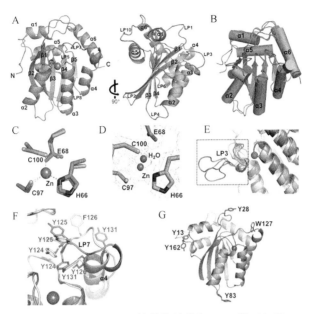

图 5 - 4 A3B-CD1m 的晶体结构(Xiao X 等,2017)

A 是 A3B-CD1m 的 1.9Å 单体结构的两个视图,通过 90°旋转。在二级结构(B)和锌配位活性中心(C)中,A3B-CD1m(绿色)与 A3B-CD2(品红色)的晶体结构叠加。A3B-CD1 的 α4 的开始突破为小的 310 螺旋 α4(B)。D 是活动中心周围的 A3B-CD1m 的电子密度图,在 1.0σ 水平上轮廓化。E 是 A3B-CD1m(绿色)、Z1(A3A、A3G-CD2,橙色)和 Z2(A3F-CD2c、A3C)之间的 loop-3 (LP3)的结构比较,rA3G-CD1(白色)结构域。虚线框表示 loop-3。F 是 A3B-CD1m(绿色)和 rA3G-CD1(青色)之间的 loop-7(LP7)和 α4 的结构比较。标记 A3B-CD1m 上 α4 开始部分。G 是基于 A3B-CD1m 结构的 A3B-CD1 WT 模型。在 A3B-CD1m 中突变的四个表面酪氨酸残基(品红色)和 W127(橙色)显示为品红色棒。

有研究表明,A3B 具有与其他双域 A3 类似的形成浓度依赖性寡聚体的倾向。另外值得注意的是,已经观察到 A3B 与 hnRNP K 和其他 RNP 的相互作用。虽然 A3B-CD2 的晶体和核磁共振结构及其与 ssDNA 的复合物揭示了 CD2 催化活性的重要残基和 loop,但尚不清楚 A3B-CD1 如何能够大大提高 A3B 的催化活性。有研究者研究了 A3B-CD1 的生化和结构特征,用于调节 HMM 复合物组装和 A3B 的催化活性。研究者分析了人 A3B-CD1 变体(A3B-CD1m)的晶体结构,分辨率为 1.9 Å。令人惊讶的是,追求单体形式的 A3B-CD1 已经导致鉴定出涉及 HEK293T 细胞中 A3B-HMW 复合物装配的四个酪氨酸(4Y)残基。突变这些酪氨酸残基产生 A3B 的 LMW 突变体,其不再在 HEK293T 细胞中形成高级复合物并显示降低的催化活性。向 4Y 突变体添加一个色氨酸(W127)突变消除了 ssDNA 结合并进一步损害其催化活性,即使单独的 W127 突变不能引起活性的可检测变化。此外,结构引导的诱变研究已经确定了 CD1 的 loop2、loop4 和 β5 周围的正电荷在催化活性的 RNA 依赖性调节中的作用。此外,共免疫沉淀测定表明 4Y 和 W127 突变的组合影响多个 hnRNP 与 A3B 的优先结合。总之,这项研究揭示了 A3B-CD1 的几个关键元素,它们调节 A3B 的分子组装和催化行为,这种酶正在癌症发展和癌症进化中发挥重要作用。

5.2.2　A3B 的抗病毒功能

A3 家族中最为人所知的是聚集在细胞质并具有强大的抗逆转录病毒功能的 A3G。人类 A3 蛋白大多定位在细胞质,A3B 是唯一一个主要定位在细胞核的成员。研究者发现 A3B 输入细胞核是一个主动过程,至少需要 N 末端基序的一个氨基酸 Va154,A3B 几乎全位于细胞核,尽管 A3B 被证明可在细胞质与细胞核之间移动。

在野生型 HIV-1 感染的细胞,Vif 蛋白利用多聚泛素化降解 A3G。A3B 只是微弱抑制 HIV-1、HIV-1Δvif 和 HTLV-1 的感染,而主要抑制 L1 逆转录转座,但是 HIV-1 的 Vif 却不攻击它。A3B 是人类 A3 家族唯一具有对抗 HIV-1 的 Vif 的功能的成员,这是因为 HIV-1 正常情况下不暴露于 A3B,所以没有进化出对抗 A3B 的机制。

研究者发现自然发生的一段 29.5 KB 序列缺失去除了 A3B 基因,并检测了 4 000 多人 A3B 基因缺失产生的影响。半纯合子的基因型对感染或发展是没有影响的;纯合子基因型的缺失与 HIV-1 的不良后果、AIDs 的发展有重要的关系。这些说明了 A3B 的缺失会使人体更易于感染 HIV-1。

人类 A3 蛋白家族都有一个或两个胞嘧啶脱氨酶基序 $HXEX_{23-28}PCX_{2-4}C$(X 为任意氨基酸),其中,半胱氨酸和组氨酸与锌离子活性位点结合,而谷氨酸直接参与脱氨基反应。根据 Z 域进化关系 A3 分为 Z1、Z2 和 Z3 三种不同结构。A3A、A3C 和 A3H 分别是 Z1、Z2、Z3 单域蛋白。A3B 和 A3G 是 Z2Z1 结构,A3D 和 A3F 都是两个 Z2 结构。A3B 的两个胞嘧啶脱氨酶域都有催化酶活性,均可抑制 HIV-1,只有 C-端的基序可抑制 HBV 的复制并编辑细菌的 DNA。研究者发现 A3B 一个氨基酸的差异影响了其催化酶活性,人类 A3B D316 具有催化活性并能抑制 HIV-1,而恒河猴 A3B N316 却不能,若交换这些氨基酸就会分别改变他们的功能活性与抑制表型。

A3B 的前 58 个氨基酸与 A3DE 是一样的,A3G 与 A3F 的这一位置只有一个氨基酸是一样的。也有研究者发现 A3G 的前 60 个氨基酸控制其定位在细胞质。一些研究者通过突变分析发现 A3B 的 18、19、22 及 24 氨基酸残基是主要决定细胞质或细胞核定位的关键位置。

A3 抑制 *vif* 缺陷(Δ*vif*)的 HIV-1 的机制,首先要被包装进入病毒粒子,然后使病毒 cDNA 脱氨基。人类 A3 蛋白具有胞嘧啶脱氨酶活性,除 A3DE 外,都可以脱氨基使 dC→dU,尤其是单链 DNA 上的 dC。早先的研究认为脱氨酶功能对 A3-介导的 HIV-1 抑制极为重要,如 A3G,A3F 和 A3B 都在一些可被成功包装进入靶细胞基因组的 HIV-1(Δvif)前病毒粒子,可引起大量的突变,在随后的感染中,通过在逆转录过程中产生的负链 DNA 上编辑 dC→dU,产生大量的前病毒突变。这可能产生致死性的突变,也可能导致逆转录过程的早熟,也可能导致逆转录中介的降解。

HBV 是一种部分双链 DNA 病毒,通过逆转录复制,发生在细胞质中的病毒核心颗粒内。新合成的病毒基因组可以作为病毒粒子分泌,或者它们可以被转运到细胞核中,其中松弛的环状 DNA(RC DNA)被转化为共价闭合的环状 DNA(cccDNA)。在动物模型中,核 cccDNA 在肝细胞中累积约 1~50 个拷贝,作为相当稳定的微型染色体。尽管这是低积累水平的,但是 cccDNA 是 HBV 持久性的关键,因为它是所有 HBV mRNA 的模板,包括在逆转录过程中转化为 DNA 的前基因组 RNA(pgRNA)。

A3B 是 HBV 的细胞限制因子。最近,据报道 A3B 可以编辑细胞核中的 HBV cccDNA,导致其降解。有研究显示 A3 蛋白质可与靶 DNA 结合并将胞嘧啶转化为尿嘧啶,A3 蛋白可以编辑 HBV 基因组并在体外和体内减少 HBV 复制,随后可以降解携带 C→U 修饰的 HBV DNA,或者,在逆转录期间在正链 DNA 中积累的大量 G→A 突变可使其具有非感染性。最近,有研究者发现鸭 HBV cccDNA 在 A3G 诱导的 A 超突变中累积了 G,并且通过 UNG 介导的碱基切除修复(BER)途径修复了病变。还有研究报道 IFNα 和淋巴毒素 β 受体可分别上调 A3A 和 A3B,导致胞苷脱氨基依赖性 cccDNA 降解。然而,在逆转录期间是否以及如何编辑 HBV 核心相关 DNA 尚不清楚。

还有研究者发现在 HBV 感染系统中沉默内源性 A3B 导致 HBV 复制的上调。其次,A3B 可以抑制基因型(gt)A、B、C 和 D 的 HBV 分离株的复制,如通过使用表达来自四种不同 HBV 基因型的分离物的质粒的转染所确定的。对于 HBV 抑制,A3B 介导的复制抑制主要取决于 A3B 的 C 末端活性位点。此外,使用 HBV RNaseH 缺陷型 D702A 突变体和聚合酶缺陷型 YMHA 突变体,证明 A3B 可以编辑 HBV 负链和正链 DNA,但不能编辑核心颗粒中的前基因组 RNA。另外,通过共免疫沉淀测定发现,A3B 可以以 RNA 依赖性方式与 HBV 核心蛋白相互作用。这些证据表明 A3B 可以与 HBV 核心蛋白相互作用并在逆转录过程中编辑 HBV DNA,说明 A3B 对 HBV 具有多方面的抗病毒作用。

5.2.3　A3B 与癌症研究

体细胞突变是癌症发展与进化中的基础。在癌症发展的所有阶段中,即使是在细胞没有积极分裂时,化学试剂、辐射等都易导致 DNA 连续损伤。多数损伤的 DNA 可被修复恢复原先的序列。但是,有一些损伤可逃避 DNA 修复系统而产生体细胞突变。这些突变在整个基因组随机发生,且在人一生中都可能出现。体细胞突变的错误结合有时会使正常的细胞转化成癌细胞。

但是,正常的酶催化功能也可能导致 DNA 的损伤和突变。近期的研究显示,具有胞嘧啶脱氨酶活性的 A3 蛋白可导致肿瘤基因出现碱基替换,且在偏好序列基序 TCW 发生了高频率的 C→T 转变。A3B 利用水催化单链 DNA 上的 C→U,DNA 聚合酶在 DNA 复制过程将 U 作为 T 并利用两个氢键与 A 配对,所以形成了 C→T 的转变,这与 APOBEC 家族的脱氨酶活性一致。因此,内源突变可能成为一些癌症中重要的体细胞突变任务的完成者。

虽然 APOBEC 蛋白在病毒感染期间对于外源 DNA/RNA 的细胞防御是重要的,但它们通常不在无应激的增殖细胞中表达。当 A3A 和 A3B 在癌细胞中异常表达时,它们成为基因组的有效突变体。A3B 的表达在几种癌症类型中普遍存在。对癌症中突变特征的深入分析已经暗示了 A3A 和 A3B 在 APOBEC 介导的诱变中的作用。当以高水平表达时,A3A 和 A3B 均诱导 DSB,并且 A3A 也触发细胞周期停滞。脱氨酶 A3B 在这些癌症中表达并在复制应激下引起突变;然而,A3B 介导脱氨作用的机制及其与基因组疾病的关联仍不清楚。有研究者发现 A3B 稳定诱导脱氨反应是因 DNA 双链断裂(DSBs),从而形成持久的 DSBs。主要脱氨基产物 U 随后通过尿嘧啶-DNA 糖基化酶 2(UNG2)进行碱基切除修复(BER)。因此,迟发的 DSB 作为 BER 的副产物出现。通过用 PARP 抑制剂处理细胞,这些延迟的 DSB 的频率增加,并且在击倒 UNG2 后被抑制。迟发型 DSB 以 ATR 依赖性方式诱导。与 DSB 直接引起的 γ 射线照射不同,这些次级 DSB 是持久性的。总体而言,这些结果表明脱氨酶 A3B 因 DSB 而被诱导,除了诱变的 5mC→T 转变诱导之外,还导致持久的 DSB 形成。总之,研究表明,A3A 和 A3B 是大部分癌症中突变和基因组不稳定的重要驱动因素,这引发了癌细胞在增殖期间如何应对这些突变体的问题,以及这些突变体是否为靶向治疗提供了机会。在不同的实体肿瘤中都有 A3B 基因表达的上调,并且 A3B 表达与 p53 和 PIK3CA 等基因中的体细胞突变的存在相关。

5.2.3.1　乳腺癌与 A3B

乳腺癌是癌症相关死亡的重要原因,这种死亡主要是由转移性疾病的进展引起的。因此,乳腺癌研究中最重要的挑战之一是癌细胞获得转移能力的遗传变化和分子机制。普遍接受的假设是转移是由原发肿瘤部位出现的多个复杂步骤引起的。然而,经常会遇到原发性肿瘤与相应转移之间是不一致的。对匹配的原发性肿瘤和转移性病变之间的分子差异的研究可以提高对疾病进展的理解,并且有可能揭示新的可能靶向的转移性进展的驱动因素。

乳腺癌也是异质性极强的疾病。A3B应用了一种新的癌症发展模式——增强能力,即促进肿瘤基因多样性使其有更强的适应能力。例如,激酶活化可促进肿瘤细胞及其后代快速生长,而A3B是在所有它产生影响的细胞产生突变。另外,A3B也可使起始的激酶及后代细胞内其余的基因突变。尽管A3B不能使每个细胞产生相同的显性表型,但是体细胞突变的复杂效果可解释每个细胞内产生的表型。

乳腺癌的发生可能受到生活方式、环境和遗传因素相互作用的调节。性细胞突变会以孟德尔方式遗传,使亲代传递给子代,乳腺癌中最出名的就是发生在BRC1和BRC2基因。乳腺癌的总体遗传力估计约为30%。在家庭中聚集的遗传性乳腺癌病例占所有乳腺癌病例的5%~10%。BRCA1和BRCA2以及与各种遗传性癌症相关的几个基因中的高渗透性种系突变解释了所有在家族中聚集的乳腺癌病例的16%~40%。BRC1和BRC2基因的突变破坏了重组修复,增加了某些DNA损伤的概率,所以也增加了获得癌症突变的风险。另外一些可遗传的DNA损伤在乳腺癌中没有重要作用,可能在其他癌症中有影响。

A3B脱氨基的催化机制为乳腺癌提供了DNA损伤的长期来源,可使TP53失活。乳腺癌内出现了大量的C→T转变导致的体细胞突变。这些突变中的大多数都在整个基因组以不能水解的非甲基化的胞嘧啶出现,有时成簇出现。A3B的mRNA在多数原发乳癌和乳腺癌细胞株中被上调。有研究者发现发生在过量表达A3B的肿瘤内的突变是低表达水平的2倍,且更易于在TP53产生突变。A3B也是乳腺癌细胞株提取物中DNA C→U显示编辑功能唯一可检测到的来源。基因敲除实验显示A3B与基因组U的增多、突变频率的增加及C→T的转变有关。这些证实DNA胞嘧啶脱氨酶A3B是这些突变的可能源头。总之,A3B的过量表达导致细胞周期偏离、细胞死亡、DNA断裂、γH2AX积聚及C→T的转变。

5.2.3.2 HPV与A3B

HPV是一个约8 KB可在皮肤或黏膜角化细胞的细胞核复制的双链DNA病毒,有8个基因E1、E2、E4、E5、E6、E7、L1和L2。目前为止,已发现了170多种HPV类型,根据其致癌风险,将其分为高风险组和低风险组。女性宫颈癌的发展需要HPV感染,却不足够,HPV感染也与其他的生殖器癌、乳腺癌以及正在增长的头/颈部鳞状癌密切相关。病毒的肿瘤蛋白E6和E7均在HPV+癌症表达,高风险组的这些蛋白的表达足量时导致人类角化细胞癌变(变成不死细胞)。E6和E7最重要的功能是分别引起肿瘤抑制因子TP53和RB失活。

研究者发现 A3B mRNA 的表达与酶活性均在高风险的 HPV 转染后上调,这一影响可因 E6 失活而被取消。转导实验显示 E6 肿瘤蛋白自身可导致 A3B 上调,高风险癌症比低风险癌症的 HPVE6 蛋白更促进 A3B 的表达水平。HPV＋细胞株的敲除实验显示内源的 E6 是 A3B 上调所必需的,在 HPV＋癌 A3B 表达水平要明显高于 HPV-癌。根据高风险 HPVE6 在 TP53 功能失活中产生的作用和乳腺癌中 A3B 上调与 TP53 基因失活的关系我们可以推测是高风险的 HPV E6 通过使 TP53 功能失活,从而抑制了 A3B 基因的转录。

由于抑制 p53 肿瘤抑制活性是 E6 的关键功能,有研究者认为 p53 可能是 A3B 表达的直接调节因子,p53 通过 p21 依赖性机制抑制癌细胞中的 A3B 表达和胞嘧啶脱氨酶活性,并且通过其突变或 HPV-16 E6/E7 介导的下调导致 p53 失活导致 A3B 上调。此外,通过评估基因组 DNA 中的细胞胞嘧啶脱氨酶活性和无碱基位点生成,显示通过突变或 HPV 指导的下调可以促进 p53 活性的增加,从而促进正常细胞和癌细胞的诱变能力增强。

也有研究者研究了多瘤病毒大 T 抗原对 A3B 上调的分子机制。证明上调的 A3B 酶部分定位于病毒复制中心。第二,截短的 T 抗原(truncT)足以进行 A3B 上调,并且需要 RB-相互作用基序(LXCXE)而不是 p53 结合结构域。第三,RB1 单独或与 RBL1 和/或 RBL2 组合的遗传敲低不足以抑制 truncT 介导的 A3B 诱导。在大量的人类癌症中的全局基因表达分析显示 A3B 的表达与已知由 RB/E2F 轴调节的其他基因之间有显著关联。这些实验暗示 RB/E2F 轴促进 A3B 转录,但它们也表明多瘤病毒 RB 结合基序除了 RB 失活之外还具有至少一种额外功能,用于触发病毒感染细胞中 A3B 的上调。

已有证据证实高风险 HPV 病毒蛋白 E6 和 E7 在宫颈癌发生中的病因学作用,但它们对导致晚期转移性病变的化学耐药性的贡献仍然不明确。由于转移相关蛋白 1(MTA1)的上调和 A3B 表达的增加与宫颈癌(CCa)发展密切相关,并且两种分子已显示与 NF-κB 途径功能相关。有研究者发现在 HPV＋癌细胞中显著诱导 MTA1 的表达水平,实验表明单独的 E6 癌蛋白足以引起 MTA1 上调。这些发现揭示 MTA1 通过经典 NF-κB 途径间接调节 A3B 表达中的强制调节作用,并且还表明 MTA1/NF-κB/A3B 级联的抑制可以重新定位以抑制癌症诱变及抑制肿瘤进化。

5.2.3.3 肝细胞癌与 A3B

肝细胞癌(HCC)是最常见的原发性肝肿瘤,并且是造成发病率和死亡率的主要原因。慢性肝脏炎症是一种致癌性疾病,与大多数已知的 HCC 危险因素有关:HBV、丙型肝炎病毒(HCV)、酒精滥用/接触有毒物质、非酒精性脂肪性肝病(NAFLD)以及自身免疫性肝炎。

有研究者已经证实白细胞介素-6(IL-6)对 HCC 的肿瘤发生具有显著影响,在 HepG2 细胞中 IL-6 的表达被 A3B 显著上调。A3B 通过重新定位 HuR 诱导 IL-6 表达以增强 IL-6 mRNA 稳定性。进一步分析表明 IL-6 还通过 JAK1/STAT3 信号通路增加 A3B 的表达,形成正反馈以维持 A3B 和 IL-6 的连续表达,从而促进延长的非溶解性炎症。这些发现表明 A3B 对 HCC 的肿瘤发生至关重要。

还有研究者分析了 HBV X 蛋白(HBx)升高的雄性特异性致死 2(MSL2)通过调节肝癌细胞中的 cccDNA 激活 HBV 复制,导致肝癌发生。MSL2 是一种果蝇的剂量补偿基因,经过性别特异性调节,编码一个带有 RING 指和金属硫蛋白样的蛋白质。免疫组织化学分析显示,MSL2 的表达与 HBV 的表达呈正相关,并且在 HBV 转基因小鼠和临床 HCC 患者的肝组织中表达增加。MSL2 可通过肝癌细胞泛素化降解 A3B 来维持 HBV cccDNA 的稳定性。最重要的是,HBx 在稳定的 HBx 转染的肝癌细胞系和 HBx 转基因小鼠的肝组织中起到了 MSL2 上调的作用。荧光素酶报告基因测定揭示由 HBx 调节的 MSL2 的启动子区位于含有 FoxA1 结合元件的核苷酸-1317/-1167。染色质免疫沉淀实验证实 HBx 可以增强 FoxA1 与 MSL2 启动子区域的结合特性。HBx 通过激活 YAP/FoxA1 信号传导上调 MSL2。沉默 MSL2 能够在体外和体内阻断肝癌细胞的生长。

还有研究者评估了 A3B 在人肝细胞癌(HCC)进展和转移中的作用。使用全转录组和全外显子组测序和定量 PCR 发现 A3B 在人 HCC 中过表达,并且 A3B 表达与基因组 C→A 和 G→T 突变的比例显著相关。根据临床病理学相关性,较高的 A3B 表达与更具侵袭性的肿瘤行为相关。HCC 细胞中野生型 A3B(wt-A3B) 过表达促进细胞增殖、体外细胞迁移和侵袭以及体内致瘤性和转移。另一方面,敲低 A3B 抑制具有高内源性 A3B 水平的 HCC 细胞的细胞增殖、迁移和侵袭能力。然而,令人惊讶的是,A3B 脱氨酶死亡双重突变体(E68A/E255Q)的过表达导致与 HCC 中 wt-A3B 类似的结果。此外,wt-A3B 和突变体 A3B 的过表达均增强 HCC 细胞中的细胞周期进展。总之,这些研究者证明 A3B 在促成 HCC 肿瘤发生和转移中具有新的非脱氨酶依赖性作用。

也有研究者在肝切除术期间从 HCC 患者中收集了 72 个肿瘤和非肿瘤组织样品以及临床数据,通过实时 PCR 评估 A3B 的 mRNA,然后测定 pLV-A3B 转染的 Hep 3B 细胞的活力,通过体外迁移测定评估 pLV-A3B 转染的 Hep 3B 细胞的细胞生长。结果表明,A3B 可能在 HBV 相关的 HCC 中发挥肿瘤抑制作用。在从 HCC 患者切除的组织中我们发现,具有 HBsAg＋的组织在肿瘤组织中表达高水平的 A3B mRNA,在非肿瘤组织中表达水平低。然而,这些研究者的结果表明 A3B 在 HBV 感染的患者和所有肿瘤肝切除组织中高表达,表明肝切除肿瘤组织表现出高 A3B mRNA 表达。在亚洲和非洲,慢性 HBV 感染是 HCC 患者的主要危险因素。高复发率是改善 HCC 预后的主要障碍。微环境在肿瘤起始和 HCC 进展中的作用至关重要。以前的研究表明,非肿瘤组织的状态在预测肿瘤复发中起着至关重要的作用。靠近肿瘤的组织是相对关键的,因为肿瘤组织通过手术切除。基于 HCC 治疗后的时间长度,肿瘤复发分为早期或晚期。通常,早期复发发生在 HCC 治疗的两年内,并且主要归因于转移性 HCC 细胞的肝内传播。此外,肿瘤血管侵犯和肿瘤分期可预测 HCC 的早期复发,研究者发现血管侵犯的患者复发风险明显较高,表明血管侵犯是预测 HCC 患者复发的最关键因素之一。这些结果表明 A3B 不是 HCC 早期肝切除术后复发的危险因素。

5.2.3.4　其他癌症

A3B 在一些淋巴瘤细胞大量表达,在大量表达 A3B 的细胞内的某些癌基因发生了体细胞突变。A3B 基因转染淋巴瘤细胞导致 *cmyc* 基因发生碱基替换。

卵巢癌是一种异质性疾病,具有高度的基因组不稳定性,也是世界上最致命的妇科癌症。在中国,由于人口老龄化,卵巢癌负担保持稳定。卵巢癌的病因尚不清楚。流行病学研究表明,有几个因素与卵巢癌风险相关,包括家族史、乳腺癌个人史、月经和生殖因素、肥胖、激素治疗、炎症以及基因突变(BRCA1 和 BRCA2 突变)。此外,卵巢癌患者的生存率在过去 30 年中几乎没有改善,据报道美国 5 年生存率为 45%。目前卵巢癌的主要治疗策略是手术,然后是化疗。大多数卵巢癌在晚期被诊断为由于晚期疾病和化学疗法抗性而预后不良。卵巢癌缺乏可靠的筛查策略,因此,研究卵巢癌进展和转移的分子机制和关键调节因子是非常重要的,以便鉴定新的生物标志物以预测存活和复发风险,这将使得患者能够选择最佳治疗策略并最终改善预后。A3B 在一些卵巢癌细胞株的核内非常活跃,并偏好在 5′TC 发生胞嘧啶脱氨基作用。研究者检测了 16 个卵巢癌患者的全基因组发现 A3B 的表达与总的突变负荷及增长的转换突变水平密切相关。也有研究者认为 A3B 表达是预测卵巢癌患者总体存活(OS)和无病生存期(DFS)的预后因素之一,体外数据显示,A3B 表达的敲低影响了卵巢癌细胞的活力。A3B 的表达可能在卵巢癌的治疗和存活中起重要作用。

已有研究者证实 A3B mRNA 在卵巢癌细胞系和卵巢癌组织中上调,评估了组织学定义的卵巢癌亚型中的 A3B 表达,确定其对 OS 和无进展存活(PFS)的影响。对 219 名高级别浆液性卵巢癌(HGSC)、61 名低级别浆液性卵巢癌(LGSC)、62 名子宫内膜样卵巢癌(EC)及 55 名透明细胞(CCC)卵巢癌患者的组织微阵列使用针对 A3B 的抗体染色。实时定量 PCR 检测 274 例 HGSC,11 例 LGSC,47 例 EC 和 29 例 CCC 中 A3B mRNA 水平。肿瘤浸润淋巴细胞(TILs)已在之前的项目中进行了评估。A3B 染色呈细胞质和细胞核染色,两者呈正相关。在 HGSC 中,对于阳性细胞质染色可检测到变化,其对于 OS 和 PFS 是有利的。在单变量分析中,高水平的 A3B mRNA 与 HGSC 中延长的 PFS 相关。A3B 细胞质染色和 A3B mRNA 与 TILs 呈正相关。HGSC 中的 A3B 与主动免疫浸润有关。

肺癌是美国和全世界最常见和致命的恶性肿瘤。2013 年,有 180 万人被诊断患有肺癌,160 万人死于肺癌。虽然基因突变、空气污染、烟草使用和其他致癌因子已被证实与肺癌的发生密切相关,但肺癌的详细病因尚不清楚。在肺癌中,肺癌的早期检测非常重要,因为最初几乎没有任何症状。有研究者结合在线数据库的数据和来自中山大学癌症中心的 214 个原发性非小细胞肺癌(NSCLC)标本,首次调查临床作用,发现 A3 表达在 NSCLC 组织中普遍升高,并且 A3B 的过表达与 NSCLC 患者的不良预后相关。A3B 表达与 NSCLC 患者的淋巴结状态、TNM 分期和辅助化疗有关。还有研究者用 RT-qPCR 检测了 NSCLC 手术治疗的 A3B mRNA 的表达,显示与正常的肺组织(N)相比,A3B/β 肌动蛋白的 mRNA 水平在癌细胞(T)显著提高。且癌细胞与正常肺组织 A3B/β 肌动蛋白的 mRNA 水平的比值(T/N)不会因性别、年龄及吸烟状况等不同。也有研究者显示 A3B 上调与免疫基因表达明显相关,并且 A3B 表达与已知的免疫疗法反应生物标志物正相关,包括 PD-L1 表达和 NSCLC 中的 T 细胞浸润。APOBEC 突变特征在免疫治疗后具有持久临床益处的 NSCLC 患者中特异性富集,并且 APOBEC 突变计数在预测免疫疗法反应中可优于总突变,这就为 A3B 上调和 APOBEC 突变计数可用作指导 NSCLC 检查点阻断免疫疗法的新型预测标志物提供了证据。

胃肠胰十二指肠神经内分泌肿瘤(GEP-NENs)是一组异质性肿瘤。然而,A3B 在 GEP-NENs 中的表达和意义仍不清楚。一些研究者共收集 158 例 GEP-NENs,根据肿瘤分类等级对病例进行分组,其中神经内分泌肿瘤 G1(NET G1)42 例,NET G2 36 例,NET G3 36 例,神经内分泌癌(NEC)44 例。使用针对 A3B 的多克隆抗体对所有 158 个肿瘤进行免疫组织化学研究。NET G1 共 33 例(78.6%)显示 A3B 高表达。共有 28 例(77.8%)NET G2 表现出 A3B 的高表达。在 NET G3 和 NEC 病例中,阳性率分别为 52.8% 和 2.3%。NETs 中 A3B 的表达显著高于 NECs,NET G1 和 NET G2 高于 NET G3,差异有统计学意义。A3B 高表达病例淋巴结转移率较低,Ki67 细胞增殖指数较低。

人类 T 细胞白血病病毒 1 型(HTLV-1)是成人 T 细胞白血病/淋巴瘤(ATL)的致病因子,HTLV-1 感染后,一些感染的细胞表现出缓慢的克隆增殖,克隆增殖细胞的其他遗传和表观遗传变化为它们提供了生长的选择优势,最终导致白血病/淋巴瘤,包括 ATL。最近有研究者在 HTLV-1 感染后的短期人源化小鼠模型中观察到增加的 A3B 表达。在 HTLV-1 感染后的长期人源化小鼠模型中,基因表达阵列数据显示出 A3B 和细胞黏附因子 1(CADM1)的明显增加,这是 ATL 的指标。

这些表明 A3B 可能参与 HTLV-1 感染的人源化小鼠中 ATL 的发展。

多瘤病毒(PyVs)是一类小的无包膜病毒,含有约 5 KB 环状双链 DNA 基因组。大多数人类 PyVs 在健康个体中建立亚临床持续性感染。这些病毒可在各种免疫抑制条件下重新激活,并引起多种严重疾病,包括癌症。其中,BK 多瘤病毒(BKPyV)再激活是肾脏和骨髓移植患者的一个主要问题,因为它们可能分别发展为多瘤病毒相关性肾病和出血性膀胱炎。最近,越来越多的报道证明 BKPyV 感染与肾脏肿瘤的发生之间存在关联。JC 多瘤病毒(JCPyV)再激活可导致进行性多灶性白质脑病(PML),这是一种在 AIDS 患者中最常见或与某些免疫抑制及免疫调节治疗相关的严重脱髓鞘疾病。默克尔细胞多瘤病毒(MCPyV)是迄今为止唯一与癌症直接相关的人类 PyV,已被确定为 Merkel 细胞癌(MCC)的病原体。在大多数 MCC 病例中,研究人员发现 MCPyV 整合到宿主 DNA 中,诱发突变导致病毒复制不能完成并同时促进肿瘤发生。

有研究者检查了 PyV 感染对 A3 表达和活性的影响,证明 A3B 在原代肾细胞中被 BKPyV 感染特异性上调,并且上调的酶是活跃的。进一步显示 BKPyV 大 T 抗原以及来自相关多瘤病毒的大 T 抗原能够单独上调 A3B 的表达和活性。这些研究者评估了 A3B 对生产性 BKPyV 感染和病毒基因组进化的影响。尽管 A3B 的特异性敲低对生产性 BKPyV 感染几乎没有短期影响,但生物信息学分析表明,A3B 的优选靶序列在 BKPyV 基因组中被耗尽,并且该基序不足以在病毒基因组的非转录基因上富集,也是病毒 DNA 复制过程中的滞后链。研究结果表明,PyV 感染上调 A3B 活性,从而影响较长进化期的病毒序列组成。这些发现暗示 A3B 活性的增加可能有助于 PyV 介导的肿瘤发生。

有研究发现胃癌组织中 A3 的表达高于正常组织,并证实 A3B 的表达与胃癌患者的不良预后相关。A3B 表达与胃癌患者的性别、肿瘤大小、组织学分级、T 分期和 TNM 分期相关。MNK28 细胞中 A3B 表达的下调可以增强 PDCD2 的细胞毒性。A3B shRNA 在 PDCD2 阳性 MKN28 细胞中没有发生编辑。这些结果表明 PDCD2 的功能丧失可能部分是由 A3B 诱导的广泛诱变引起的。

软骨肉瘤是比较常见的骨肿瘤。有研究者证明与正常组织相比,A3B 在癌组织中的表达更高。为了进一步研究 AB 表达的影响,研究者敲除了软骨肉瘤细胞中 A3B 的表达,发现 A3B 敲低细胞中凋亡细胞的百分比高于未转染细胞中的百分比。此外,这些研究者发现 RUNX3 的抗肿瘤活性降低是由 A3B 引起的。而且研究者还证明了在 A3B 敲低的表达 RUNX3 的细胞中 caspase-3、caspase-8 和 caspase-9 活性显著增加。总之,这些研究者的结果表明 A3B 敲低可能是增强软骨肉瘤细胞凋亡的有用疗法。

5.2.4 A3B 与逆转座

遗传性 L1 插入必须在配子发生过程中或在胚系建立前的早期胚胎发育过程中发生,估计最少每 35～45 名新生儿中有一名携带 L1 介导的内源性 L1s 插入在男性和女性生殖细胞、人胚胎干细胞(hESCs)和选择的体细胞组织中表达。转基因动物和细胞培养实验表明,工程化的人 L1 可以在这些细胞类型中的每一种中进行逆转座。因此,正在进行的 L1 逆转座可能对各种细胞类型构成诱变威胁。

高等真核生物已经进化出防御机制以保护其基因组免受转座因子的潜在诱变作用。例如,L1 $5'$UTR 中 CpG 岛的甲基化与 L1 逆转座的减少相关。此外,数据表明 L1 逆转座可能受到基于干扰 RNA 的小机制和 Trex1 DNA 核酸外切酶的抑制。最后,A3 蛋白家族的成员也可以抑制 L1 和/或 Alu 转座。研究者证明 HeLa 细胞主要表达 A3B 和较少量的 A3C,而 hESCs 表达除 A3A 外的所有 A3 基因。使用特异性 shRNA 来转录后抑制 HeLa 和 hESC 中各种 A3 mRNA 的水平,研究表明内源性 A3B mRNA 的减少导致工程 L1 逆转录转座增加 2～3.7 倍。

A3B 主要位于细胞核内,是唯一含有核定位信号的 A3 蛋白。亚细胞 A3B 表达模式表明 A3B 可能在靶位点引发的逆转录水平限制 L1 逆转座。然而,在 HeLa 细胞中进行的过表达实验中,A3B 的核定位对于 L1 限制似乎是不必要的。关于从各种族群体分离的 hESC 中 L1 逆转录物水平的差异,存在的信息很少。A3B 的低水平表达发生在多个体细胞组织中,这意味着在维持基因组完整性方面具有更广泛的保护作用。但是在某些癌症中已检测到 A3B 突变。例如,在乳腺癌患者中发现 A3B 基因中小的约 4 KB 缺失导致 A3B 表达的部分丧失比在对照中更常见。此外,在一些患者中,仅在恶性组织内检测到纯合的 A3B 缺失,显示 A3B 在体细胞组织中的潜在保护作用。最近已有证据显示 L1 在某些人类肿瘤中进行逆转座,因此确定 A3B 基因中的缺失是否与这些患者中 L1 较高频率的逆转座相关将是很有价值的。

尿路上皮癌(UC)是最常见的膀胱癌类型,UC 中最常见的突变特征被认为是由 A3 酶的误导活动引起的,特别是 A3A 或 A3B。A3 蛋白参与尿路上皮癌变是出乎意料的,因为迄今为止,UC 被认为是由化学致癌物而不是病毒活性引起的。有研究者探讨了 A3 表达与 L1 活性之间的关系,这种关系通常在 UC 中被上调。他们发现 UC 细胞系高度表达 A3B,在某些情况下高度表达 A3G,但不表达 A3A,并且在体外表现出相应的胞苷脱氨活性。尽管他们的证据表明 L1 表达对 A3B 和 A3G 表达以及 A3B 启动子活性具有很弱的正面影响,但是有效的 siRNA 介导的敲低和功能性 L1 元件的过表达都不能一致地影响 A3 蛋白的催化活性。然而,L1

敲低减少了内源性 L1 大量表达的 UC 细胞系的增殖,但对具有低 L1 表达水平的细胞系几乎没有影响。数据表明 UC 细胞表达 A3B 的水平远远超过 A3A 水平,使得 A3B 成为引起基因组突变的主要候选者。

食管癌是常见癌症,也是癌症相关死亡的常见原因。食管鳞状细胞癌(ESCC)是 eso 噬菌体癌的主要组织学类型之一,在东方国家占主导地位。尽管多模式治疗取得了显著进展,但即使在完全切除后,ESCC 患者的预后仍然很差。已有报道各种分子畸变,包括 PIK3CA 突变、p53 表达和 L1 的甲基化在 ESCC 中是显著的。与较长的存活相关,PIK3CA 突变是有用的预后生物标志物,而 L1 低甲基化与基因组不稳定性相关,因此在 ESCC 中预后不良。L1 甲基化被认为是细胞中全局 DNA 甲基化水平的可靠指标。有研究者评估了 A3B 在 ESCC 中的表达,并研究了 A3B 的免疫反应性、临床和病理特征以及 ESCC 的分子特征(PIK3CA 突变、p53 表达和 L1 甲基化水平)之间的关系。这些研究者发现 A3B 的免疫反应性和 mRNA 水平在癌组织中显著高于非癌性食管黏膜,A3B 表达与 PIK3CA 突变显著相关,特别是 PIK3CA 的 C→T 转换。此外,A3B 的高表达与 L1 低甲基化显著相关。

5.2.5 A3B 的作用机制

灵长类动物 A3 蛋白提供针对逆转录病毒如 HIV 和 SIV 的先天免疫。HIV-1 是艾滋病的主要病因,它利用其 Vif 蛋白特异性地抵消限制性人类 A3 酶。SIV_{mac239} Vif 展示了更广泛的抗 A3 活性,其中包括几种恒河猴酶,并扩展到人类 A3 家族的多种蛋白质,包括 A3B。

先前已有研究显示 SIV_{mac239} 编码的 Vif 蛋白具有针对人 A3B 和 A3G 的跨物种降解能力。SIV_{mac239} Vif 对人 A3B 的降解特别有趣,因为人 A3B 在人 T 淋巴细胞中不是 HIV-1 限制因子,也不是 HIV-1 Vif 降解的靶标。研究者阐明了 SIV_{mac239} Vif 和人 A3B 之间相互作用的分子决定因素,阐述了 Vif 和 A3B 上的关键相互作用氨基酸残基。数据表明 SIV_{mac239} Vif 专门针对人 A3B 的 N 末端结构域,人 A3B 的 $^{128}ERD^{130}$ 基序内的氨基酸取代 E128KD130K,以及相邻 loop7 上的 R122、L123、Y126 和 W127 的单个丙氨酸取代赋予对 SIV_{mac239} Vif 介导的降解的抗性。值得注意的是,这些潜在的相互作用氨基酸位于人 A3B 的一个区域内,与人 A3G 高度相似(A3B 中 $^{121}RLYYYWERD^{130}$ 与 A3G 中的 $^{121}RLYYFWDPD^{130}$ 相比),A3G 的这个保守环区域已通过诱变和分子模拟直接与 HIV-1 Vif 相互作用。此外,这些研究者针对 SIV_{mac239} Vif 的潜在 A3 相互作用残基的诱变研究揭示了一组消除人 A3B 降解表型的改变(即 R18A、K27A、K30A、P43A、H44A、F45A、K46A、V47A、G48A、W49Δ、W51A、W51Δ、W73A 和 P77+G),表明这些残基有助于与人 A3B 的相互作用。

在各种灵长类动物慢病毒 Vif 蛋白中,CBFβ 和 E3 连接酶复合物的其他组分以及 Vif 内相应的相互作用残基是高度保守的。因此,尽管氨基酸水平相似性较低(25%),但由于这些功能和结构限制,SIV$_{mac239}$ Vif 可能与 HIV-1 Vif 具有完全相似的结构。数据显示,对于 SIV$_{mac239}$ ELOC 相互作用基序(SLQ),预测的 CBFβ 相互作用残基(W7、W13 和 W22)以及预测的锌配位残基(C116)的 A3 蛋白降解具有遗传要求。因此,可以通过突出显示 HIV-1 Vif 晶体结构上的相应残基说明 SIV$_{mac239}$ Vif 的与人 A3B 相互作用残基。得到的图像表明与 A3B 相互作用残基聚集在表面内,该表面与 HIV-1 Vif 和人 A3G 相互作用表面相似,甚至可能跨越稍大的表面区域。这些研究表明,人 A3B 和 SIV$_{mac239}$ Vif 之间功能相互作用的分子决定因素类似于人 A3G 和 HIV-1 Vif 之间的功能相互作用。

总之,作为具有胞嘧啶脱氨酶活性的 A3 家族成员,A3B 有两个胞嘧啶脱氨酶基序,也是家族中唯一一个可抵抗 HIV-1 的 Vif 的成员,利用其 C-端的基序可以抵抗 HBV,是具有广谱抗病毒功能的胞内抑制因子。近期的研究显示 A3B 造成了人类多种癌症中基因组 U 损伤和突变,包括乳腺癌、宫颈癌、膀胱癌、肺癌、卵巢癌等。在这些肿瘤组织,A3B 是被上调的,尽管机制还不太清楚。人类 A3B 有助于小鼠模型中耐药性的发展。因此,深入研究 A3B,可为 AIDs 等逆转录病毒引起的疾病带来治疗的希望,也为正在进行的以 A3B 为靶的癌症靶向治疗或生物标记的研究奠定基础。

5.3 APOBEC3C

在这 7 个 A3 同源结构中,A3C 因几乎没有抗病毒和抗逆转录元件的功能而突出。在比较人类 7 个 A3 蛋白抗慢病毒及逆转录元件功能的研究中也发现,A3C 是唯一一个功能较弱的。

尽管 A3C 对 HIV-1 是较弱的抑制因子,A3C 对 *vif* 缺陷的 SIV 却是强大的抗病毒因子。A3C 在 HIV-1 的靶细胞表达,包括 PBMC、巨噬细胞及胸腺细胞。有研究证实在表达 A3C 的细胞时,能检测到 Vif 不能抑制病毒复制却能导致病毒多样性的 G→A 突变。所以,发展抑制 A3C 的药物可能是一种新的从免疫抑制或抗逆转录病毒抑制方面来延迟病毒逃逸的策略。因此,对 A3C 研究的深入,可为进一步了解免疫治疗相关疾病带来希望。

5.3.1 A3C 的多态性

A3C 在灵长类动物中是保守的,并且系统发育比较显示了阳性选择的证据,包括在预测的 Vif 结合界面内的多个氨基酸取代。这表明祖先的慢病毒与 Vif 和祖先的 A3C 酶之间存在持续的冲突。与此观点一致,跨物种比较显示人类 A3C 对 SIVagm 的限制。A3C 氨基酸 188 位于 C 末端螺旋中,其与 Vif 结合界面物理分离。然而,该区域的系统发育比较是有趣的。在人类 A3 中,大多数酶在类似结构位置具有 Ile,表明需要更大的限制活性。不同灵长类物种的序列比较表明,Ile188 是祖先的灵长类动物残留物,发生在不同的灵长类物种中。

有研究者发现 6 个已知功能的 A3s 都在与 A3C 同源的 188 位是保守的异亮氨酸,而 A3C 在此位置编码的却是丝氨酸,而且 A3C I188 抑制 Vif 缺陷的 HIV-1 (Δvif)感染的能力几乎是普通 A3C S188 的 10 倍,尽管两个蛋白的表达水平是一样的。群体遗传学显示人类 A3C I188 多态性是古老的,A3C I188 在不同的非洲人群以约 10% 的频率出现,但是在地球上的其他人群却不出现。188 位的异亮氨酸在人类进化中丢失,很可能是在人类与黑猩猩等最近的共同祖先分离之后又被某些人类重新获得,也可能是作为等位基因从未丢失,并在人类几百万年的进化中一直作为一种多态性。

研究者发现非洲常见的 A3C 单核苷酸多态性(SNP)增强了抗慢病毒活性。这种多态性可能影响人类对慢病毒跨物种传播的易感性,因为来自其他慢病毒的 Vif 可能不会拮抗 hA3C。HIV-1 和 HIV-2 Vif 能够拮抗 A3C 的两种变体,因此 I188 SNP 可能不会阻断 HIV 传播,Vif 可能在感染期间有效抵消 I188 的活性。然而,A3C 被 Vif 拮抗的事实确实表明 A3C 是一种重要的屏障,必须在自然感染期间抵抗该病毒。Vif 的 A3C 拮抗可能是由于 Vif 与另一个 A3 如 A3F 结合而产生的意外后果,因为 A3C 具有与 A3F 几乎相同的 Vif 结合凹陷区。尽管 Vif 能够拮抗 A3C,但 A3C I188 仍有可能影响 HIV 易感性。在拥有整个 A3 谱系的受感染个体中,Vif 必须适应抵抗多种抗病毒蛋白,这可能会限制 Vif 并削弱其活性。实际上,尽管存在 Vif,但是从 HIV-1 感染的患者细胞测序发现病毒基因组被 A3 广泛突变,并且 A3 诱导的诱变程度与疾病进展速率负相关。因此,A3C I188 可能提供一定程度的保护。

最近发现 hA3C S188I 的 HIV 限制能力比普通 hA3C 高 5～10 倍。与常见的 hA3C 不同,hA3C S188I 能够在体外二聚化。虽然这对于其他 A3 的进入病毒粒子常常是必需的,但对于 hA3C,普通和 A3C S188I 都能够均匀地进入病毒粒子。说明与普通 hA3C 相比,hA3C S188I 诱导的更高限制水平是因为酶固有的生化特征的差异。

研究者发现人类 A3C 编码 S188I 的一个多态性增强了蛋白质酶促活性及抑制 HIV-1 的能力,并加剧了形成二聚体的倾向。但是,其他的人类 A3C 蛋白只有一个 S188,并且不太活跃,就像人类 A3C 的普通形式一样。尽管如此,黑猩猩和大猩猩 A3C 具有与人类 A3C I188 几乎一样的功能,而且黑猩猩和大猩猩 A3C 形成二聚体是在与人类 A3C S188I 相同的界面,但是利用不同的氨基酸。对于每个人科 A3C 酶,二聚化能增加单链 DNA 的持续合成,导致体外和细胞内逆转录过程中的高水平突变,是决定 A3C 功能的关键,连接并列的两个 S188 合成的二聚体显著增强了抗病毒功能。事实上,即使与更活跃的 I188 比,功能也是增强的。为增加突变活性,形成一个二聚体比特异的氨基酸显得更加重要,二聚体界面也不同于其他 A3 蛋白。

有研究者发现人类 A3CI188 变体在基于 293T 的单循环感染系统中表现出对 Vif 缺陷型 HIV-1 的增强的限制活性,在非允许的 CEM2n T 细胞中使用 Cas9 介导的基因破坏,内源性 A3C 不是 Vif 缺陷型 HIV-1 限制所必需的,最可能是由于 A3D、A3F、A3G 和 A3H 的强大限制活性。然而,相对于 Vif 缺陷型病毒复制,A3CI88 的稳定表达可以将正常允许的 SupT11T 细胞转化为不允许的表型。在这些传播感染条件下,Vif 缺陷型病毒还累积来自 A3C I188 以及来自 A3C S188 的 G→A 突变。总之,这些发现支持了 A3C 在 HIV-1 限制和 T 细胞中 G→A 突变中的作用,并显示人类 A3 基因座内可能影响 HIV-1 适应和体内发病机制的额外水平的变异。

5.3.2 A3C 的结构

A3 蛋白都有 1 个或 2 个胞嘧啶脱氨酶域(CDD),是一个典型的锌协调基序(H-X-E-X$_{23-28}$-P-C-X-C),在其活化位点有一个水分子结合 Zn^{2+} 而金属离子被一个组氨酸和两个半胱氨酸协调。并根据 Z1、Z2 和 Z3 锌离子调控基序进行分类,将 A3 分为:Z1-A3A 家族,包括 A3A、A3B 及 A3G 的 C 末端域;Z2-A3C 家族,包括 A3C、A3DE 和 A3F 的 C 端和 N 端域;A3H 是唯一一个 Z3 锌指域。A3 蛋白以单体、二聚体和寡聚复合物的形式出现。但是,A3C 只有一个域。

研究者利用 NMR 和 X-射线晶体结构显示 6 个 α-螺旋和 5 个 β 片层组成的球状体(α1-β1-β2/2'-α2-β3-α3-β4-α4-β5-α5-α6),是 DNA 脱氨酶特有的基序。这些研究者利用 END script 2 software26 对比了代表性的 A3 家族成员的结构并识别出其常见的结构元素。A3 蛋白具有很多反映其序列相似性的二级结构,并且其三级结构都具有一个位于中心的每边被 3 个螺旋包围的 β 片层。不同结构的主要区别在于 A3F、A3C 和 A3A 有一个连续的 β2 链,但是此链却被 A3B 和 A3G 一个 α 螺旋或 β 转角打断。

最近有研究者还确定了全长 A3C 的高分辨率晶体结构。A3C 的晶体结构揭示对 A3C 蛋白上必需的 Vif 相互作用的残基,其形成了 Vif 结合的浅凹陷区。使用结构引导的诱变,研究者发现在 α2 和 α3 螺旋之间鉴定出 10 个疏水或带负电荷的残基,其在 A3F 和 A3DE 蛋白的同源结构域中是保守的,但在 A3G 中不是。值得注意的是,界面中的凹陷区由 A3C 的疏水(L72、I79 和 L80)、芳香(F75、Y86、F107 和 H111)和亲水残基(C76、S81 和 E106)组成(图 5-5)。此外,A3F(L255、F258、C259、I262、L263、S264、Y269、E289、F290 和 H294)和 A3DE(L268、F271、C272、I275、L276、S277、Y282、E302)等效 10 个残基的突变分析,F303 和 H307 揭示了这些残基的聚集,这些残基形成与在 A3C 结构中观察到的 Vif 结合腔同源的 Vif 结合区。

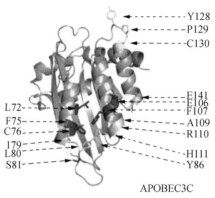

图 5-5　A3C 的晶体结构(Desimmie B A 等,2014)

有研究证实不同血统的 Vif 与 A3C 有不同的结合位点,HIV-1 的 Vif 对猕猴(rhA3C)、白眉猴(smmA3C)及非洲绿猴的 A3C 是没有活性的,而 HIV-2、SIVagm 和 SIVmac 的 Vif 蛋白可有效介导所有检测的 A3C 的降解。rhA3C 与 smmA3C 上的 N/H130 和 Q133 残基是触发对抗 HIV-1Vif 的决定因子。HIV-1Vif 的连接位置在 hA3C 螺旋 4(helix 4),而 hA3F 不同。研究者通过检测来自不同 HIV-1 亚型的 Vif 等位基因对 hA3C 的降解活性,证实 F-1 亚型的 Vif 对降解 hA3C 和 hA3F 是无效的,而决定 F-1 Vif 对 A3C/A3F 无效的残基位于其 C 末端区域的 K167 和 D182。F-1 Vif 的结构分析显示损伤 E171-K167 的内部盐桥可恢复其对 A3C/A3F 的降解功能。

APOBEC 家族具有很强的特殊碱基偏好性,位于靶胞嘧啶的 5′端而不是 3′端。A3G 偏好 CCC,其他的家族成员以 YC(Y 是嘧啶)序列为靶,并伴有 T 作为嘧啶的偏好。研究证实 loop7 就是 APOBEC 酶序列特异性的主要决定因素,loop1、3、5 也与 DNA 结合有关。

有研究者发现所有结合 Vif 的 A3s 都有一个带负电荷的与之前结合带正电的 Vif 有关的氨基酸的表面区域。另外,催化活性的 A3s 都在锌离子调节活性位点附近具有一个带正电的环,这可能是为了适应带负电荷的核酸底物。底物适应区域的空间范围是所有 A3 蛋白的 Vif 结合与底物关键的决定因素,可以进行抗病毒和抗癌症的治疗设计。

5.3.3 A3C 的作用机制

HIV 基因突变的一个重要机制是逆转录过程中的 G→A 突变。G→A 突变已在 HIV-1 感染病人中检测到至少 43%,并且是在持续复制的环境下发生突变。而这些突变是由一个拥有特异双核苷酸背景偏好性的 DNA 编辑酶家族介导。A3 蛋白被包装进入病毒粒子,并在病毒 RNA 逆转录过程中使得负链 DNA 上的胞嘧啶 C 脱氨基成为尿嘧啶 U 产生无感染性的病毒粒子。例如,A3G 引起高频率的 GG→AG 突变,而 A3B 和 A3F 引起 GA→AA 突变。相反,A3C 作用于 GA 和 GG,GA 的偏好性强于 GG。

A3C 引起很少的 *vif* 缺陷型 HIV-1 限制性活性,但 Vif 有效地将其靶向降解。人类 A3C 也在 HIV-1 复制的 CD4+T 细胞的原代细胞库中高度表达,并且在 HIV-1 感染时上调,与其他限制性 A3 蛋白相似。此外,在基于 293T 的单循环感染实验中,人类 A3C 还有效限制了在没有 Vif 的情况下从非洲绿猴身上分离的猿猴免疫缺陷病毒株(SIV)。这些观察结果表明,人类 A3C 是一种真正的逆转录病毒限制酶,而且,HIV-1(或来自黑猩猩的 SIV 前体)最近可能已经进化出一种 Vif 非依赖性机制,以逃避这种酶的限制。

A3C 也在 HIV-1 病毒粒子被检测到,A3C 的抗 HIV-1 功能较弱,与 A3G 相比,在 HIV-1 DNA 引发较少的胞嘧啶脱氨基,所以降低了抑制 HIV-1 逆转录及整合的能力,有研究者在研究中探索到了 A3C 包装的病毒决定因素,A3C 的包装与 A3G 不同,HIV-1 Gag 的 NC 域显然对 A3C 包装不重要。减少 7SLRNA 包装进入 HIV-1 病毒粒子并不能影响 A3C 的包装。但是,HIV-1 Gag 的 MA 域对 Gag 和 A3C 之间的相互作用以及 A3C 的有效包装非常重要。

研究者证实 A3 蛋白能被共同包装进入病毒粒子并发突变相同基因组,相互协作抑制 HIV 复制。7SLRNA 进入 HIV-1 病毒粒子的抑制作用阻止了 A3G 的包装,而非 A3C。尽管 NC 域是 A3G 有效包装所必需的,去除该域对 A3C 包装进入 HIV-1 Gag 病毒粒子几乎没有任何影响。A3C 与 HIV-1 Gag 相互作用是 MA 域依赖的也是 RNA 依赖的。去除 HIV-1 的 MA 域抑制 A3C 而非 A3G 包装进入 HIV-1 Gag 病毒粒子。

也有研究者证实人类 A3C S61P 突变(A3C. S61P)提高了 SIVΔ*vif* 和 MLV 的病毒基因组的超突变,而非 HIV-1Δ*vif*。A3CS61P 增强的抗病毒功能与体外胞嘧啶脱氨酶功能的增强有关。另外,S61P 突变并不能改变 A3C 的底物特异性、核糖核蛋白复合物的形成、自我关联、锌协调或病毒包装的特点,S(丝氨酸)→P(脯氨酸)诱导的局部结构的改变导致了 A3C.S61P 催化活性增加。

黑猩猩 A3C(cA3C)和大猩猩 A3C(gA3C)编码一个 S188,却具有与人类 A3C(hA3C) I188 几乎一样的功能,而且 cA3C 和 gA3C 形成二聚体是在与 hA3C S188I 相同的界面,但是利用不同的氨基酸。对于每个人类 A3C 酶,二聚化能增加单链 DNA 的持续合成,导致体外和细胞内逆转录过程中的高水平突变。为增加突变活性,形成一个二聚体比特异的氨基酸显得更加重要,二聚体界面也是不同于其他 A3 蛋白。

5.3.4　A3C 的功能

5.3.4.1　抑制病毒

慢病毒进化出 Vif 蛋白来对抗 A3 抑制因子,并以多聚泛素化和蛋白酶体降解的方式诱导其降解。已有研究识别出了位于 HIV-1Vif 和人类 A3C 或 A3F 界面的重要的氨基酸。但是,灵长类 A3C 与 HIV-1 Vif 或天然 Vif 突变体之间的关系仍然了解很少。尽管也有一些研究报道 A3C 能抑制 HIV-1 感染,但是仍有些争议。而 A3C 对 Vif 缺陷的 SIV 却是强大的抗病毒因子。

泡沫病毒(FV)是古老的复杂逆转录病毒,其与正向逆转录病毒如 HIV 和 MLV 不同,FV 在其天然宿主中普遍存在,包括牛、猫和非人灵长类动物(NHP)。FV 主要通过唾液传播,本身看起来非致病性,但它们可能增加其他病原体在合并感染中的发病率。Bet 是高度表达的病毒蛋白和 FV 感染的诊断标记物。所有已知的 FV 表达 Bet,表明该蛋白质对于有效 FV 复制的重要性。泡沫病毒的 Bet 利用一种不同于 Vif 的机制抑制了 A3C 的抗病毒功能,即 Bet 与 A3C 形成一个复合体却没有引发其降解,反而抑制 A3C 的二聚化。

尽管 Bet 和 Vif 抵消了 A3 限制性因子,但它们在病毒基因组中的定位及其与 A3 作用的不同机制表明这两种蛋白质可能彼此独立进化。Vif 和 Bet 的祖先蛋白质可能是具有调节功能的细胞 A3 结合蛋白。研究者认为在慢病毒中不需要高水平的 Vif 表达,因为 Vif 充当用于催化降解 A3 蛋白的衔接子,而 FV 的内部启动子(IP)提供高水平的 Bet,仅通过结合有效灭活 A3。FV 也可能已经开发了 IP 以增加 Bet 的表达,因为 Bet 没有募集细胞降解机制。

单纯疱疹病毒 1(HSV-1)能引发从包括唇疱疹和生殖器感染在内的黏膜轻度感染到威胁生命的感染,如 HSV 脑炎。有研究者已经在 8 个口腔病变中确认有 4 个存在 HSV 超突变的基因组。A3C 体外过度表达导致病毒滴度降低 4 倍,病毒传染性降低 10 倍。另外,已证实不仅 A3C 而且 AID、A3A 和 A3G 都能体外编辑 HSV-1 基因组,尽管后面 3 个对病毒复制没有重要影响。Epstein-Barr 病毒(EBV)在传染性单核细胞增多症引起皮肤黏膜病变,也与其他一些良性或恶性病变有关,包括浆母细胞性淋巴瘤、口腔毛状白斑、移植后淋巴组织增生性疾病、Burkitt 淋巴瘤和霍奇金淋巴瘤。研究者分析从转化的外周单核细胞系获得的 EBV,它们以潜在的形式携带 EBV,并发现在 5 个研究的 EBV 细胞系有 4 个的 DNA 被编辑,而 A3C 是这些细胞系中表达最丰富的 A3。即 HSV-1 和 EBV 可能易被在 Hela 细胞表达的 A3C 编辑,而且 A3C 利用转染的过度表达导致 HSV-1 病毒滴度和感染性的降低。被编辑的 EBV DNA 也在感染的外周单核细胞系被发现与 A3C 的大量表达有关。

　　HBV 是一种 DNA 病毒,可引起肝脏疾病并通过 RNA 模板的逆转录进行复制。已有研究者报道携带 G→A 超突变的 HBV 基因组在人血清中以低频率存在。有研究者评估了 A3G、A3C 和 A3H,它们是人肝脏中出现的 APOBEC 蛋白质家族的三个成员,能够编辑 HBV 基因组。用编码 A3C 蛋白的质粒转染人 HepG2 肝癌细胞导致大多数新形成的 HBV 基因组中出现大量的 G→A 突变。相比之下,编码 A3G 和 A3H 的质粒的转染仅略微增加,超过由天然存在于 HepG2 细胞中的胞嘧啶脱氨酶引起的超突变率。因此,A3C 最有可能在人肝细胞中产生大量的 HBV 基因组突变。HBV 是诱发肝脏疾病的主要因素。有研究者经过 5 年的随访,发现只有 10% 的病例达到 HBsAg 消失。因此,必须长期施用治疗,并且由于感染细胞中持续的 HBV 微染色体不能完全消除感染,并不能完全消除发生严重后遗症如肝硬化和肝细胞癌的风险。而 HBV 感染肝细胞导致细胞因子和多种 A3 蛋白的表达。A3G 通过干扰 HBV 复制来抑制 HBV 的产生,但不会使大部分 HBV 基因组突变。HepG2 细胞被共转染进 HBV 表达质粒和编码融合蛋白核心-A3C 与 GFP 的质粒。核心-A3C 对 HBV 的 DNA 水平有实质的影响。在表达核心 A3C 的 HepG2 细胞,G→A 突变的数目显著增加,而其他的核苷酸替换比较少。另外,核心-A3C 在细胞内和细胞培养上清液中显著抑制 HBV 复制。这些表明 HBV 易受内源性 A3C 的编辑作用,并且 A3C 可能引发抗 HBV 宿主反应。总之,这些研究者认为含有 190 个氨基酸的 A3C 对 HBV 复制具有强烈的抑制作用,并且不损害 HBV 核衣壳复合物的稳定性,这使得"基因组"RNA 的正确逆转录成为可能。然而,A3C 诱导新合成的 HBV DNA 的 G→A 超突变,进一步影响后代 HBV 的复制。这最终导致 HBV 内各种衣壳蛋白的功能障碍。

　　冠状病毒科的成员是具有大基因组的正链 RNA 病毒,大小为 27～32 KB。已经鉴定了 6 种人冠状病毒(HCoV),其中 4 种(HCoV-OC43、HCoV-229E、HCoV-NL63 和 HCoV-HKU1)在人群中连续循环。这 4 种病毒会导致其他健康成年人感冒,并可能在年轻人、老年人和免疫功能低下的人群中引起更严重的症状。感染人类的其他冠状病毒可导致严重且危及生命的疾病。2002 年,严重急性呼吸系统综合征冠状病毒(SARS-CoV)出现并影响了约 8 000 人,导致约 800

人死亡。中东呼吸综合症冠状病毒(MERS-CoV)是最近发现的感染人类的冠状病毒。MERS-CoV 于 2012 年被分离出来,与重症肺炎和肾衰竭有关,死亡率约为 30%。HCoV-NL63 于 2004 年被鉴定,分布于世界各地,冬季和早春在温带气候中的流行率最高。HCoV-NL63 在 18 岁以下的儿童、老年人和免疫功能低下的人群中占了相当多的住院率。冠状病毒的一个显著特征是它们的基因组富含 U/A 和 C/G 较少。例如,HCoV-NL63 具有 39%U 和 27%A 含量,仅具有 14%C 和 20%G 核苷酸。一种解释是,在进化的时间尺度上,冠状病毒的基因组可能已经由胞苷脱氨基形成。研究者想确定 A3 蛋白是否可能是这种修饰的原因,结果表明三种 A3 蛋白——A3C、A3F 和 A3H,可以在体外抑制冠状病毒感染。

5.3.4.2 抑制逆转座

A3C 对 non-LTR 逆转录元件都有强大的抑制作用,尤其是 L1 和 Alu 元件。L1 约占人类基因组的 17%,编码一个新识别的未知功能的 ORF0,具有 RNA 结合功能的 ORF1P,以及有内切酶活性且有对 L1 逆转座产生逆转录酶功能的 ORF2P,其过度繁殖产生了大约人类基因组的 34%。它们已被证实是单基因遗传病的一个诱因。L1 逆转录转座子活性可通过插入诱变、重组,为其他非长末端重复(非 LTR)逆转录转座子提供酶活性,并可能通过转录过度激活和表观遗传效应引起疾病。由于 L1 在 1988 年被发现为诱变插入,因此人类的 96 种引起疾病的突变归因于 L1 介导的逆转录事件。为了限制逆转录转座的这种有害作用,宿主基因组采用了几种策略来抑制转座因子的增殖。宿主用于限制转座因子的策略包括 DNA 甲基化、基于小 RNA 的机制、DNA 修复因子和 TREX1 DNA 核酸外切酶限制 L1 以及人 A3 蛋白家族胞苷脱氨酶的成员。

L1 编码的核酸内切酶能切除可能导致基因组 DNA 不稳定的双链断裂(DSBs)。有研究者利用 L1 核蛋白颗粒的密度梯度离心、L1-ORF1p 和 A3C 的亚细胞共定位以及免疫共沉淀实验揭示 A3C 介导的 L1 抑制机制,发现 A3C 是非脱氨酶依赖的,需要一个完好的二聚化位点,而 RNA 结合凹陷突变 R122A 可废除 APOBEC 产生的 L1 抑制。

5.3.4.3 A3C 与癌症

全基因组测序研究显示 A3 特异性的突变标签在病毒基因组 TCW 序列背景下是 C→U 或 C→T,并且突变常是成簇的。另外,这些突变簇的 TCW 序列倾向于在相同的 DNA 链上以 C 为靶,称为链协同突变的现象。15%~20% 的人类癌症是病毒引起的,这些肿瘤病毒遍布在 DNA 和 RNA 病毒家族,包括 HPV、EBV 和 HCV 等。有研究者对比雌激素受体(ER)发现 A3C 的 mRNA 水平在 ER-亚型显著升高,A3CmRNA 的表达水平与 ER-肿瘤中碱基替换突变呈负相关性。

与 A3B 相比,A3C 基因可能在癌症基因组突变中发挥不同的作用。有研究者发现 A3C 的表达水平升高但乳腺癌患者中 A3B 的表达水平降低具有更好的临床结果。A3B 和 A3C 基因表达与临床结果的相反相关性进一步提供了使用两种基因作为预后的潜在生物标志物的可能性。

A3C 定位于细胞质和细胞核,在人类细胞和恒河猴细胞的对应位置都能观察到,这表明 A3C 的功能受限于定位。随着 ER-乳腺癌细胞中 A3C 基因的高表达水平,A3B 和 A3C 都可能在乳腺癌中保留 DNA 胞嘧啶脱氨酶活性。同时也有研究者报道,在 HEK293T 和 HeLa 细胞的整个有丝分裂期间,A3C 在间期和末期可以获得基因组 DNA,而 A3B 在有丝分裂期间被排除在基因组 DNA 之外。这些现象表明 A3C 和 A3B 蛋白之间的相互作用较少,可能在癌细胞中发挥不同的作用。

鉴于 A3C 具有单个活性的 Z2-胞嘧啶脱氨酶结构域,而 A3B 具有双 Z-配位(Z1 和 Z2)脱氨酶结构域,晶体结构决定因子和功能比较揭示了不同的底物偏好。在单域和双域的 A3 酶之间结合 HIV-1 DNA,提高了这两种酶具有差异 DNA 结合特异性的可能性,这可能有助于解释它们在乳腺癌细胞中观察到的诱变的相对差异,特别是在 ER 癌症中。

除了 APOBEC 的脱氨酶活性外,A3 家族蛋白还有助于以非脱氨酶依赖的方式抑制 L1 逆转录。例如,在 HeLa 细胞中,A3C 的消耗显著增加了 L1 逆转录活性约 80%。同时,许多研究强烈表明 L1 逆转录转座子在人类癌症中的活性增强会诱导基因组不稳定性、DNA 损伤和遗传变异,这进一步暗示了 A3C 在乳腺癌中的潜在功能作用。

A3 蛋白使宫颈癌的致病因子人乳头瘤病毒 16(HPV16)的基因组高变。然而,超突变不影响病毒 DNA 的维持,使 A3 对 HPV 感染的确切作用难以确定。有研究者使用 HPV16 假病毒(PsV)生产系统检查 A3 蛋白是否影响病毒粒子组装,其中 PsVs 由其衣壳蛋白 L1/L2 组装在一起,该报告质粒包裹在 293FT 细胞中。这些研究者发现在 293FT 细胞中共表达 A3A 或 A3C 大大降低了 PsV 的感染性。在 A3A 而不是 A3C 存在下组装的 PsV 的感染性降低归因于衣壳化报告质粒的拷贝数减少。另一方面,A3C,但不是 A3A,在共免疫沉淀测定中有效地与 L1 结合,这表明这种物理相互作用可能导致 A3C 存在下组装的 PsV 的感染性降低。

5.3.4.4 A3C 与精神类疾病

长期和过量饮酒会导致人类和啮齿动物脑中的表观遗传失调。表观遗传障碍可能是精神分裂症(SZ)、双相情感障碍(BP)和孤独症等神经精神障碍中基因转录改变的原因。有研究者最近报道,精神病(PS)患者的脑中 DNA 甲基化动力学发生了改变,包括 SZ 和 BP 患者。由于 PS 患者常常伴有慢性酒精滥用,研究者检查了 PS 患者死后脑中观察 DNA 甲基化/去甲基化网络多个成员的表达是否在具有慢性酒精滥用史的 PS 患者中被修改。结果发现 PS 患者中 DNA-甲基转移酶-1(DNMT1)mRNA阳性神经元与非 PS 受试者相比有所增加。此外,在没有酗酒史的 PS 患者中,A3C明显减少,DNA 损伤诱导蛋白 45β(GADD45β)和10—11 易位(TET1)mRNA 明显增加。在有慢性酒精滥用史的 PS 患者中,DNMT1 阳性神经元的数量没有显著增加。此外,A3C mRNA 的减少不太明显,而 TET1 mRNA 的增加在那些作为慢性酒精滥用者的 PS 患者中具有增强的趋势。GADD45β 和甲基结合域蛋白-4(MBD4)mRNA不受酒精滥用的影响。慢性酒精滥用对 DNA 甲基化/去甲基化网络酶的影响不能归因于混杂的人口统计学变量或所用药物的类型和剂量。

还有研究者研究了 TET 基因家族和 APOBEC 在顶叶下小叶(IPL)和精神病患者小脑(PSY)中的表达。这两组酶在活化的 DNA 去甲基化途径中起着关键作用。结果表明,与非精神病患者(CTR)相比,PSY 患者 IPL 中 TET 1、TET 2 和TET 3 mRNA 和蛋白表达增加 2～3 倍。TET1 mRNA 在小脑内无明显变化。随着 TET 1 的升高,PSY 患者 IPL 中 5-羟甲基胞嘧啶(5 HmC)水平升高,而其他各组无明显升高。此外,仅在 PSY 组的谷氨酸脱羧酶 67(GAD 67)启动子上检测到较高的 5 HmC 水平。GAD 67 mRNA 表达下降与 GAD 67 mRNA 表达下降呈负相关。在检测到的 11 种 DNA 脱氨酶中,A3A mRNA 在 PSY 和抑郁患者(DEP)中明显降低,而 A3C 仅在 PSY 患者中降低。

总之,A3 酶利用病毒负链 DNA 的脱氨基作用形成 U 从而使病毒失活抑制,可不同程度地抑制 HIV 等病毒的复制。A3C 抑制病毒和内源性逆转录元件的功能较弱。而在表达 A3C 的细胞,Vif 表达时能检测到不能抑制病毒复制却能导致病毒多样性的 G→A 突变。此外,人类 A3C 编码 S188I 突变的一个多态性增加了蛋白质的酶活性及其抑制 HIV-1 的能力。A3CI188 在非洲人口广泛分布,是灵长类祖先等位基因,但是在黑猩猩和大猩猩中没有发现。当其他原始人类丢失这一抗病毒基因的功能时,一部分人类依然保持或重新获得作为一个更活跃的抗病毒基因。因此,A3C 确实与保护宿主抵御慢病毒有关,发展抑制 A3C 的药物可能是一种新的延迟病毒逃逸的策略。

5.4 APOBEC3D(APOBEC3DE)

人类 A3DE 已被报道具有相对较低的蛋白表达水平,与瞬时转染的其他的 A3蛋白相比。但是,许多研究已经从分析中排除了 A3DE,因为早期分类将 A3D 和A3E 作为独立基因,测序的错误使得其中一个被错误地命名为假基因。尽管有适应性免疫的强大信号,人类 A3DE 在宿主防御中的清晰作用依然没有被确认。

A3DE 被包装并使得病毒负链 DNA 的 C 脱氨基成为 U,导致病毒生命周期的中断。不同于 GG→AG 和 AG→AA 突变,A3DE 有一个新的特意的靶向位点,导致病毒正链 DNA 出现 GC→AC 突变。这些突变已在之前的 HIV-1 临床分离株检测到。另外,与 A3F 相比,A3DE 可在更为不同的人类组织表达,即表达更广泛,并在细胞与 A3F 和 A3G 形成异源多聚体。A3DE 对胞内防御具有贡献,可抑制逆转录病毒的入侵。

人类和黑猩猩基因组编码的 7 个 A3 同源结构,其中,A3DE 是人类和黑猩猩序列差异分歧最大的。尽管人类和黑猩猩 A3DE 分歧很大,两个同源结构同样抑制 LTR 和非 LTR 逆转座子(分别是 MusD 和 Alu)。但是,黑猩猩 A3DE 也能强烈抑制两个慢病毒 HIV-1 和感染非洲绿猴(SIVagmTAN)的 SIV-1,与对同类病毒具有较弱的抗病毒功能的人类 A3DE 不同。人类和黑猩猩 A3DE 抑制逆转录病毒的区别并不是 A3DE 包装进入病毒粒子的不同水平造成的,而是由于 A3DE 在靶细胞使得病毒基因组脱氨基的能力不同造成的。黑猩猩祖先的 A3DE 基因在距今约 200 万~600 万年之前快速进化,促使黑猩猩 A3DE 抗病毒功能的范围增加,现在已经具有抑制某些慢病毒的功能。尽管人类和黑猩猩 A3DE 的靶特异性不同,两个物种的 A3DE 似乎目前都在宿主抵御逆转录元件时起重要作用。

5.4.1 A3DE 的结构

A3 催化活性取决于锌(Zn)介导的 ssDNA 中胞嘧啶上 4-NH2 基团的水解。A3s 含有组氨酸(His)-X-谷氨酸(Glu)-X23-28-脯氨酸(Pro)-半胱氨酸(Cys)-X2-4-半胱氨酸(Cys)的共有 Zn 离子结合基序,其中 X 代表任意氨基酸,His 和 Cys 残基与 Zn 离子协调。活性部位含有一个水分子,生成四面体与锌离子协调。A3 催化域可根据保守氨基酸的差异被分为 Z1、Z2 和 Z3 三个系统发育群。另外,A3s 可被表达为一个域或两个域。A3A、A3C 和 A3H 被认为是单域 A3s,尽管他们具有不同的 Z 域类型(A3A-Z1、A3C-Z2、A3H-Z3)。A3B、A3DE、A3F 和 A3G 含有两个结构域,其中 A3B 和 A3G 含有的是 Z2-Z1,而 A3DE 和 A3F 含有的是 Z2-Z2。无论 Z 结构域特征或序列同源性如何,模板结构共享由 6 个 α-螺旋和 5 个 β-链组成的共同折叠(图 5-6)。二级结构元素的相对排列在所有模板结构中遵循类似的结构,如不变的 α-螺旋、催化的 Zn^{2+} 配位残基、一个组氨酸、两个半胱氨酸和催化的谷氨酸残基。

A3DE 基因长 12.1 KB,有 7 个外显子,外显子 5 显示出最多的变异。A3DE 中的突变体 R97C 和 R248K 适度降低抗病毒活性。A3DE 基因最初被提出作为两个基因,即分离的 A3D 和 A3E 基因。后来,研究者发现它们表达单个基因,更名为 A3DE。尽管与具有两个胞苷脱氨酶(CDA)基序的其他 A3 蛋白——A3G 和 A3F 具有高度同源性,但 A3DE 表现出相对低水平的抗 HIV-1 活性,并且 Vif 仍然中和该活性。

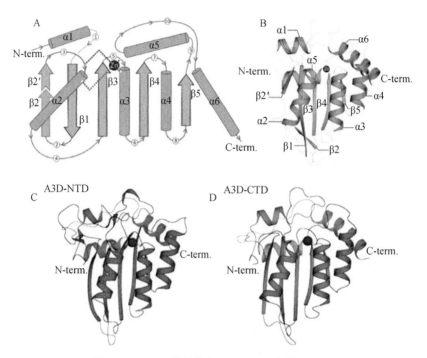

图 5-6 A3DE 的结构(Shandilya S M 等,2014)

A 是 A3 蛋白中二级结构示意图:α螺旋描绘为圆柱(橙色),β链描绘为大箭头(绿色),环形为曲线(蓝色/灰色)。仅在 Z1 结构域 A3 蛋白(A3A、A3G-CTD)中观察到的β-2/β-2′不连续性用虚线轮廓和较浅的颜色突出显示。锌原子表示为球形(深红色)。B 是根据 A 中的二级结构示意图着色的 A3G-CTD 晶体结构(PDB:3V4K)的卡通表示。C、D 图中红色球形表示 Zn^{2+} 结合位点。

已经在 HIV-1 Vif 的 N 末端区域中鉴定了几个结构域,这些结构域涉及与几种人 A3 蛋白的相互作用。研究者分析了 SIV Vif 的 N 末端区域的 12 个带正电荷的氨基酸的作用,构建了表达取代这些氨基酸的猿猴-人免疫缺陷病毒(SHIV)。在恒河猴 A3 蛋白(rhA3A-rhA3H)存在下检测这些病毒的复制,将不同的 A3 蛋白掺入病毒体中,并在恒河猴外周单核细胞(PNMC)中复制,结果发现 K27 对 rhA3G 活性和 rhA3F 是必需的,但对 rhA3A、rhA3D 或 rhA3H 对 SHIVΔvif 的限制不重要。这说明 SIV Vif 第 14 位的精氨酸鉴定为 rhA3D、rhA3G 和 rhA3H 限制病毒的关键残基。

5.4.2　A3DE 抑制 HIV

A3DE 具有对 HIV-1 和 SIV 的抗逆转录病毒功能,而 Vif 抑制这一抗病毒功能。研究显示 A3DE 参与 HIV 限制。在逆转录过程中,A3G 和 A3F 诱导负链 DNA 的 C 脱氨基,使得正链 DNA 产生 G→A 超突变,从而使得病毒基因组失活。HIV-1 表达一个 23 KDa 的病毒感染因子 Vif,利用形成 Vif-E3 泛素-连接酶-Cullin5/ElonginBC 复合体以 A3 为靶进行降解的方式对抗 A3DE、A3F、A3G 和 A3H HapⅡ的抗病毒功能。在无 Vif 时,A3G、A3F、A3DE 和 A3H HapⅡ被包装进入重新形成的病毒粒子,导致前病毒基因组的超突变。A3G 和 A3F 已被证实抑制 DNA 整合以及前病毒 DNA 形成。Vif 的不同区对结合 A3G 和 A3F/A3DE 是非常重要的。Vif 的 ^{40}YRHHY^{44} 区对结合 A3G 非常重要,而 Vif 的 14DRMR17 区对结合 A3F 和 A3DE 非常重要。Vif 的 ^{40}YRHHY^{44} 区一个碱基替换突变不能抑制 A3G 但是在单循环试验中却仍然保留抑制 A3F 的功能,同样的,Vif^{14}DRMR^{17} 区的一个碱基替换突变不能抑制 A3F 但在单循环试验中保留抑制 A3G 的功能。Vif DRMR 突变也不能在瞬时转染试验中降解 A3DE。

研究者对 HIV-1 限制中人类完整的 7 个 A3 成员及恒河猴 A3 家系进行了综合分析发现,除 A3G 外,人类 A3 蛋白中的三个——A3DE、A3F 和 A3H 也都是强大的 HIV-1 限制因子。这四种蛋白在 CD4＋T 淋巴细胞中表达,当在 T 细胞中稳定表达时,它们被包装并限制 Vif 缺陷的 HIV-1,突变前病毒 DNA,并且被 HIV-1Vif 抵抗。而恒河猴 AP3DE、A3F、A3G、A3H 在 T 细胞中稳定表达时,也被包装入并限制 Vif 缺陷的 HIV-1,并且它们都被 SIV 的 Vif 蛋白中和。人或恒河猴 A3A、A3B、A3C 对 HIV-1 复制均无显著影响。这些数据强烈地暗示在 HIV-1 限制中四种 A3 蛋白 A3DE、A3F、A3G 和 A3H 是组合的。

A3DE、A3F、A3G 和 A3H 能包装进入 HIV 病毒粒子并在靶细胞逆转录启动之时导致病毒 cDNA 上的 C 脱氨基成为 U。U 模板在第二条链合成 A 导致 G→A 突变。这些前病毒 cDNA 随后被降解或整合。HIV-1Vif 在生产细胞克服了 A3 的限制障碍,利用结合 CBFβ 并成为 E3 泛素(Ub)连接酶复合体使得 APOBEC 蛋白多聚泛素化,然后使之成为靶被 26S 蛋白酶体降解(图 5-7)。

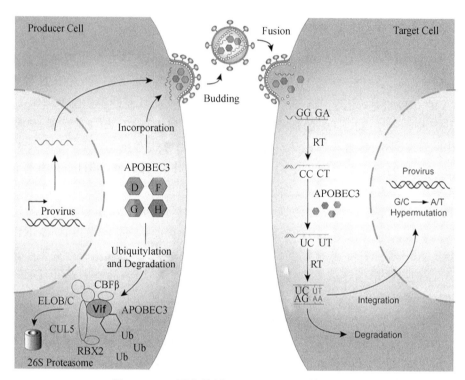

图 5 - 7　A3 蛋白抑制 HIV(Harris R S 等,2012)

　　与 A3G 和 A3F 相比,A3DE 的限制能力要小得多。有关 HEK293 细胞限制的报道依赖于接近 16:1 的 A3/病毒转染率,而稳定的 A3DE 表达的唯一报告未发现限制活性,因为表达水平非常低。然而,发现人 A3DE 处于所有人 A3 蛋白阳性选择的最高水平,表明其可能在先天免疫防御中起作用。有研究显示人和恒河猴 A3DE 蛋白被包装并限制在 HEK293 和 T 细胞中的 *vif* 缺陷型 HIV。人体 A3DE 不像其他家族成员容易利用免疫印迹检测到,其限制活性同样弱于 A3F 或 A3G,但其原因尚不清楚。恒河猴 A3DE 与恒河猴 A3F 和恒河猴 A3G 一样稳定并受到限制。此外,人和恒河猴 A3DE 蛋白都对其宿主特异性慢病毒 Vif 蛋白敏感。恒河猴 A3DE 甚至对 HIV Vif 敏感,但其他恒河猴 A3 蛋白似乎都不是这样。HIV Vif 被认为通过共同的结合表面中和 A3C、A3DE 和 A3F,因此预测其在恒河猴 A3DE 中保持完整,但不在恒河猴 A3C 或恒河猴 A3F 中保持完整。这些蛋白质的比较分析可以帮助进一步阐明该结合表面。总之,这些数据强烈支持 A3DE 在 HIV 限制中的作用。

　　异嗜性小鼠白血病病毒相关病毒(XMRV)是一种 γ 逆转录病毒,最初通过病毒 DNA 微阵列方法在根治性前列腺切除术后获得的人前列腺癌组织的研究中鉴定。前列腺癌（PCa）、慢性疲劳综合征-肌痛性脑脊髓炎（CFS-ME）、呼吸道感染免疫抑制和正常健康对照的患者均有 XMRV 感染的证据。XMRV 在一些人细胞系中复制到高滴度，并且能够感染非人灵长类动物。为了解 A3 蛋白是否限制非人灵长类动物模型中的 XMRV 感染，研究者测定了来自 XMRV 感染的恒河猴的外周血单核细胞的原病毒 DNA。在体内 XMRV 原病毒序列中观察 A3DE、A3F 和 A3G 活性的超突变特征。此外，恒河猴 A3DE、A3F 或 A3G 在人体细胞中的表达抑制 XMRV 感染并引起 XMRV DNA 的超突变。这些研究表明，一些恒河猴 A3 同种型对非人灵长类动物感染模型和培养的人类细胞的血液中 XMRV 非常有效。

5.4.3　A3DE 抑制逆转座

A3 家族成员能不同程度地抑制人类非 LTR 逆转座子 L1。L1 是人类唯一的自发逆转录元件，至少占人类基因组的 17%。L1 也介导其他非自发逆转录元件，例如 Alu 和 SVA 的逆转座，Alu 和 SVA 至少占人类基因组的 20%。97 种人类疾病与内源逆转座子在胚胎的插入有关。

人类 L1 被 RNA 聚合酶 Ⅱ 转录成含有 5′UTR、两个开放阅读框（ORF1 和 ORF2）以及一个 3′UTR 的约 6 KB 的 mRNA。ORF1 编码一个 RNA 结合蛋白（ORF1p），ORF2 编码一个具有内切核酸酶及逆转录酶功能的蛋白（ORF2p）。ORF1p 和 ORF2p 都是靶位引物逆转录（TPRT）过程中的逆转座所必需的。L1 复制循环按如下顺序进行：① L1DNA 在细胞核被转录成 mRNA，然后运输至细胞质，被翻译成 ORF1 和 ORF2 蛋白；② L1 的 RNA 与 ORF1p 和 ORF2p 组装后进入核糖核蛋白（RNP）粒子；③ L1 RNP 被运输到细胞核并利用 TPRT 整合进入基因组。

A3DE 与 L1 ORF1p 相互作用，并以 RNA 依赖的方式靶向定位 L1 核糖核蛋白粒子。另外，在细胞培养系统中 A3DE 结合 L1RNA 和 ORF1 蛋白。荧光显微镜证实 A3DE 与 ORF1p 共同位于细胞质。另外，A3DE 在 L1 核糖核蛋白粒子内以非胞嘧啶脱氨酶依赖的方式抑制 L1 逆转录酶活性。相反，A3B 对 L1 逆转录酶活性有较弱的影响，尽管它能强烈地抑制 L1 逆转座。这一研究证实不同的 A3 蛋白已经进化出利用不同机制抑制 L1 功能。

人 A3DE 对 Vif 缺陷的 HIV-1 具有弱的抗病毒活性，但对 Alu 元件具有强的抗逆转录因子活性。DNA 双链断裂（DSBs）是最危险的 DNA 损伤类型，因为它们在修复时会导致染色体重排，这是肿瘤发生的标志。在 DSB 修复中发生染色体重排的一种方法是使用重复元件之间的非等位基因重组，其包含人类基因组的大部分。Alu 元件在过去 6500 万年已经扩增，占人类基因组的 11%。作为进化和遗传漂变的结果，在整个人类基因组中存在各种序列差异的 Alu 元件。已显示 Alu/

Alu 重组引起约 0.5% 的新的人类遗传疾病并且导致大量的基因组结构变异。

研究者发现 A3DE(R97C 和 R248K)中的两种常见变异体(仅限于非洲人群)降低了 A3DE 抗 HIV-1 的抗病毒活性,一种变异体(R248K)也降低了抗 Alu 活性。这表明 A3DE 在人类宿主防御中起着重要作用。R248K 突变可能由于其蛋白表达水平低而降低了抗 Alu 活性,所以它的有害作用可以通过另一种方式在体内得到补偿,不包括质粒中的多态性。例如,R248K3 多态性处于紧密连锁疾病状态(R2>0.8),A3DE 附近的非编码区有两个额外的多态性,可以弥补体外表达水平低的不足。R248K 多态性也可能只是轻微有害,对 A3DE 的纯化选择也很弱。这一点得到了人群中 R248K 多态性相对较低频率的支持。总之,A3DE 的抗 Alu 功能在大多数个体中是保守的。抗 Alu 活性是推动人类 A3DE 纯化选择的关键细胞功能。因为 A3DE 在黑猩猩中已经迅速进化,但并没有改变抗 Alu 活性,这一功能也可能受到黑猩猩净化选择的影响。然而,在没有额外的选择压力的情况下,净化选择是影响人类 A3DE 的主要进化力量。A3DE 的 mRNA 在人类胚胎干细胞中表达,而人类胚胎干细胞可能是 Alu 元件对群体产生最有害影响的细胞类型。此外,由于内源性移动元件不会诱发干扰素应答,而 A3DE mRNA 仅通过干扰素适度上调而组成型表达。

5.4.4　A3DE 抑制 HBV

HBV 感染是一种流行的传染病,引起全球对公共卫生的关注。尽管在过去十几年中对 HBV 感染的分子病毒学和发病机制有了相当大的推进,并且已经开发出有效的治疗措施,但目前全球有 2.4 亿人是慢性 HBV 携带者,每年约有 620 000 人因此死亡。由于晚期肝硬化或肝细胞癌(HCC)后遗症,慢性肝炎的治疗目前有限,主要由干扰素(IFN)和核苷类似物(NUCs)组成。NUC 是有效的抗病毒剂,然而,由于持久的病毒共价闭合环状 DNA(cccDNA),NUC 仅控制而不是治愈 HBV 感染。IFN 治疗与副作用有关,用这种细胞因子治疗可以清除一小部分患者的病毒。在 HBV 诱导的肝癌发生期间,慢性炎症加快肝细胞癌(HCC)推动的 HBV 突变体的进化。胞嘧啶脱氨酶,其表达受炎性细胞因子和/或趋化因子的刺激,在 HCC 中起重要作用。通过 G→A 超突变,胞苷脱氨酶抑制 HBV 复制并促进 HCC 的 HBV 突变体的产生,包括 C 末端截短的 HBx。胞苷脱氨酶还促进癌症相关的体细胞突变,包括 TP53 突变。

HBV 的 DNA 易受 A3 胞苷脱氨酶基因编辑的影响,A3G 是一个主要的限制因子。A3DE 之所以突出,是因为它在 C 端结构域中有一个固定的 Tyr320CyS 取代而催化失活。由于 A3DE 与 A3F 和 A3G 亲缘关系很近,A3F 和 A3G 可以形成同源和异源二聚体与多聚体。研究 A3DE 通过调节其他 A3 限制因子对 HBV 复制的影响发现 A3DE 可结合自身、A3F 和 A3G 并对抗 A3F,并在较小的程度上对抗 HBV 复制中的 A3G 限制作用。A3DE 在 HBV 粒子中抑制 A3F 和 A3G,导致 HBV 复制增强。讽刺的是,虽然 A3DE 是先天性限制因子的一部分,但 A3DE 表型是前病毒的。由于大猩猩基因组编码相同的 Tyr3CyS 替代,这种前病毒表型似乎已经被选择。

有研究者认为在 320 位(C320)的半胱氨酸破坏 A3DE 活性,该残基位于 A3G 中的 DNA 结合结构域中。用来自 A3F(Y307)的相应酪氨酸取代 C320 可使 A3DE 抗病毒活性增加超过 20 倍。相反,用半胱氨酸取代 A3F Y307 或在 A3B 或 A3G 中插入类似的半胱氨酸会破坏 A3 的抗 HIV 活性。进一步调查发现 C320 显著降低了 A3DE 的催化活性。A3DE C320Y 多态性似乎在人群中完全固定,表明催化失活具有进化优势。可是最近的进化实验表明,只有大猩猩才有类似的替代(C320)。所有其他猴和猿都编码 Y320,猕猴 A3DE 蛋白(Y320)具有明显的催化作用。

5.4.5 A3DE 与细胞周期

亚细胞调控使细胞将可能具有遗传毒性或细胞毒性的蛋白质区分开。例如,半胱天冬酶活化的脱氧核糖核酸酶(CAD)是含有核定位信号的 DNA 酶,其与细胞质中的抑制蛋白复合。通过胱天蛋白酶-3 切割该抑制剂允许 CAD 进入细胞核并降解基因组作为天然细胞凋亡途径的一部分。同样的,转录因子 STAT1 和 NF-κB 保持在细胞质中直至被激活,此时它们转运至细胞核并结合启动子以增强或抑制转录。蛋白质可以通过蛋白质内或相互作用配体中的定位序列主动靶向细胞区域。

为了完成有丝分裂,一个细胞必须在两个子细胞之间分裂其复制的基因组。在哺乳动物中,有丝分裂是通过破坏核包膜来促进纺锤体的形成和染色体的物理分离。核包膜在细胞分裂后很快重新形成。一些蛋白质在有丝分裂过程中改变了定位。

在间期期间,A3 蛋白在亚细胞定位方面不同。A3A、A3C 和 A3H 是最小的脱氨酶,每个脱氨酶具有单个脱氨酶结构域(约 25 KDa)。A3A 和 A3C 显示出一致的细胞范围分布,而 A3H 更易变,但 A3H 单倍型 II 既是细胞质又是核仁定位。作为比较,AID 是一种类似大小的单结构域脱氨酶,在稳态下呈细胞质定位,但明显地在核和细胞质隔室之间穿梭。A1 也是一种穿梭蛋白,在没有相互作用配体 A1CF 的情况下具有主要的细胞质稳态分布。双结构域 A3s(约 50 KDa)由两个保守的脱氨酶结构域组成,A3B 是细胞核定位,A3DE、A3F 和 A3G 在间期期间定位细胞质。有趣的是,DNA 损伤可导致细胞质 A3G 进入细胞核,并影响 AID 的穿梭,将其从主要细胞质定位转变为细胞核定位。研究者发现全长的 A3DE 是细胞质的,但是单独的每个域都可以进入细胞核,而且全长 A3DE 具有影响 HEK293T 和 HeLa 细胞周期谱的能力。因此,研究者推测全长 A3DE 可能在细胞质和核室之间穿梭。

5.4.6 A3DE 与癌症

在美国,2014 年尿路上皮癌(UC)死亡人数超过 76 000 例,因此死亡人数超过 16 000 人。化疗改善了转移性 UC(mUC)的临床效果,但中位总生存率仅为 14~15 个月,而 mUC 大多仍然是一种无法治愈的疾病。mUC 具有非常高的突变率,平均每兆碱基有 7.7 个突变,并且与 APOBEC 突变特征相关。有研究者检查了 73 名 mUC 患者队列中 APOBEC 表达与总生存期(OS)和 PD-L1 表达的相关性。A3DE 和 A3H 的表达增加与较长的 OS 相关。就存活和 PD-L1 表达而言,特定 APOBEC 基因对 mUC 具有不同的作用。A3DE 和 A3H 可能在 mUC 中具有最重要的作用,因为它们与 OS 和 PD-L1 TIMC 表达相关。

总之,人类 A3DE 虽然对 HIV-1 具有较弱的抗病毒功能,A3DE 却可抑制古老的逆转录元件,不同血系的 A3DE 可能具有完全不同的特异性。人类和黑猩猩的 A3DE 同源结构都具有抑制大量逆转座子的功能,包括 Alu 元件,暗示它们目前可能在宿主防御这些元件时具有重要的作用。黑猩猩 A3DE 也能强烈抑制某些慢病毒,包括 HIV-1 和 SIVagmTAN,而非 HIV-2。另一方面,人类 A3DE 对 HIV-1 和 SIVagmTAN 也只有较弱的功能。研究者认为黑猩猩 A3DE 对慢病毒的特殊适应以及大概 200 万~600 万年前的快速进化暗示 A3DE 在黑猩猩防御古老逆转录元件时被选择获得了新的功能。

5.5 APOBEC3F

物竞天择,适者生存。无论是在种间还是在种内,生存就意味着竞争,这是自然界亘古不变的规律,是自然界带给生物体的压力,同时也是一种动力。生物体在长期种系发育和进化过程中逐渐形成的这种保护自身、抵抗外敌的防御机制,就称为固有免疫。固有免疫是个体与生俱来的,可以对外来病原体迅速应答,产生非特异性免疫应答,同时在特异性免疫应答过程中起重要作用,所以固有免疫被认为是生物体的第一道天然屏障。

随着 A3G 的研究,APOBEC 家族的各个成员也越来越受到关注,很多新的成员也陆续加入。2004 年,Reuben Harris 研究 A3G 的过程中,又发现了一个新的 APOBEC 蛋白——APOBEC3F。

APOBEC3F,即载脂蛋白B mRNA 编辑酶催化样蛋白 3F(A3F),是人类细胞编码的 HIV 抗性基因,与 A3G 一样,A3F 位于人类 22 号染色体上,基因全长 13.24 KB,mRNA 全长 2 672 bp,其编码框为 1 122 bp,编码 373 个氨基酸。

5.5.1　A3F 与 A3G 的结构比较

A3F 和 A3G 是 A3 家族最有效的 HIV-1 限制因子。A3F 与 A3G 都位于 22q13.1,被 24 667 bp 分开。研究人员发现,A3F 在结肠直肠腺癌细胞、慢性骨髓性白血病细胞和上皮细胞也表达。二者的 N 端几乎 100% 相似。A3F 有 7 个外显子,A3G 有 8 个外显子。在外显子 6 和 7 之间,二者都有两个活性部位、插入区和连接蛋白。序列比对表明保守锌指结构、谷氨酸与活化位置(C/HXE、PCXXC)的质子循环有关,而临界的两个芳香族氨基酸(F/Y)与 RNA 结合有关。所有这些结果都显示:A3F 具有与 A3G 相同的抑制 HIV 复制的胞苷脱氨酶活性。

A3F 和 A3G 都具有两个 CD 域。尽管 A3G 和 A3F C 末端的 CD2 具有催化功能,但是 A3F-CD2 和 A3G-CD2 却呈现出对 ssDNA 底物不同的结合能力。单独的 A3G-CD2 的催化功能比全长(FL)A3G 大约弱了 3 个数量级,A3G-CD2 的 ssDNA 结合通过凝胶阻滞实验很少能观察到。与 A3G 相比,单独的 A3F-CD2 的催化功能约为 FL-A3F 的 1/15,单独的 A3F-CD2 的 ssDNA 结合能力通过凝胶阻滞实验很容易被检测到,CD1 域的出现增强了 ssDNA 结合能力大约 10 倍。在一个活性中心(loop7)附近的 loop 上的 A3F-CD2 的残基也被证实参与了 A3F-CD2 的 ssDNA 结合和催化活性。但是,还不清楚 loop7 如何影响 ssDNA 结合功能或者远离活性中心的 loop7 外的其他结构域元件也参与 ssDNA 结合能力。

以前有研究表明,A3F 和 A3G 的 CD1 结构域主要参与病毒包装和核酸结合,而 CD2 结构域主要决定催化活性和底物特异性。然而,现已表明,A3F 和 A3G 的 CD2 结构域也参与核酸结合和病毒包装。可能是不同的功能可以在不同 APOBEC 蛋白上的多个位点处显示。例如,最近对与结合核酸交联的 A3G 肽的质谱分析揭示了 A3G 上涉及 DNA 相互作用的三个独立区域,每个区域可以独立地或协同地结合 ssDNA 或 RNA。唯一报道的与 APOBEC 家族成员结合核酸的共晶结构包括一个揭示了在灵长类 A3G-CD1 非活性 Zn 中心结合的 ssDNA 结构以及显示了在 A3A 活性 Zn 中心结合的 ssDNA 和一个嵌合的 A3B-CD2 的结构,所有结构都在结晶过程中使用 7~15 nt 的低聚物,但只有 3~6 nt 与 Zn 中心结合。因为长度大于 6 nt 的寡聚体长 ssDNA 通常表现出更紧密和更高的脱氨基活性,因此,底物 ssDNA 可能还必须与 Zn 中心以外的 APOBEC 蛋白结合,以实现高效脱氨基,并可能用于其他生物过程。到目前为止,任何一种 APOBEC 蛋白,包括 A3F 的 CD2,核酸与其 Zn 中心外区域结合的分子机制尚未得知。

有研究者报道了与 10nt 的多聚 dT ssDNA 结合的野生型 A3F(WT)CD2 的晶体结构,揭示了远离锌活性中心的 A3F-CD2 的又一 ssDNA 结合表面。界面内的多个酪氨酸和赖氨酸残基分别与 ssDNA 形成疏水和静电相互作用。随后的诱变研究表明 DNA 结合表面上的这些残基不仅在 ssDNA 结合中起作用,而且在 RNA 结合和催化活性中起作用。在这个带正电荷的表面上与 ssDNA 相互作用的大多数残基对 A3F-CD2 具有特异性,在 A3G-CD2 中不保守,这表明该 ssDNA 界面是 A3F-CD2 的独特性质。

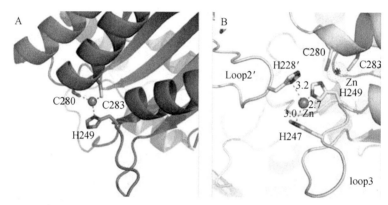

图 5-8 A3F-CD2-结构中的替代 Zn 配位(Fang Y 等,2018)

A. 野生型 A3F-CD2 结构(3WUS)活性中心内的典型分子内 Zn 配位。Zn 原子被绘制为球形(以灰色着色),其中三个残基与棒状物中的 Zn 原子(H249、C280、C283)配位。

B. 两个 A3F-CD2 分子之间的非规范 Zn-配位是由来自一个分子的 loop3 的两个组氨酸和来自另一个分子的 loop2 的一个组氨酸介导的。Zn 原子位于距规范的 Zn 位置约 5 Å 处(由紫色虚线球体表示)。通常参与活性中心 Zn 配位的组氨酸(H249)也与该 Zn 原子结合。

近期有研究者公布了 1.92 Å 分辨率的 A3F 的 Vif 结合和催化结构域的晶体结构。该结构不同于先前公布的 APOBEC 和系统发育相关的脱氨酶结构,因为它是活性位点中第一个没有锌的结构。研究者确定了一种含有相同晶形锌的附加结构,可以直接与无锌结构进行比较。在没有锌的情况下,通常参与锌配位的保守活性位点残基显示出独特的构象,包括 His249 的 90°旋转和 Cys280 与 Cys283 之间的二硫键形成,发现锌配位受 pH 影响,在低 pH 值的结晶缓冲液中处理蛋白质足以去除锌。锌配位和催化活性仅在还原环境中通过添加锌来重构,可能是由于两个活性位点半胱氨酸在不配位锌时容易形成二硫键。可以证明该酶在锌和钴的存在下具有活性,但与其他二价金属不存在。这些结果出乎意料地证明了 A3F 的结构完整性不需要锌,并且表明金属配位可能是调节 A3F 和相关脱氨酶活性的策略。

也有研究者对 A3F 和 A3G 相关核糖核蛋白复合物（RNP）的蛋白质和 RNA 组成进行了比较分析,发现 A3F 与 A3G 一样也与复杂的细胞质 RNP 阵列相关,并且可以在称为 mRNA 加工体或应力颗粒的富含 RNA 的细胞质微区中积累。虽然 A3F RNP 对 RNase 消化的破坏具有更强的抵抗力,但主要的蛋白质差异是缺乏 Ro60 和 La 自身抗原。与此一致,A3F RNP 也缺乏许多小聚合酶Ⅲ RNA,包括 RoRNP 相关的 Y RNA,以及 7SL RNA。

5.5.2　A3F 的功能

A3F 是胞苷脱氨酶,可抑制 HIV vif 缺陷株病毒（Δvif）的逆转录。早期研究显示,A3F 和 A3G 会导致大量的病毒 cDNA 突变,这表明胞嘧啶脱氨基作用可能破坏了病毒的感染。A3F 导致 HIV 逆转录产生的负链 cDNA 产生 G→A 超突变。A3F 先诱发 HIVcDNA 双链核苷酸 $5'$TC 脱氨基,产生尿嘧啶模板,而整合进的腺嘌呤诱发负链 $5'$TC→TT 转换突变。在逆转录病毒的正链上,这些突变表现为 $5'$GA→AA 超突变。来自艾滋病患者的 HIV-1 阳性标本可检测到这种双核苷酸脱氨基超突变表型。A3F 也能抵抗 HIV-1 的 Vif 发生作用。研究发现,A3F 的抗 HIV-1 感染能力比 A3G 强。因为从病人取得逆反转录病毒 DNA 测序发现 GA→AA 超突变比 GG→AG 更常见。

但最新研究发现,无催化活性 A3G 蛋白,即胞苷脱氨酶 C 端基序突变,仍然具有相当的抗病毒功能。现已获得了一组 A3F 突变蛋白,实验表明 C 端胞苷脱氨酶基序是行使催化功能所必需的,而催化活性却不是 A3F 抗病毒功能所必需的。此外,还有实验证明 A3F 和 A3G 蛋白有降低病毒逆转录产物积聚的抗病毒活性,野生型与催化失活型的能力相当。而经过比较发现,失去脱氨酶活性的 A3F 和 A3G,后者的功能受到了更严重的损害,破坏了抑制病毒逆转录产物积聚的功能及抗病毒功能。总之,这些资料都显示,不具有胞苷脱氨酶活性的 A3G 和 A3F 仍是抗病毒因子,这种非编辑依赖性的功能是 APOBEC 蛋白介导的抗病毒表型的重要方面,而 A3F 是研究这方面最好的例子。

5.5.2.1　A3F 抑制 HIV

A3F 是强大的 HIV-1 限制因子,主要有以下多种原因。首先,过表达导致 Vif 缺陷病毒感染性的剂量反应性下降,并在 GA→AA 背景下引起突变（负链 TC→TT）。第二,敲低和敲除实验证明这种酶的内源性水平有助于 CD4＋T 细胞系的 HIV-1 限制和过度突变,并且与 A3DE 和 A3H 一起解释了在患者衍生的病毒序列中观察到的 GA→AA 过度突变特征。第三,人类和恒河猴 A3F 之间 HIV-1 限制活性是保守的。第四,Vif 结合和 DNA 胞嘧啶脱氨酶活性都位于一个锌配位结构域内,与 A3G 不同,A3G 的这些活性分别在 N 端和 C 端结构域之间被分割。第五,多种高分辨结构和诱变研究表明,A3F 的 Vif 结合表面与 A3DE 和 A3C 相似,但至少部分与 A3G 和 A3H 不同。第六,HIV-1Vif 分离功能突变体表明 A3F 在人源化小鼠病毒发病模型中的重要性。最后,在长期细胞培养实验中,A3F 对抑制 Vif 缺陷的 HIV-1 复制和选择 Vif 功能恢复突变体有足够的能力。最后一点很重要,因为它表明 HIV-1 需要 Vif 功能来对抗 A3F 并保持复制能力。它还暗示 HIV-1 不能容易地进化出不依赖 Vif 的机制来逃避 A3F,这进一步将该酶与病毒可能用于逃避 A3G 限制的多个不依赖 Vif 的机制区分开。换言之,从 HIV-1 的角度来看,A3F-Vif 相互作用是必不可少的。

突变可以在病毒中产生三种结果:有害、中性或有益。第一个由于错误灾难引发病毒复制的废除,而最后一个导致病毒逃离抗病毒免疫系统或适应宿主。人 A3DE、A3F 和 A3G 是细胞胞苷脱氨酶,其在 HIV-1 基因组中引起 G→A 突变。研究者利用人源化小鼠模型证明内源性 A3F 和 A3G 在病毒基因组中诱导 G→A 超突变并在体内发挥强烈的抗 HIV-1 活性,而内源性 A3DE 和/或 A3F 诱导病毒多样化,这可导致突变病毒的出现,以转化其辅助受体时使用,这表明 A3DE 和 A3F 能够促进体内病毒多样化和功能进化。

A3F 抑制 HIV 复制,但是 Vif 可抵抗这一功能。Vif 阻止 A3G 进入病毒粒子,抑制 A3G 的功能。为验证 Vif 是否也阻止 A3F 整合进病毒粒子,有研究者在 A3G、A3F 和 mA3G 存在的情况下,分别产生野生型和 Δvif HIV。结果正如所料,Vif 存在时,病毒粒子里 A3G 和 A3F 的水平被大大降低,Vif 并不降低 HIV 病毒粒子里 mA3G 的水平。也就是说,Vif 阻止人类而非鼠 APOBEC 蛋白进入病毒粒子,从而限制了它们的功能。

Vif 通过蛋白酶体降解 A3G,有研究者推断这条途径参与了 A3F 的去除。当用蛋白酶体抑制剂 MG-132 或蛋白酶抑制子 I 处理细胞后,A3F 的水平增加了。Vif 降解 A3G 过程中,BC-box 蛋白能将待降解靶蛋白连接到多亚基泛素连接酶 E3 装配平台上。还发现 Vif 的 SLQ(Y/F)LAΦΦΦ 序列可与细胞内 cullin、Rbx-1、延伸因子 B 和 C 发生相互作用。因此,对于胞内 Vif 去除 A3F 和 A3G,泛素化和蛋白酶体降解同样重要。

A3G 与 Vif 的相互作用主要发生于 A3G Trp-Asp128-Pro-Asp 基序中的 Asp128 残基。A3F 与 Vif 的相互作用主要发生于 A3F 的 Glu127 残基,该残基存在 A3F 蛋白的 Trp-Glu127-Arg-Asp 基序中,A3F 对 HIV-1 的 Vif 拮抗作用可能在于基序中紧邻 Glu127 的精氨酸的正电荷中和了此基序的总电荷所致。有研究者发现人类 A3G(hA3G)和人类 A3F(hAF)中与 Vif 相互作用的两个不同区域。在 hA3G 中,氨基酸 126—132 对于 Vif 结合是重要的,其中氨基酸 128—130 被确定为对 Vif 相互作用至关重要。在 hA3F 中,氨基酸 283—300 对于结合 Vif 以及

Vif 诱导的降解是重要的。研究者扩展了对 hA3F 蛋白的分析,以显示该区域可以进一步缩小至仅包括[289]EFLARH[294]。虽然先前已经证明 HIV-1Vif 诱导的 A3G 降解可以通过 hA3G(D128K)中的单个氨基酸变化来抵消,而 hA3F(E289K)中的单个突变可以降低 hA3F 与 Vif 的结合并防止其 Vif 诱导的降解。

A3 家族成员的病毒结合酶定位于成熟的逆转录病毒核心。有研究者发现 A3F 主要定位于成熟的 HIV-1 核心,并确定 C 末端胞苷脱氨酶(CD)结构域中的 L306 有助于其核心定位。而且 A3F 定位到 HIV-1 核心的其他遗传决定因子也被确定。这些研究者发现每个 A3F 的 C 末端和 N 末端 CD 结构域中的一对亮氨酸共同决定了 A3F 在 HIV-1 病毒体核心中的定位程度,即 A3F L306/L368(C 末端结构域)和 A3F L122/L184(N 末端结构域)。在两个 A3F CD 结构域(A3F L368A、L122A 和 L184A)中的任一个中对这些特异性亮氨酸残基之一的改变降低了核心定位,减少了 HIV 限制却不改变病毒粒子包装。此外,在每个 A3F 的两个 CD 结构域(A3F L368A 加 L184A 或 A3F L368A 加 L122A)中的这些亮氨酸残基中的双突变体仍然被包装到病毒粒子中,但完全丧失核心定位和抗 HIV 活性。HIV-1 核心定位与其病毒粒子的包装在遗传上是分开的,而抗艾滋病毒活动需要一些核心定位。

总之,APOBEC 家族成员 A3F 在 HIV 负链合成过程中,催化 dC 脱氨基成 dU,导致病毒基因组 G→A 超突变,从而抑制 HIV 复制。与 hA3G 相同,Vif 通过阻止 A3F 整合进入病毒粒子,抑制了 A3F 的抗病毒功能。A3G 和 A3F 的蛋白序列有 60% 相似,但二者要编辑的靶序列不同。在病毒粒子里,A3G 和 A3F 都在病毒核心被发现,但 A3G 与低相对分子质量复合物结合,而 A3F 与高相对分子质量复合物结合。A3G 和 A3F 复合物在 HIV-1 的感染过程中经历了动态变化,说明决定二者抗病毒功能不同的可能是生化方面的差异。

5.5.2.2 A3F 抑制 HBV

与持续感染乙型肝炎病毒(HBV)相关的肝病仍然是全球的主要健康问题。即使 HBV 对感染细胞不直接致细胞病变,感染也会导致广泛的肝脏疾病,从急性消退到慢性感染,不同级别的肝炎,往往发展为肝硬化和肝细胞癌。尽管存在有效疫苗,但估计全世界有 2 亿~3 亿人患有慢性感染,目前还无法治愈慢性 HBV 感染。HBV 的慢性感染的特征在于附加型病毒基因组的持续存在,共价闭合环状 DNA(cccDNA)在感染的肝细胞的细胞核中形成稳定的微染色体。

乙型肝炎病毒是通过暴露于受感染的血液或体液而传播的小血液病原体。通过血液,病毒到达肝脏以感染肝细胞,肝细胞是唯一易感染的靶细胞。在细胞进入时,HBV 参与其与肝细胞特异性受体,Na^+-牛磺胆酸盐协同转运多肽(NTCP)的不可逆结合,需要将病毒基因组转移至肝细胞核以建立生产性感染。值得注意的是,病毒进入后的步骤仍然很难表征。然而,体外研究表明它们涉及内吞作用和微管介导的核衣壳向核膜的转运。通过与核转运受体和核孔复合物的衔接蛋白的相互作用,衣壳最终崩解,允许核心衣壳亚基和松弛的环状 HBV DNA(rcDNA)基因组的释放。

肝细胞癌(HCC)是一种高度恶性的肿瘤,预后极差。有研究表明蟾蜍灵可以时间和剂量依赖的方式抑制人肝癌 BEL-7402 细胞的增殖。研究人员采用集落形成实验、Transwell 侵袭实验、Western blot 分析和免疫荧光法分别研究蟾蜍灵对 HCC 细胞侵袭转移的影响及其机制,发现:蟾蜍灵对 BEL-7402 细胞的细胞增殖具有显著的抑制作用;蟾蜍灵显著抑制 BEL-7402 细胞的迁移和侵袭;蟾蜍灵可抑制 BEL-7402 细胞中 GSK-3βSer9 位点的磷酸化,降低细胞质中 β-连环蛋白、细胞周期蛋白 D1、金属蛋白酶-7(MMP-7)和环氧合酶-2(COX-2)的表达,增加 E-cadherin 和 β-catenin 在细胞膜上的表达;使用蟾蜍灵后,BEL-7402 细胞中 α-胎蛋白的表达显著下降,白蛋白的表达增加。这些说明蟾蜍灵可以通过抑制 GSK-3βSer9 位点的磷酸化来调节 BEL-7402 细胞 Wnt/β-catenin 信号通路中相关因子的表达;蟾蜍灵可以增强细胞间 E-钙黏蛋白/β-连环蛋白复合物,以控制上皮-间质转化;蟾蜍灵可通过调节 BEL-7402 细胞中 AFP 和 ALB 的表达来逆转恶性表型并促进分化和成熟。这是蟾蜍灵抑制 HCC 细胞侵袭和转移的重要机制。

另有研究者通过 CCK-8,伤口愈合试验和 SK-Hep1 和 Bel-7404 细胞中的 transwell 试验评估 A3F 和蟾蜍灵对细胞增殖和迁移能力的影响,结果表明与 HCC 患者的邻近组织相比,A3F 在肿瘤组织中过表达,A3F 促进 SK-Hep1 和 Bel-7404 细胞中的细胞增殖和迁移。蟾蜍灵抑制细胞增殖和迁移并减少 A3F 表达。A3F 共表达基因的 GO 和 KEGG 富集显示 A3F 可能激活肠道免疫网络,产生 IgA 生成信号通路,导致 HCC 细胞的恶性生物学行为。还有研究者发现肿瘤组织中具有高 A3F 表达的 HCC 患者更可能与多结节肿瘤共存,肿瘤组织中 A3F 过表达与 HCC 复发呈负相关。总之,蟾蜍灵通过 A3F 诱导的肠道免疫网络抑制肝细胞增殖和 HCC 细胞迁移,从而产生 IgA 生成信号通路。

5.5.2.3 A3F 与胃癌

胃癌是全世界最常见的癌症类型之一。近几十年来,全球胃癌发病率呈下降趋势;然而,由于世界人口老龄化,每年新发病例的绝对数量正在增加。此外,年轻胃癌患者近期呈上升趋势。因此,胃癌仍然是癌症相关死亡的重要原因。

据报道,细胞毒素相关基因 A(CagA)与胃病,特别是消化性溃疡病有关。共有 85%～100% 的十二指肠溃疡患者感染了 CagA+ 幽门螺杆菌菌株。据报道,幽门螺杆菌菌株的起源在胃癌发病率中起重要作用,这可能与不同菌株表达 CagA 的能力差异有关。值得注意的是,CagA+ 株患者的癌前病变和胃癌发病率较高。

此外,88%感染啮齿类动物 CagA 产生人幽门螺杆菌的动物在 4 周内发生胃发育不良,75%的动物在第 8 周时发生胃腺癌。现已发现 CagA 蛋白中的特定氨基酸序列与恶性肿瘤风险增加有关。

磷酸酶和张力蛋白同源物(PTEN)基因位于染色体 10q23 上,是肿瘤抑制基因。据报道,它调节磷酸肌醇-3-激酶-蛋白激酶 B(AKT)和雷帕霉素信号通路的机制靶标,在细胞凋亡、细胞周期进程和细胞增殖中起重要作用。PTEN 功能丧失会导致各种恶性肿瘤的肿瘤发生和体细胞突变。已有报道 Tet 甲基胞嘧啶双加氧酶(Tet1)1 通过与 zeste 2 多硫抑制复合物 2 亚基(EZH2)信号通路的 p53 增强子相互作用,在胃癌中发挥肿瘤抑制功能。Tet1 通过抑制致癌蛋白 EZH2 和 p53 的活化来抑制癌症形成,可能通过 DNA 去甲基化。

有研究者构建了 CagA 过表达和 Tet1 干扰重组的慢病毒质粒,利用定量聚合酶链反应(qPCR)筛选过表达 CagA 的 HGC-27 人胃癌细胞中的基因表达。qPCR 和 western 印迹分别用于检测基因和蛋白质表达。此外,通过甲基化特异性 PCR 检测 PTEN 的甲基化状态。与 HGC-27 细胞中的阴性对照组相比,CagA 过表达组中 PTEN、Tet1、A3A,A3C 和 A3F 的表达水平显著降低。与阴性对照组相比,Tet1 干扰细胞中 PTEN 的 mRNA 和蛋白表达水平显著降低。PTEN 的表达降低与细胞中甲基化水平的增加有关。此外,当 CagA 过表达时,HENC-27 细胞中 PTEN 的蛋白质表达水平显著降低。与非癌组织相比,CagA+ 胃癌组织中 PTEN 和 Tet1 的表达水平也显著降低。在 CagA+ 胃癌组织中 PTEN 的表达降低与甲基化水平增加有关。总之,CagA 的过表达显著降低人胃癌中 PTEN、Tet1、A3A,A3C 和 A3F 的表达。

5.5.2.4 A3F 抑制 L1

L1 是人类基因组中唯一活跃的自主非 LTR 逆转录转座子。虽然 L1 占人类基因组约 17%,但超过 500 000 个拷贝中只有 80～100 个可以逆转录,L1 长约 6 KB,含有内部聚合酶 II 启动子并编码两个开放阅读框(ORFs)。ORF1p 编码具有 RNA 结合和 RNA 分子伴侣活性的 40 KDa 蛋白,ORF2p 编码含有核酸内切酶、逆转录酶和 C 末端富含半胱氨酸域的 150 KDa 蛋白。翻译后,L1 RNA 与 ORF1p 和 ORF2p 组装,形成的核糖核蛋白复合物移动到细胞核,其中内切核酸酶产生单链缺口。逆转录酶使用带切口的 DNA 来引发 L1 RNA 的逆转录,最终导致 L1 cDNA 的整合。与 L1 相比,Alu 序列是非自主的并且由 L1 逆转录机器驱动。由于 Alu 和 L1 插入人类基因组可能导致许多人类遗传疾病,正常条件下逆转录转座子被沉默。可保护细胞免受逆转录转座的机制包括通过 DNA 甲基化抑制转录、过早多腺苷酸化、异常剪接或 RNA 干扰。另一种策略是通过 A3 细胞胞苷脱氨酶家族编辑核酸。

L1 和相关转座子如 Alu 元件的活性引起疾病并促成物种形成。关于控制其传播的细胞机制知之甚少。有研究显示人体 A3F 和 A3B 的表达使 L1 逆转录的速率降低 5～10 倍。L1 抑制的机制与明显的亚细胞蛋白分布无关,因为 A3B 主要出现在细胞核,A3F 多为细胞质,这表明这些 A3 蛋白使用非脱氨基依赖的机制来抑制 L1。首先,催化失活的 A3B 突变体维持 L1 抑制活性。其次,在 A3B 或 A3F 存在下复制的 L1 元件中未检测到 cDNA 链特异性 C→T 超突变。此外,在 A3B 和 A3F 存在下积累的逆转录 L1 DNA 水平较低。总之,A3B 或 A3F 为 L1 逆转录转座提供了预整合屏障。人睾丸中特别高水平的 A3F 蛋白和 L1 活性与 A3 基因数之间的负相关表明该机制与哺乳动物的相关性。已有研究者证明表达 A3G 和 A3F 的细胞分泌的外泌体有效地限制 L1 和 Alu 逆转录转座,说明外泌体有助于体内抗逆转录因子的防御。

也有研究者认为 A3 蛋白抑制 L1 逆转座的效力不能简单地通过 A3 和 L1 ORF1 蛋白之间的相互作用或它们的共定位来解释。A3 蛋白可能间接干扰 L1 生命周期抑制逆转座。A3A 和 A3B 蛋白可能过度竞争对 L1 生命周期至关重要的 ORF1 蛋白结合因子,因为人体内存在许多与 L1 和 A3 蛋白质相互作用并在 L1 生命周期中起关键作用的潜在靶标。

5.5.2.5 A3F 与异种移植

来自非人类动物的异种移植提供了人类供体器官短缺的潜在解决方案。出于道德考虑、育种特征、器官的相容性和生理学,猪是人异种移植的首选供体。然而,它们在异种移植中的使用仍存在一些障碍。人类对猪器官的免疫排斥是异种移植中的一个明显问题。与猪基因组中天然存在的猪内源病毒相关的感染也是一个主要问题。猪内源性逆转录病毒(PERV)引起了人们的极大关注,因为已发现所有猪株都在其种系 DNA 中携带许多这些病毒的拷贝。

PERV 可以感染人细胞,表明 PERV 传播在猪-人异种移植中引起严重关注。最近的一些研究报道了抗病毒蛋白对逆转录病毒的干扰。最有效的抗病毒蛋白是 APOBEC 胞苷脱氨酶家族的成员,其参与防逆转病毒攻击。这些蛋白质存在于哺乳动物细胞的细胞质中并抑制逆转录病毒复制。为了评估人 A3 蛋白对 PERV 传递的抑制作用,研究者利用 PERV 分子克隆和人 A3F 或 A3G 表达载体共转染 293T 细胞,并使用 PERV pol 基因的定量分析监测 PERV 复制能力。发现与仅表达 PERV 对照相比,共表达人 A3 的细胞中 PERV 的复制减少了 60%～90%。这些结果表明,人类 A3G 和 A3F 可能在异种移植中起到阻止 PERV 传递的潜在屏障功能。

5.5.3 A3F 的抗病毒机制

A3F 抑制 HIV-1Δvif 复制的主要机制需要它们在病毒生产细胞的表达及其与病毒粒子的结合。在靶细胞逆转录期间,进入病毒粒子的 A3F 使胞苷脱氨基转化为病毒负链 DNA 中的尿苷。随后在正链中掺入腺嘌呤而不是鸟嘌呤导致广泛的 G→A 超突变和病毒基因组的失活。

A3F 掺入病毒粒子是发挥其抗病毒功能的先决条件,但其基本机制仍未完全了解。有研究者发现 HIV-1 Gag 的核衣壳(NC)结构域和 hA3F 内两个胞苷脱氨酶结构域之间的接头序列,即 104~156 个氨基酸,是 hA3F 病毒包装所必需的。绘图研究表明,N 末端锌指(ZF)周围的碱性残基簇和 HIV-1 NC 的 ZF 之间的连接区在 A3F 进入病毒粒子中起重要作用,此外,两个 ZF 中至少有一个是必需的。

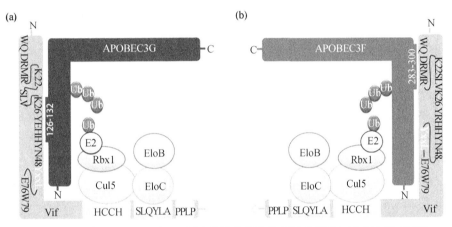

图 5 - 9 Vif 与 A3G、A3F 和 E2 泛素连接酶复合物相互作用(Smith J L 等,2009)

(a)、(b)Vif 中与 A3G 相互作用但不影响与 A3F 相互作用的氨基酸以深绿色显示。在紫红色中显示 Vif 中的氨基酸,其参与与 A3F 的相互作用但不影响与 A3G 的相互作用。仅显示了对 A3G/A3F 的活性降低＜50% 但对其他 APOBEC3 蛋白保持＞80% 活性的氨基酸。69YXXL72 基序(白色)与 A3G 和 A3F 相互作用,并以白色显示。23SLV25 基序(深蓝色)不影响与 A3G 或 A3F 的结合,但参与 A3G/A3F 降解。E3 泛素连接酶复合物由 Cullin 5(Cul5)、Elongin B(EloB)、Elongin C(EloC)、RING 指蛋白 1(Rbx1)和 E2 泛素结合酶(E2)组成。Vif(108Hx5Cx17-18Cx3-5H139)中的 HCCH 基序与 Cul5 结合,[144]SLQYLA[149]基序与 EloC 和 EloB 结合。泛素(Ub)通过 E3 泛素连接酶与 A3G 和 A3F 连接。[161] PPLP[164]基序参与 Vif 寡聚化。A3G 氨基酸 126-132 参与与 Vif(a)的相互作用,而与 Vif 相互作用的 A3F 决定簇位于氨基酸 283-300(b)。

HIV-1 Vif 靶向细胞抗病毒 A3F 用于降解。然而,具体的 A3F 识别结构机制仍不清楚。有研究报告了 HIV-1 Vif 和 A3F 分子的相互作用界面的结构特征。Vif 的丙氨酸扫描分析显示,位于保守的 Vif F1-、F2-和 F3-盒基序内的 6 个残基对于 A3C 和 A3F 降解都是必需的,并且另外 4 个残基是 A3F 降解所特有的。HIV-1 Vif 晶体结构上的建模揭示 Vif F1-、F2-和 F3-盒基序的 3 个不连续的柔性 loop 在空间上聚集形成柔性的与 A3F 相互作用界面,其代表疏水和带正电的表面。研究者利用晶体结构测定和 A3F C 末端结构域的大量突变分析表明,A3F 界面包含对 Vif 相互作用至关重要的独特延伸(L291、A292、R293 和 E324),表明 Vif 界面具有额外的静电互补性。总之,Vif 的 F1、F2 和 F3 盒的 3 个不连续序列基序组装形成 A3F 交互界面,静电和疏水相互作用是驱动 Vif-A3F 结合的关键力,并且 Vif-A3F 界面大于 Vif-A3C 界面。Vif 与 A3F 结合并形成由 Cullin 5、Elongin B、Elongin C 和 RING 指蛋白 1 组成的 E3 泛素连接酶复合物,其导致 A3F 多泛素化和降解。因此,A3F 未被包装成病毒颗粒,并且 HIV-1 复制不受 A3F 介导的抑制。

虽然最初认为导致致死诱变的 G→A 超突变是病毒抑制的唯一机制,但 A3F 蛋白也通过其他机制抑制病毒复制。一些研究者观察到 A3F 蛋白也抑制病毒 DNA 合成,抑制机制可能涉及干扰 tRNA 引物退火,DNA 合成的起始和延长,以及负链和正链 DNA 的转移。当 A3G 的表达水平与 CD4＋T 细胞中的水平相似时,胞苷脱氨酶活性对其抗病毒活性至关重要。然而,相似水平的 A3G 和 A3F 催化位点突变体的比较表明,与 A3G 不同,A3F 胞苷脱氨酶活性并非是其抑制病毒复制绝对需要的。

病毒 DNA 合成的减少不足以解释病毒感染性的总体降低。有研究表明 A3G 的生理水平的表达也导致病毒 DNA 整合和原病毒形成的抑制,这种整合抑制与病毒 DNA 末端的异常结构有关,这可能是整合反应的不良底物。有趣的是,A3G 的胞苷脱氨酶活性也是抑制原病毒形成所必需的。病毒 DNA 合成的胞苷脱氨作用通过尿嘧啶 DNA 糖基化酶和腺嘌呤-嘌呤核酸内切酶的作用导致病毒 DNA 的降解。但也有报告认为抑制 UNG 对感染细胞中存在的病毒 DNA 量或原代 CD4＋T 细胞和巨噬细胞中的病毒复制没有任何影响。除了 A3F 对病毒生产细胞的影响外,还有报道称 A3G 抑制 HIV-1 在作为感染靶细胞的静息 CD4＋T 细胞中的复制。

有研究者发现 A3F 与 A3G 相似,也是一种进行性酶,可以在单一酶-底物相遇中使至少两个胞嘧啶脱氨基。然而,A3F 扫描运动与 A3G 截然不同,并且依赖于跳跃而不是跳跃和滑动。A3F 的跳跃动作也与 A3G 不同。A3F 缺乏滑动是由于[190]NPM[192]基序插入 A3G 减少了其滑动运动。与野生型 A3G 相比,A3G NPM

突变体在体外 HIV-1 复制试验和单周期感染性试验中诱导的突变明显减少,表明 DNA 扫描的差异与限制 HIV-1 有关。相反,A3F^{191}Pro 突变为^{191}Gly 可以使 A3F 发生滑动。尽管 A3F^{190}NGM^{192}可以滑动,但该酶不会诱导比野生型 A3F 更多的突变,这表明 A3F 的独特跳跃机制消除了滑动对诱变的影响。

总之,无论 A3 酶如何逃避 Vif 介导的抑制,它们都保留在病毒的衣壳内,并在病毒感染的下一个靶细胞中发挥其限制活性。当 HIV-1 逆转录酶合成来自基因组 RNA(gRNA)模板的(一)DNA 时,RNase H 结构域能够降解 gRNA,暴露(一)DNA 的单链区域。A3 酶只能使单链(ss)DNA 脱氨基,并且已经证明,在最后成为双链的区域中,更多 A3 诱导的突变在前病毒 DNA 中积累。这些脆弱区域位于中央和 3′多嘌呤束(PPT)的 5′侧,导致两个突变梯度。A3 酶通过逐步扫描 ssDNA 来对抗这种有限底物的可用时间,从而在单一酶-底物相遇中实现多次脱氨,这大大提高了酶的脱氨效率。在可以包裹入 HIV-1 病毒粒子并且被 Vif 靶向的 5 种 A3 酶中,每种都具有不同的活性,可以根据它们各自的持续性水平来辨别。在没有 Vif 的情况下,当 A3 活性达到最高时,A3G 可以诱导最多的突变,并且是最普遍的。随着持续性下降,ΔVifHIV-1 病毒粒子中的脱氨基水平下降,其中 A3H、A3F 和 A3C 在 A3G 后显示出活性梯度下降。还有影响 A3 活性的其他因素,例如人群中存在的多态性和优选的脱氨基序。A3G 在(一)DNA 上的 5′CC 基序上脱氨基约 90%,导致 5′TC 基序中另外 10% 的脱氨基。这导致大量的 5′GG→5′AG 突变和由(+)DNA 中的 A3G 诱导的较少量的 5′GA→5′AA 突变。5′GG 基序出现在甘氨酸、天冬氨酸和谷氨酸的密码子中。其他 A3 都喜欢在(一)DNA 上脱氨基 5′TC 基序,导致(+)DNA 中的 5′GA→5′AA 突变。对于 A3F,大约 90% 的脱氨事件发生 5′TC 基序的脱氨。这些由此产生的 5′GA→5′AA 突变导致各种错义突变并且可以引起无义突变,但是无义突变比 A3G 脱氨酸发生至少 2 倍。

也有研究者使用转染细胞和蛋白质合成抑制剂的原位杂交,在区域之间驱动 mRNA,观察到 A3F 与病毒基因组 RNA(gRNA)共同运输而不改变其运动。A3 胞苷脱氨酶和 gRNA 存在于病毒粒子、多核糖体和细胞质颗粒中,特别是 gRNA 流量很重要。尽管具有少量细胞质 gRNA 的细胞具有翻译活性和积累的 Gag,但超阈值量诱导细胞质双链 RNA(dsRNA)依赖性蛋白激酶(PKR)的自身磷酸化,从而导致 eIF2α 磷酸化、蛋白质合成抑制和应激颗粒中的 gRNA 螯合。这些研究者还证明核膜在前期分散后,PKR 被染色体相关细胞 dsRNA 激活,通过阻止 G2 中的细胞,HIV-1 阻断了 PKR 活化和 eIF2α 磷酸化的这种机制。这些揭示了 PKR-HIV-1 战斗的多个阶段,最终导致细胞死亡,表明 HIV-1 在体内进化并通过所有这些机制来预防或延迟 PKR 活化。

还有研究者观察表明 A3 酶竞争性地结合 RNA 模板或逆转录酶(RT)并且充当 DNA 聚合的障碍,研究者分析了 A3C S188I、A3F、A3G 和 A3H 对 HIV-1 RT 的非脱氨基依赖机制如何影响 RT 模板转换,发现 A3F 可以促进 RT 的模板转换,取决于它与核酸结合的高亲和力,这表明 A3"路障"可以强制模板转换。这些研究者的数据表明,A3 酶的非脱氨基限制功能不仅仅局限于破坏 RT DNA 聚合。由于 RT 模板转换频率的改变可导致插入或缺失,其中 A3 酶使用多种机制来增加除胞嘧啶脱氨作用之外产生突变和非功能性病毒的可能性。

A3F 和 A3G 胞苷脱氨酶通过在病毒 DNA 中酶促插入 G→A 突变和/或利用非脱氨酶活性损害病毒逆转录,有效地抑制 HIV-1 复制。有研究者通过实验和数学研究定量证明 A3G 的 99.3% 的抗病毒作用依赖于其脱氨酶活性,而 A3F 的 30.2% 的抗病毒作用归因于非脱氨酶依赖活性。

5.5.4　A3F 的多态性

A3F 有两个常见多态性。尽管两个多态性都具有 HIV-1 限制活性,但 A3F 108A/231V 对 HIV-1 Vif 的限制能力比 A3F 108S/231I 高 4 倍,并且部分受到 Vif 介导的降解的保护。这是由于 A3F 108A/231V 的稳态表达水平较高。由于 A3F 多态性,个体通常是杂合的,并且这些多态性在细胞中形成,独立于 RNA,与 A3G 形成异寡聚体。A3F 108A/231V 与 A3F 108S/231I 的杂合使 A3F 108S/231I 和 A3G 在 Vif 存在下部分稳定,显示 A3 多态性和异源寡聚化对 HIV-1 限制的功能性结果。

有人研究了由密码子突变体标记的 A3F 常见的 6 个单核苷酸多态性(SNP)单倍型[p. I231V,欧洲裔美国人的等位基因(V)频率为 48%]与明显较低的设定点病毒载量相关,确定了一种常见的单倍型标记为 A3F 231V 变异体作为欧洲裔美国人的新型艾滋病修饰遗传因子,显示出非洲裔美国人患 HIV 感染的类似趋势。A3G H186R 仅在具有非洲血统的个体中发现,并且在欧洲人群中几乎不存在,而 A3B 基因缺失在亚洲个体中更常见,在欧洲人中较少见,并且在西非血统的人群中几乎不存在。大陆种群中 A3 变异频率和单倍型结构的差异可能源于群体特异性人口事件和/或作用于 A3 基因的病毒选择性压力。这说明 A3F 在限制其天然宿主中 HIV-1 的发病机制中发挥重要作用。

总之,A3F 和 A3G 作为 7 个 ssDNA 胞嘧啶脱氨酶家族成员,因对逆转录病毒 HIV 的限制功能,多年来一直受到高度关注,因为它们似乎是 HIV 复制最有效的限制因素。尽管 A3G 可能存在限制性影响,由于 HIV-1 附属蛋白 Vif,A3G 和 A3F 在群体水平上对 HIV 的抑制丧失。Vif 与宿主蛋白形成 E3 泛素连接酶,并通过蛋白酶体引起 A3G 和 A3F 的降解。

5.6 APOBEC3G

2002 年,Sheehy 等利用差减杂交方法获得了 A3G 的编码基因,因来自 CEM-SS 细胞系,所以也称为 CEM15,在细胞内抵御侵袭性病原体,提供天然防御作用蛋白。

A3G 是一个典型的例子,它的功能是阻止大量内源性可移动元件和外源性病毒病原体的复制,如 HIV。为了使病原菌能够有效地复制并获得成功,必须避开或中和宿主的相关限制因子。A3G 是一个 DNA 胞嘧啶脱氨酶,可利用整合自己进入出芽的病毒粒子抑制逆转录,然后通过 C 脱氨基成为 U 使得病毒 cDNA 突变从而抑制逆转录病毒。为克服复制障碍,HIV 的 Vif 以 A3G 为靶进行多聚泛素化以及随后的蛋白酶体降解。研究者正在努力开发破坏 A3G-Vif 相互作用从而使艾滋病病毒易受 A3G 介导的限制疗法。

5.6.1 A3G 与 Vif

CEM 是从患有急性白血病的女性婴儿患者中分离的人 T 淋巴肉瘤细胞系。这种人 T 细胞系由于其可感染性而在 HIV 研究中有用,并且对抗逆转录病毒的先天细胞内免疫的理解有显著贡献。基于其支持 vif 缺陷型 HIV-1 复制的能力,人 T 细胞系已被分类为允许或非允许细胞。CEM 和 H9 是非允许细胞系,而 Sup-T1 和 Jurkat 是允许细胞系。通过各种方法从 CEM 中分离出衍生细胞系,包括 CEM-SS、CEM-T4、A3.01 和 CEM. NKR。有趣的是,CEM-SS 和 CEM-T4 都允许 Vif 缺陷的 HIV-1 复制,而 A3.01 是半允许的,这表明原始的 CEM 细胞非常异质。

Vif 是一个相对分子质量约为 23 KDa 的磷蛋白,是 HIV-1 在所谓"非允许"细胞中 HIV-1 复制所必需的,这些细胞包括淋巴细胞和巨噬细胞以及一些白血病 T 细胞系。相反,Vif 与所谓"允许"细胞中的病毒复制无关,这些细胞包括其他白血病 T 细胞系和常用的非造血细胞系,例如 HeLa-CD4、293T 和 COS7。这种细胞特异性很复杂,因为 HIV-1(Δvif)病毒粒子(在 vif 基因中具有缺失或失活突变)的感染性由产生病毒的细胞决定,而不是被感染的细胞决定。因此,HIV-1(Δvif)病毒粒子在允许细胞中有效复制。此外,在允许细胞中产生的 HIV-1(Δvif)病毒粒子可以感染不允许的细胞,导致前病毒 DNA 合成和产生基本正常的蛋白质和 RNA 组成的后代病毒粒子。

但是,HIV-1 在非允许细胞中制造的 HIV-1(Δvif)病毒粒子以一种在随后的感染周期中严重损害逆转录完成的方式产生作用。这些不允许细胞衍生的 HIV-1(Δvif)病毒粒子不可逆地灭活,无论它们是否用于感染允许或不允许细胞或这些靶细胞是否含有 Vif。相比之下,野生型 HIV-1 病毒粒子在没有印记的情况下有效复制(图 5 - 10)。Vif 功能的细胞特异性理论上可以有两种解释：① 允许细胞可能具有与病毒 Vif 相似的细胞蛋白，以增强 HIV-1 感染 50～100 倍,这样病毒 Vif 是不必要的；② 非允许细胞可能含有被 Vif 中和的强效 HIV-1 抑制剂。这些替代品通过融合允许细胞和非允许细胞来区分。

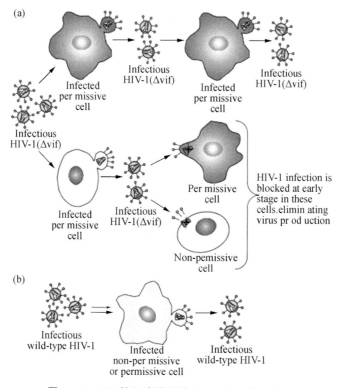

图 5 - 10　Vif 的细胞特异性(Rose K M 等,2004)

(a)用 HIV-1(Δvif)感染允许细胞产生的后代 HIV-1(Δvif)可感染另一个允许细胞并继续在培养物中复制。非允许细胞可以被允许细胞中产生的 HIV-1(Δvif)感染，并且它们产生的病毒粒子似乎具有基本上正常的蛋白质和基因组 RNA 含量。然而,这些 HIV-1(Δvif)病毒粒子是以不可逆转的方式阻止下一轮感染完成原病毒 DNA 的合成,无论靶细胞是允许或非允许细胞。

(b)允许或非允许细胞的野生型 HIV-1 感染导致从两种细胞类型产生感染性极高的 HIV-1。虽然这里没有显示印迹机制，有证据显示它是由 A3G 与非允许细胞中产生的 HIV-1(Δvif)病毒粒子结合引起的。相比之下,当 vif 存在时,A3G 被排除在病毒粒子之外。

2002 年,Sheehy 等人发现了一种称为 CEM15 的非允许细胞的胞内蛋白,也被称为 APOBEC3G(A3G)。HIV-1 的 vif 基因编码一个 192 氨基酸组成的 23 KDa 的蛋白质,Vif 蛋白与宿主抗病毒因子 A3 家族胞嘧啶脱氨酶对抗,利用募集宿主 cullin-5

(Cul5)-elonginB/elonginC (CRL5) E3 泛素连接酶诱发 A3 多聚泛素化,接着在病毒产生细胞进行蛋白酶体介导的降解。HIV-1 的 Vif 功能被转录因子 CBFβ 调控。当 Vif 不在 HIV-1,宿主的抗病毒蛋白 A3 被包装进入子代病毒粒子,并诱导病毒致死性突变。

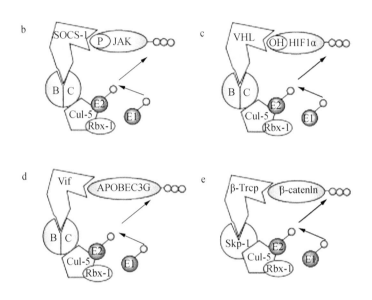

图 5-11 Vif 的功能(Rose K M 等,2004 年)

Vif 作为 BC-box 蛋白起作用,其特异性地将 A3G 募集到 E1-E2-E3 泛素酶复合物中以进行多聚组化和随后的蛋白酶体降解。a. 在细胞因子信号传导(SOCS)蛋白抑制因子中发生的 BC-box 基序的共有序列比对与在慢病毒 Vif 蛋白中保守的假定 BC-box 序列表明两个序列之间存在显著的同源性(F 为疏水残基,X 是任何氨基酸)。值得注意的是,细胞含有不同家族的多亚基 E3 泛素-蛋白质异肽连接酶,包括 BC-box 复合体和含有 F-box 的复合体称为 SCF 复合体。BC-box 和 F-box 序列是不相关的,它们分别专门招募 Elongins B 和 C 或 Skp-1,但它们被认为具有相似的折叠结构。BC-box 复合物含有 Elongins B 和 C,cullin 和 BC-box 蛋白,如 b 中的 SOCS-1、c 中的肿瘤抑制因子(von Hippel Lindau,VHL)或 d 中的 Vif。e. SCF 复合物含有 Skp-1、一种 cullin 和一种 F-box 蛋白,例如含有 b-转导蛋白的重复蛋白(b-Trcp)。BC-box 或 F-box 蛋白与 E3 连接酶复合物的一般组分相关(cullin 和 Rbx-1)分别通过 Elongin B 和 C 或 Skp-1 的特异性识别。SOCS-1、VHL、Vif 和 b-Trcp 分别将特异性靶蛋白[JAK 酪氨酸激酶,缺氧诱导因子-1a(HIF1a)、A3G 或 b-连环蛋白]募集到 E3 连接酶复合物中以进行多泛素化和蛋白酶体降解。E2 酶共价转移泛素(橙色圆圈)以形成泛素-靶蛋白-异肽键。

Vif 至少具有功能性结构域:N 末端区域对于结合 A3G 是重要的,C 末端区域具有保守的 SLQ(Y/F)LAFFFF 基序(F 是疏水性氨基酸),这对于结合是不必要的,但是对于退化至关重要。任一区域的突变都可以影响 A3G 的降解。因此,两个结构域都是必需的,并且 Vif 与 A3G 的简单联系不足以抑制 A3G 的抗病毒活性。Vif 蛋白中的 SLQ(Y/F)LAFFFF 基序与细胞因子信号传导(SOCS)蛋白抑制子的 BC-box 区域中最保守的序列惊人地相似(图 5 - 11a)。这种相似性包括蛋白质 C 末端结构域中基序的位置,以及含有较少保守的下游含脯氨酸的 LPLP 共有序列。应该注意的是,已知多种 BC-box 蛋白,包括 VHL(图 5 - 11c),并且这些非 SOCS 蛋白的 BC-box 序列与图 5 - 11a 中的那些有所不同。有趣的是,如图 5 - 11 b—d 所示,BC-box 蛋白作为组装平台,将目标快速降解的蛋白质连接到含有 Elongins B 和 C 的多亚基 E3 泛素-蛋白质异肽连接酶、Cullin 和 Rbx-1。第二,主要的多亚基 E3 连接酶组是 SCF 组,其含有 Skp-1 而不是 Elongins B 和 C(图 5 - 11e)。在 E1 活化酶将泛素转移至 E2 泛素结合酶。然后 E2-泛素与 E3 连接酶的催化核心(由 cullin 和 Rbx-1 组成)结合,以将泛素共价连接到靶蛋白的赖氨酸侧链上。多个泛素的转移导致多泛素化蛋白质被转移到蛋白酶体中进行降解。

也有研究表明 Vif C 末端结构域主要是非结构化的。108—139 氨基酸在未结合状态下主要具有无规卷曲构象。该区域包括 HCCH Zn^{2+} 结合基序,介导 Vif 与 Cul5 结合,Cul5 是 E3 泛素连接酶复合物中的蛋白质。介导与 ElonginC 和 Cul5 相互作用的 C 末端结构域残基 141—192 本质上是无序的。该区域还包括几个磷酸化位点和与 Vif 进行自身寡聚化的能力相关的区域。这些区域的非结构化性质使它们能够与几种配体相互作用,并且可能采用本质上属于固有无序蛋白质的各种构象。这通过 Zn^{2+} 与 HCCH 基序结合诱导的构象变化和 C 末端结构域在十二烷基磷酸胆碱存在下发生的构象变化来证明。唯一可用的 Vif 晶体结构包括 140—155 氨基酸,当与 ElonginBC 复合物结合时,它们是螺旋状的。

A3G 在细胞内有两种不同的分子形式:一个低分子量形式 LMM 和一个高分子量的核蛋白复合物形式 HMM。HMM 复合物没有酶活性,可能被转化成有酶活性的 LMM 复合物,利用 RNase 分解。除 A3G 外,其他的 APOBECs,如 A3C、A3F 和 A3H,也显示出组装成 HMM 复合物的能力。HMM 和 LMM 间的转换可被不同的细胞因子刺激,其主要形式在不同细胞类型或不同细胞亚型也是不一样的。A3GLMM 的出现与 HIV-1 感染的敏感性降低有关,暗示其作为该病毒后续的抑制因子。例如,未受刺激的外周血 CD4+T 淋巴细胞和单核细胞,为 HIV-1 感染非允许细胞,表现 LMMA3G。但是,当 CD4+T 淋巴细胞被活化或单核细胞刺激分化成巨噬细胞时,它们转换 A3G 成为 HMM。值得注意的是,在未受刺激的 CD4＋T 细胞的 A3G 的基因敲除并未使其变成允许感染,暗示细胞内 LMMA3G 的出现并非抑制 HIV-1 的唯一决定因素。另外,LMMA3G 更喜欢被包装进入病毒粒子。最后,HMMA3G 也能与 Alu RNA 序列作用并隔离,证明 A3G 的不同分子形式在抑制逆转录元件起作用。

5.6.2　A3G 的结构

A3G 是由 384 个氨基酸组成的相对分子质量约为 46 KDa 的胞苷脱氨酶,具有保守的锌结合基序(Cys/His)-Xaa-Glu-Xaa23-28-Pro-Cys-Xaa2-4-Cys。这类酶介导 C(或 dC)碱基的 C4 位置的水解脱氨作用,将 C 转化为 U(或 dC→dU),而产生的这些变化通常被称为 RNA 或 DNA 编辑。

A3G 具有两个控制其功能的胞苷脱氨酶结构域。N-端域(NTD)是非催化活性的,而 C-端域(CTD)是催化活性的,负责脱氨酶活性。然而,在 A3G 与 RNA 和 DNA 的结合、产生脱氨活性的过程以及 A3G 与病毒的结合中,NTD 是很重要的。Vif 还通过 NTD 与 A3G 相互作用。在 vif 缺陷型 HIV-1 的逆转录期间,A3G 优先使新合成的病毒负链 ssDNA 中的 5′-CC 中的第二 dC 脱氨基,这种二核苷酸偏好在 A3 家族蛋白中是独特的,这种脱氨作用在接近 ssDNA 5′末端的 dC 处更有效,在 3′ssDNA 末端的最后约 30nt 处更低效,即所谓的死区。因此,当 A3G CTD 朝向 5′ssDNA 末端时,A3G 可能更有效地催化 ssDNA 的脱氨基,并且 A3G NTD 限制 CTD 进入死区。此外,脱氨效率随着 ssDNA 长度的减少而降低,因此可能反映 A3G CTD 对 5′ssDNA 末端的不定向性。

除了与核酸的相互作用外,各个 A3G 单体可以相互结合形成有序的二聚体、四聚体和更大的寡聚体结构,这些都是用原子力显微镜(AFM)成像和尺寸排阻色谱直接观察到的。然而,寡聚化在 A3G 功能中的确切作用还不完全清楚。一些研究发现,溶液中的 A3G 在结合核酸前呈二聚体形态,而其他研究则发现 A3G 主要呈单体形态。

有研究者利用 NMR 光谱来分析 A3G sNTD 的结构,这是 A3 非催化结构域的第一个结构,也是 A3G 与 Vif 结合结构域的第一个结构,研究缺乏催化活性的机制基础。Zn^{2+} 在蛋白质内部由氨基酸 H65、C97 和 C100 配位,并与 L35、W90、I92 和 M104 的疏水侧链接触。这些相互作用降低了推定的靶胞嘧啶的可接近性,因为与 A3G CTD 相比,Zn^{2+} 配位区的口袋体积减小。A3G-CTD 的活性位点口袋体积约为 400Å,而 sNTD 的活性位点口袋体积约为 100Å,这小于胞嘧啶碱基的体积。该结果支持对催化活性和非活性结构域观察到的一般趋势。此外,sNTD 的保守谷氨酸 E67 不在 Zn^{2+} 可能配位的位置,从而阻止 E67 发挥催化作用。这种改变的位置可归因于 α2 螺旋的 N 末端的变化,其中 A3G NTD 在 E67 之前的氨基酸

66 处具有脯氨酸,其缩短该螺旋而起始于 M68。在所有具有催化活性的 A3 结构域中,螺旋起始于 A66。

研究表明,高度碱性的 NTD 是与核酸结合的 A3G 的主要二聚化界面,尽管也观察到以 CTD 为中心的二聚化。此外,为了形成四聚体和更大的结构,两个结构域必须能够自我结合。A3G 的各种寡聚化状态如何影响其生物学功能是一个持续争论的话题,尽管已经证明 NTD 的突变旨在破坏 RNA 上的寡聚化,却也阻止了 A3G 被包装在病毒体中。

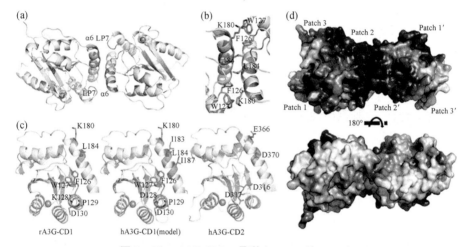

图 5-12　rA3G-CD1 二聚体(Xiao X 等,2016)

(a)rA3G-CD1 二聚体通过 α6 和环-7(LP7)介导的相互作用形成。(b)关键二聚化界面中的关键氨基酸残基以绿色棒显示。(c)rA3G-CD1(左)和 hA3G-CD1(中间,由 rA3G-CD1 结构模拟)表面上 CD1-CD1 二聚化的关键氨基酸残基(绿色)的位置,显示了 hA3G-CD2(3IQS,右)的相同方向用于比较。(d)rA3G-CD1 二聚体的表面静电势的两个视图,在二聚体的一侧显示正电荷(蓝色)。

关于寡聚化如何影响 A3G 脱氨基病毒 ssDNA 的能力也没有明确的共识。当与 ssDNA 结合时,A3G 优先形成二聚体或更大的寡聚体结构,这产生了催化活性是否需要寡聚化的问题。此外,一项研究观察到促进大型 A3G 低聚物形成的条件也有助于脱氨酶活性。然而,主要保持单体状态的寡聚化缺陷型 A3G 突变体仍然能够有效地使 ssDNA 脱氨,尽管这些 A3G 突变体的脱氨酶活性较少。因此,二聚化可能影响酶的持续性,或者促进寡聚化的关键氨基酸也可控制持续合成能力。基于同源 A2 四聚体的结构,研究者认为 A3G NTD 的疏水残基 Phe126-Trp127 在二聚体界面处形成疏水核心。最近的恒河猴 A3G NTD 的晶体结构证实了这一结果。在 CTD 中,残基 Ile314-Tyr315 和 Arg313-Asp316-Asp317-Gln318 也可以形成二聚体界面。NTD 突变体 F126A-W127A(FW)和两种 CTD 突变体 R313A-D316A-D317A-Q318A(RDDQ)和 I314A-Y315A(IY),已被证明显示出降低 A3G 寡聚化程度。以"头对尾"方向二聚化的 A3G 结构模型(一种单体的 NTD 与第二种单体的 CTD 相互作用)也表明这些残基中的一些可能对 A3G 寡聚化和功能起关键作用。

5.6.3　A3G 的抗病毒功能

人 A3G 的过表达可以突变其他逆转录病毒,包括鼠类白血病病毒(MLV)和感染性病毒,这些病毒可能在所有情况下或在天然宿主的 T 细胞中都不能很好地发挥作用。小鼠和猫白血病病毒以及类似的 g-逆转录病毒在小鼠 T 细胞中复制具有显著的优势,在那里它们经常诱导胸腺淋巴瘤。类似地,小鼠乳腺肿瘤病毒也在表达 A3G 的 B 细胞中有效复制,而马传染性贫血病毒在巨噬细胞中有效复制。这些病毒可能有其他方法来逃避在其天然宿主中发生的 A3G 直向同源物。有趣的是,A3G 的表达显著降低了乙型肝炎病毒的产生。A3G 可能是人体具有广谱抗病毒功能的蛋白质。

5.6.3.1　A3G 抑制 HIV-1

1983 年鉴定人类免疫缺陷病毒(HIV)以来,这种致病性逆转录病毒已成为逆转录病毒生物学许多研究方向的原型。HIV-1 是逆转录病毒灵长类慢病毒家族的成员,是相关但不同的慢病毒(猿免疫缺陷病毒或 SIV)的跨物种(人畜共患)传播事件的产物,这些病毒在撒哈拉以南地区自然感染非人灵长类动物。黑猩猩(Pan troglodytes)中的 SIVcpz 是流行性 HIV-1 的前体。同样,来自白眉猴(Cercocebus atys)的 SIVsm 是 HIV-2 的直接来源。其他慢病毒,如来自非洲绿猴的 SIVagm,尚未传播给人类。很明显,物种特异性的感染障碍不支持成功建立各种人畜共患病的逆转录病毒的感染。这些障碍现在正在被更好地理解,也为更好地理解病原性逆转录病毒与其细胞宿主之间继续发生的进化冲突提供了重要资源。

与仅编码 Gag、Pol 和 Env 基因产物的简单逆转录病毒相反,HIV-1 编码 6 种辅助蛋白(Tat、Rev、Nef、Vif、Vpr 和 Vpu),其协调 HIV-1 与其宿主的致病性相互作用。虽然 Vpr、Vpu、Tat、Rev 和 Nef 的主要功能在 HIV-1 基因组测序后的几年内基本解开,但 Vif 功能的潜在机制仍然知之甚少。Vif 是在逆转录病毒生命周期后期表达的约 23 KDa 的磷蛋白,并且在所有灵长类动物慢病毒中高度保守,除了马传染性贫血病毒之外。Vif 的功能与产生病毒的细胞的性质紧密相关。

在没有 Vif 的情况下,A3G 通过与 Gag 蛋白的核衣壳区域相互作用有效地结合到萌芽的 HIV-1 病毒粒子中。A3G 倾向于结合单链核酸,特别是病毒粒子出芽时质膜位点的病毒 RNA,这种相互作用得到进一步加强。有研究者将仅 7 个分子的 A3G 包装进入由人外周血单核细胞产生的 Δvif HIV 病毒粒子中足以极大地损害 HIV-1 复制。因此,A3G-Vif-E3 连接酶轴是开发新型抗病毒药物的新靶点,可以重新启用 A3G 的强效防御性能。

HIV-1 主要通过黏膜组织传播,靶向 CD4(＋)CCR5(＋)T 细胞,其中 50% 在感染后 2 周内被破坏。迄今为止,常规疫苗接种策略未能预防 HIV-1 感染。抗体和细胞毒性淋巴细胞都不能产生足够快速的免疫应答以防止这些细胞的早期破坏。然而,先天免疫是一种早期反应系统,在很大程度上独立于先前与病原体的相遇。先天免疫可分为细胞、细胞外和细胞内,有研究发现在恒河猴的直肠黏膜免疫中产生并维持 A3G 超过 17 周,并且由 CD4(＋)CD95(＋)CCR7(－)效应记忆 T 细胞产生先天抗 SIV 因子。因此,先天性抗 HIV-1 或 SIV 免疫可与免疫记忆相关,由产生 A3G 的 CD4(＋)T 细胞介导。多种先天功能可能会产生早期抗 HIV-1 反应,并阻止病毒传播或含有病毒,直到有效的适应性免疫反应。

喜树碱(CPT)是一种天然产物,通过其抑制拓扑异构酶Ⅰ(TOPⅠ)的能力被发现具有抗各种癌症的活性。CPT 类似物还具有抗 HIV-1 活性,之前显示其与 TOPⅠ抑制无关。抗病毒活性取决于细胞病毒限制因子 A3G 的表达,其在无 Vif 的情况下具有在逆转录期间超突变 HIV-1 前病毒 DNA 的能力。有研究表明 O2-16(癌症非活性 CPT 类似物)具有低细胞毒性并抑制 Vif 依赖性 A3G 降解,使得 A3G 包装成 HIV 病毒颗粒,导致病毒基因组中的 A3G 超突变。这种抗病毒活性是 A3G 依赖性的,并广泛中和来自 M 组(亚型 A-G)N 和 O 的 16 种 HIV 临床分离株以及 7 种单一和多种抗药性的 HIV 毒株。多种蛋白质-蛋白质相互作用(PPI)对于 Vif 依赖性 A3G 降解至关重要,并且是潜在的治疗靶标。Vif 通过作为包含 Cullin5(Cul5)、Rbx2,EloBC 和 CBFβ 的 E3 泛素连接酶复合物中 SOCS-底物受体促进 A3G 多聚泛素化。PPLP 基序是 A3G 结合和降解所必需的。在作为 PPLP 基序拮抗剂存在下,细胞内 A3G 丰度及其与病毒颗粒的掺入增强,导致 HIV 感染性的显著下降。突变 PPLP 基序产生 Vif 多聚化显性失活突变体,并显著减少与 A3G 的相互作用。此外,PPLP 基序突出了 Vif 多聚化、A3G 结合和 RNA 结合之间的相互作用,因为细胞环境中 Vif 寡聚体的大小在 A3G 存在时降低,PPLP 已显示影响 Vif 的 RNA 结合特性。对 TOPⅠ不具有活性的 CPT 类似物具有新的治疗潜力,因为 Vif 拮抗剂能够实现 A3G 依赖的 HIV 超突变。

有研究者发现被人巨细胞病毒(HCMV)预感染的个体在随后的 HIV-1 感染后更容易发生 AIDS 疾病进展,但潜在的机制仍然不是很清楚。HCMV 是一种普遍存在的 DNA 病毒,通常在 CD34＋祖细胞中建立终身潜伏感染,其潜伏期特异性 HCMV 基因可调节宿主对 HIV-1 感染的限制。为了验证这一假设,这些研究者分析了已知的由于宿主限制因子的表达而能抵抗 HIV-1 感染的祖细胞。有趣的是,在经历潜伏 HCMV 感染的原代 CD34+细胞中,通过数字聚合酶链反应、定量聚合酶链反应和 Gag 表达测量,观察到 HIV-1 前病毒 DNA 和复制的水平增强。这种现象可部分解释为 HIV-1 进入共同受体的上调,包括趋化因子受体 CXCR4 和 CCR5,但不是主要受体 CD4 的上调。此外,潜伏的 HCMV 感染下调 CD34+祖细胞中 HIV-1 限制因子 A3G、BST2 和 Mx2 的表达,这可能会增强 HIV-1 感染。然而,当使用紫外线灭活的 HCMV 进行比较时,这种增强被消除,表明潜伏的 HCMV 基因的表达对于这种效应是必需的。重要的是,HCMV gB 和 HIV-1 p24 可以通过免疫荧光和流式细胞术在同一细胞中检测到。因此,在 CD34+细胞中建立 HCMV 潜伏期可能导致有利于 HIV-1 感染的宿主细胞基因调节。

5.6.3.2 A3G 抑制 HBV

HBV 是全世界急性和慢性病毒性肝炎的主要原因。估计有 2~3 亿人长期感染 HBV,其中许多人将最终获得严重的肝脏疾病,包括肝硬化和肝细胞癌,这是人类癌症最常见的形式之一。

HBV 属于嗜肝 DNA 病毒家族,其还包括感染其他哺乳动物和禽类物种的病毒。所有嗜肝 DNA 病毒都含有一个小的(约 3.2 KB)、部分双链(DS)、松弛环状(RC)的 DNA 基因组,并通过 RNA 中间体,前基因组 RNA(pgRNA)的逆转录复制 DNA,因此被归类为副逆转录病毒。DNA 基因组的复制始于将 pgRNA 和病毒编码的逆转录酶(RT)衣壳化成由病毒核心或衣壳蛋白形成的未成熟核衣壳。然后,未成熟的核衣壳经历成熟过程,此时 RT 首先催化从 pgRNA 模板合成单链(SS)、负链 DNA,然后从负链模板合成正链 DNA,导致形成特征性成熟 DS 的 RC DNA。

HBV 为包膜病毒,完整的 HBV 颗粒直径为 42 nm,分为包膜与核心两部分。包膜上的蛋白质亦即乙肝表面抗原(HBsAg),在肝细胞内合成,大量释出于血液循环,本身并无传染性。核心部分含有双链环状 DNA、DNA 聚合酶、核心抗原(HBcAg)和 e 抗原(HBeAg),是病毒复制的主体。HBV 基因组约 3 200 个碱基对,是不完全闭合的部分双链环状,分为长的负链(L)和短的正链(S)两股,L 链有四个部分重叠的开放读框。

HBV 复制循环起始于病毒黏附在肝细胞上。首先在核内合成正链 HBVDNA,病毒基因组转化成共价闭合环状 DNA(cccDNA),cccDNA 是合成前基因组的模板,后者经逆转录形成负链 HBV DNA。cccDNA 有两个来源,进入细胞的新病毒颗粒和来自肝细胞溶质内新合成 HBV DNA。cccDNA 在病毒感染的持续中起着关键作用,因为它在细胞核中作为稳定的附加体维持。

A3G 也可抑制 HBV 的复制。在表达 A3G 的细胞内,HBV 的毒性大大降低,其 DNA 至少可下降 50 倍。虽然,G→A 超突变对 HBV 的发病机制有一定影响,某些特异的 G→A 突变会产生 HBeAg 阴性的突变体。然而,在新合成的病毒中没有检测到核苷酸的变化,这些结果提示 A3G 可能以与逆转录病毒不同的机制作用于 HBV。催化区失活的 A3G 衍生物不再抑制 Vif 缺陷的 HIV-1,但对 HBV 的抑制作用却保持在野生型的水平就充分证明了这一推测。

有研究者发现当尿嘧啶 DNA 糖基化酶(UNG)活性被 UNG 抑制蛋白(UGI)的表达抑制时,HBV 和鸭 HBV(DHBV) NC-DNA 的超突变在表达 A3G 的肝细胞中增强,而且这些研究者还发现超过一半的 DHBV cccDNA 克隆通过 A3G 过表达和 UNG 抑制积累了大量的超突变。此外,从表达 A3G 和 UGI 的细胞分离的 cccDNA 显示复制活性降低。这些实验观察表明 UNG 有效地修复了 A3G 诱导的功能失调的 C→U 突变。UNG 是一种碱基切除修复(BER)酶,可在 dUTP 错误掺入或胞嘧啶脱氨后从 DNA 中去除尿嘧啶残基。UNG 对于类别转换重组和体细胞超突变也是必不可少的。在 UNG 缺乏症(人和小鼠)中,由于 AID 产生的尿嘧啶碱基在无 UNG 时不产生 DNA 链断裂,因此类别转换重组显著减少。然而,UNG 缺陷小鼠和患者积聚更频繁的 C→T 和 G→A 体细胞高变,因为 AID 产生的尿嘧啶碱基仍然是 UNG 缺陷状态下的胸腺嘧啶残基。

也有研究揭示正常肝细胞并不表达 A3G。当 HBV 感染肝细胞时,在细胞因子的参与下,肝细胞可能会表达 A3G。HBV 急性感染期,A3G 可能参与了非细胞病变的病毒清除作用。有研究者表明当 A3G 存在时,HBV 的核心 RNA 减少。A3G 抑制 HBV DNA 的累积似乎主要是由于前基因组 RNA 的包装受阻引起的,也就是说,抗 HBV 的主要机制是前基因组的包装受阻。也有研究者利用共转染的 Huh7 细胞和人的肝细胞系 HepG2 研究 A3G 的抗病毒功能,结果发现 A3G 干扰了前基因组 RNA 原来的包装,而显著抑制了病毒 DNA 的合成。

也有研究者认为 A3 蛋白对 HBV 复制的抑制作用主要是在 DNA 水平,对病毒 RNA 包装只有很小的影响。A3G 的抗 HBV 作用与 DNA 编辑功能无关,抑制模式不是由于 HBV DNA 降解。不依赖编辑的抗病毒活性 A3G 可以靶向 DNA-RNA 杂交体和单链 DNA。与较短的负链 DNA 相比,A3G 的较长负链 DNA 的积累优先减少,并且表明 A3G 在病毒逆转录期间的极早阶段发挥其抑制作用。

HBV X(HBx)是一种小蛋白质(154 个氨基酸残基),由哺乳动物嗜肝 DNA 病毒中保守的 ORF 编码。HBx 不被认为是一种病毒结构蛋白,几十年来的大量研究表明,HBx 在调节病毒生命周期、宿主-病毒相互作用以及 HBV 相关的 HCC 方面发挥着无数的功能。最值得注意的是,HBx 的作用是刺激 HBV 启动子和增强子的活性:功能性 HBx ORF 的消除导致体外病毒转录和复制的显著减少,这可以通过补充反式 HBx 表达来挽救。体内感染实验进一步证实 HBx 对于启动和维持 HBV 生命周期至关重要。HBx 显然不直接与 HBV DNA 结合,HBx 介导的 HBV 增强的机制研究通常集中在 HBx 与细胞蛋白/过程之间的相互作用,并且已经鉴定出 HBx 的多个靶标。

有研究者认为存在另一种调节细胞内 A3G 活性的潜在机制:通过外泌体分泌改变 A3G 外化。已知外泌体含有脂质、蛋白质和衍生自产生细胞的特征的核酸。尽管近年来外泌体研究倾向于关注其作为细胞间转运和通信装置的功能,但最初发现外泌体分泌并将其表征为出口过程,从而在红细胞成熟期间输出且减少废弃的质膜蛋白。后来,还证实了通过外泌体释放胞质 β-连环蛋白,并显示出拮抗 Wnt 信号传导的过程。因此,通过外泌体介导的外化可以调节细胞溶质蛋白如 A3G 的细胞内水平并非没有可能。同时,外泌体可能最终被其他细胞吸收并将其内容物传递给后者,并且已经有结果显示外泌体介导的干扰素诱导蛋白的细胞间传递为受体细胞提供抗病毒抗性。从这个角度来看,虽然 HBx 诱导的 A3G 通过外泌体的更高出口可能减轻 A3G 介导的 HBx 表达细胞的限制,但是外泌体中包含的出口 A3G 是否对受体细胞的抗 HBV 防御有任何影响也是一个值得研究的有趣问题。由于 A3G 能够抑制 HBV 以外的病毒,特别是 HIV-1,HBx 介导的 A3G 通过外泌体输出的可能性影响了共同感染中受体细胞中其他病毒感染的先天免疫。

有研究者将 657 名慢性 HBV 感染(CHB)患者和 299 名健康者对照,所有受试者均为汉族,确定了 5 种 A3G 基因单核苷酸多态性(SNP)与 HBV 感染和 HCC 发病率的关系。rs8177832 的 A3G 基因型和 G 等位基因与 CHB 和 HCC 风险降低显著相关。rs8177832 可以增强 A3G 对 HBV 的抑制作用并促进 HBeAg 的血清转化。rs2011861 CT、TT 基因型与 HCC 风险增加之间存在显著相关性。单倍型分析显示 rs7291971-rs8177832 的 G-G 等位基因,rs5757463-rs8177832 的 C-G 等位基因和 rs5757465-rs8177832 的 T-G 等位基因之间的关联,降低了 HCC 的风险。针对 HCC 发育的三种保护性单倍型表明,原发性 SNP 是 rs8177832,因为所有三种单倍型共享 rs8177832G 等位基因。然而,与野生型等位基因 C-C,rs7291971-rs5757463-rs8177832 的 C-G-A 等位基因和 rs7291971-rs5757463-rs2011861 的 C-G-C 等位基因相比,rs5757463-rs2011861 的单倍型 C-T 和 G-C 等位基因与显著增加的 HCC 风险相关。与 HCC 发展相关的四种单倍型表明 rs5757463 G 等位基因和 rs2011861 T 等位基因可能对 HCC 风险增加具有主要影响。这些基因型的差异效应影响 HBV 感染和 HCC 易感性的机制尚不清楚,需要进一步研究。rs8177832 引起外显子 4 的 A 至 G 的取代,导致在密码子 186 (H186R)处的组氨酸变为精氨酸。据推测,这种突变可能会改变 A3G 的抗病毒功能。rs2011861 可能与其他功能基因有关。总之,A3G rs8177832 多态性与 CHB 感染和 HCC 风险降低有关,而 rs2011861 多态性与 HCC 风险增加有关。

5.6.3.3　A3G 抑制 HCV

HCV 属于黄病毒家族,具有一个正向单链 RNA 基因组。HCV 是一个急性和慢性肝病的病原体。慢性 HCV 感染,伴随着慢性 HBV 感染及其相关肝硬化,是发展为癌症 HCC 的主要危险因素。最近也证实 A3G 能在体外抑制 HCV 复制。然而,病毒的超突变序列还未发现,暗示这是一个非脱氨酶依赖的病毒抑制机制。由于 A3G 以 ssDNA 为靶,HCV 预期的超突变缺失,表示在其复制的各个阶段都专门提供 RNA 作为基因组材料。而外源 HIV-1Vif 的出现也证实 A3G 在胞内减少而 HCV 复制增加,暗示 Vif 参与了 HIV-1/HCV 的混合感染。

在 HCV 慢性感染的病人中,A3G 的表达在肝细胞和淋巴细胞显著增加。APOBEC 的过度表达也在 HCV/HBV 的混合感染中发现。A3 似乎也在体内外源干扰素(IFNα)治疗时起着重要的作用。研究者分析了 HCV 慢性感染病人使用 IFNα/病毒痤(三痤核苷)(RBV)治疗 12 周后的基因表达谱,A3A 也是早期反应者中上调的 INF 诱导的基因之一,而不是无症状者。另一研究显示在 HIV/HCV 混合感染病人使用 pegIFN/RBV 治疗的过程中,A3G/A3F 的表达在其 CD4T 淋巴细胞显著增加。

也有研究者报道人 A3G(hA3G)是针对 HCV 复制的宿主限制因子,并且 hA3G 稳定剂显示出对 HCV 的强烈抑制活性。然而,hA3G 对 HCV 的分子机制仍然未知。这些研究者认为 hA3G 的 C 末端与 HCV C 末端非结构蛋白 NS3 直接结合,HCV 的 C 末端具有 NS3 的解旋酶和 NTP 酶活性。hA3G 与 NS3 的 C 末端的结合降低了解旋酶活性,因此抑制了 HCV 复制。hA3G 的抗 HCV 机制似乎与其脱氨活性无关。尽管早期 HCV 感染导致宿主的 hA3G 增加,因为 hA3G 针对 HCV 复制进行细胞内应答,但是长期孵育后 hA3G 逐渐减少,表明具有保护 HCV NS3 免于被 hA3G 失活的未知机制。该过程至少部分地代表针对 HCV 的细胞防御机制,并且该作用通过宿主 hA3G 和 HCV NS3 之间的直接相互作用介导。

5.6.3.4　A3G 抑制 HPV

乳头状瘤病毒(PV)是一种大的无包膜、双链环状 DNA 病毒家族,可感染皮肤和黏膜。PVs 感染大多数哺乳动物、鸟类和爬行动物,它们具有高度的组织和物种特异性,除了牛乳头瘤病毒 1(BPV1)和 BPV2。虽然有超过 200 种 PV,但 PV 感染机制基本相似:两种病毒衣壳蛋白,主要衣壳蛋白(L1)和次要衣壳蛋白(L2),介导细胞结合、内化和病毒运输。为了建立感染,PV 必须进入宿主细胞并将其 DNA 递送到细胞核中。通过病毒衣壳与细胞蛋白的复杂相互作用实现病毒进入。病毒衣壳由 72 个五聚体 L1 蛋白的壳体组成。另一种衣壳蛋白 L2 主要埋在衣壳表面内,只除了它的一部分 N 末端。因此,初始细胞表面结合相互作用是 L1 依赖性的。PV 感染上皮的基底细胞并依赖于上皮细胞分化以复制和产生病毒粒子。

人乳头瘤病毒（HPV）是一种性传播病毒,或造成宫颈癌、肛门癌、头颅癌和咽喉癌以及生殖器疣的发展。尤其是子宫颈癌是发展中国家女性中第二常见的癌症,也是癌症死亡的第三大原因。HPVs 是一个由 150 多种类型组成的大型病毒家族。具有转化潜能的 HPV 是几乎所有宫颈癌病例和大多数肛门癌、头颈癌病例的原因。大多数宫颈癌病例是由 HPV16 引起的,因此,它是研究最多的 HPV 类型。

HPV16 感染是一个多步骤过程:病毒利用上皮细胞的创伤到达基底角质形成细胞-上皮细胞中唯一的有丝分裂活性细胞。在体内,病毒首先通过病毒 L1 蛋白和硫酸乙酰肝素蛋白多糖（HSPG）之间的相互作用结合到基底膜（BM）上,然后结合到细胞表面。细胞进入需要通过蛋白酶和伴侣蛋白在衣壳内进行几种构象变化,以及衣壳蛋白与不同受体的相互作用。病毒与难以捉摸的受体复合物相互作用,随后通过非传统的内吞作用机制内化。在细胞内运输期间,已显示病毒定位于内体系统、反式高尔基体网络（TGN）、高尔基复合体和内质网（ER）,然后递送至细胞核,开始病毒 DNA 复制。

HPV16 的初始结合是 L1 和 HSPG 介导的。这种相互作用诱导两种衣壳蛋白的构象变化,促进生产性感染。随后将病毒转移至受体复合物,并通过新的内吞途径将其内化。内化后,病毒通过内体系统运输,其中衣壳分解,L2 仍与 vDNA 相关。L2/vDNA 复合物可能通过 ER 传播到 TGN,最后在有丝分裂期间核膜破裂时传播到细胞核。

从 20 世纪 80 年代开始显示 HPV 与癌症之间的第一次关联,HPV 研究增加了我们对几种癌症的潜在机制的理解。

HPV 在宫颈癌形成的发病机制中起着重要作用,尽管生殖道 HPV 感染很常见,但只有少数感染的女性患有宫颈癌,表明仅 HPV 感染不足以促进宫颈癌形成。已经被广泛接受的是,持续的 HPV 感染导致其整合,使肿瘤抑制基因 pRb 和 p53 失活,并导致宫颈细胞中多种基因突变的积累,以及细胞癌基因的活化。然而,诱导多基因突变和整合的确切机制仍然未知。

目前 HPV 研究的一个主要焦点是防止病毒进入细胞并将其遗传物质转移到细胞核,从而潜在地预防癌症的发展。虽然现有的 HPV 疫苗非常成功,但已发现大约 15 种其他致癌 HPV 疫苗已无法预防。因此,目前的疫苗每年阻止不了大约 150 000 例癌症病例。

有研究者利用免疫组织化学证明 A3G 蛋白在子宫颈 CIN 病变中表达。随着 CIN 病变的进展阶段,A3G 表达增强。这些发现表明,在连续 HPV 感染期间,CIN 病变诱导了 A3G 表达,并支持先前的假设,即 A3 参与 HPV 感染诱导的恶性交替过程,诱导宫颈癌细胞中的基因突变。有趣的是,许多 A3G 阳性 T 细胞浸润在 CIN 病变周围。尽管在该研究中未提供确切的证据,但是 A3G 阳性 T 细胞是在 CIN 细胞中诱导 HPV 感染的鳞状细胞上的 A3G 表达的候选者。

也有研究者利用热疗增加抗病毒细胞因子 A3A 和 A3G 的表达,并诱导人乳头瘤病毒宫颈细胞系和生殖器疣中的 G→A 或 C→T 突变。热处理的这种意想不到的效果与一部分患者的生殖器疣的消退相关,表明这种效应可能部分地由抗病毒和免疫机制介导。虽然热疗在治疗疣(包括生殖器疣)方面没有像冷冻疗法那样广泛使用,但值得注意的是,体温过高似乎具有优势,因为它不具有破坏性,相反,它似乎刺激了抗病毒和免疫途径。尚不清楚的是,A3A 和 A3G 表达是否不仅有助于编辑 HPV 并限制其复制,还有助于增加针对该病毒的免疫应答。与冷冻疗法相比,热疗可以使病毒暴露于免疫反应,甚至可以预防复发,这种效果与用于治疗生殖器疣时的咪喹莫特类似。

5.6.3.5 A3G 抑制 EV71

肠道病毒 71(EV71)是小核糖核酸病毒科的肠道病毒 A 物种的成员,引起手足口病(HFMD),这已成为引起社会恐慌的严重公共卫生问题。因此,进一步了解 EV71 的发病机理对于治疗和预防 HFMD 尤其重要。EV71 能够通过其非结构蛋白(1-3)抑制先天免疫相关因子,如 I 型干扰素(IFN-I)。

EV71 于 1969 年在加利福尼亚首次被发现,是一种单链正 RNA 病毒,具有约 7 410 个核苷酸,单个开放阅读框(ORF),侧翼为 5′ 和 3′ UTR 的蛋白质。微小 RNA 病毒 RNA 翻译由位于 5′UTR 中的内部核糖体进入位点(IRES)元件驱动。以前的研究表明,宿主蛋白如 hnRNP A1、hnRNP K 和多聚(C)结合蛋白 1(PCBP1),可以与小核糖核酸病毒的 5′UTR 相互作用,促进病毒蛋白翻译和病毒复制。PCBP1 可分为三个基因组区域(P1、P2 和 P3)。P1 区编码衣壳,其包含四种结构蛋白 VP1、VP2、VP3 和 VP4。P2 和 P3 区编码非结构蛋白,包括 2A、2B、2C、3A、3B、3C 和 3D。

A3G 具有广谱抗病毒活性,但 A3G 是否抑制 EV71 至今尚不清楚。有研究者证明 A3G 可以抑制 EV71 病毒的复制。在 H9 细胞中沉默 A3G 增强了 EV71 复制,并且在表达 A3G 的 H9 细胞中 EV71 复制低于没有 A3G 表达的 Jurkat 细胞,表明 EV71 抑制是 A3G 特异性的。进一步的研究表明,A3G 通过其核酸结合活性竞争性结合 5′UTR,从而抑制 EV71 的 5′UTR 活性。这种结合损害了 5′UTR 与宿主蛋白聚(C)结合蛋白 1(PCBP1)之间的相互作用,这却是合成 EV71 病毒蛋白和 RNA 所必需的。另一方面,这些研究者也发现 EV71 通过其非结构蛋白 2C 克服了 A3G 抑制,其通过自噬-溶酶体途径诱导 A3G 降解。

5.6.3.6 A3G 干扰麻疹病毒

麻疹病毒(MV)是麻疹病毒属,副黏病毒亚科(*Paramyxovirinae*)和副黏病毒科(*Paramyxoviridae*)的原型成员。MV 是一种包膜病毒,具有单链、非节段负义 RNA 基因组,并且仅在新世界和旧世界的非人灵长类动物(NHP)和人类中引起疾病。MV 具有高度传染性,通过呼吸途径传播,一旦吸入病毒并感染原发性靶细胞,就会发生全身扩散,并在 9～19 天后出现临床症状。由于免疫系统清除病毒感染的细胞,MV 感染通常是自限性的,恢复之后是对麻疹的终身免疫力。在极少数情况下,可能会出现严重的麻疹相关中枢神经系统(CNS)并发症:急性播散性脑脊髓炎(ADEM)、麻疹包涵体脑炎(MIBE)或亚急性硬化性全脑炎(SSPE)。相反,MV 感染也会导致短暂的免疫抑制,可能在感染后持续超过两年,导致机会性感染和死亡风险增加。世界卫生组织(WHO)估计,2014 年约有 114 900 人死于麻疹并导致后遗症,其中大部分是 5 岁以下儿童。

有研究者发现 Vero 细胞中 A3G 的异位表达抑制了 MV、呼吸道合胞病毒和腮腺炎病毒,而抑制机制仍不清楚。微阵列分析显示,在 A3G 转导的 Vero 细胞中,几种细胞转录物差异表达,表明 A3G 调节宿主因子的表达。最上调的宿主细胞因子之一是 REDD1(也称为 DDIT4),其在 Vero 细胞中过表达后,MV 复制减少约 10 倍。REDD1 是 mTORC1(哺乳动物雷帕霉素复合物-1 的靶标)的内源性抑制剂,是细胞代谢的中枢调节剂。值得注意的是,雷帕霉素类似于 REDD1 过表达降低了 MV 复制,而两者的组合没有导致进一步的抑制,表明相同的途径受到影响。表达 A3G 的 Vero 细胞中的 REDD1 沉默消除了 A3G 的抑制作用。此外,A3G 的沉默导致 REDD1 表达减少,证实其表达受 A3G 调节。在原代人外周血淋巴细胞(PBL)中,发现 A3G 和 REDD1 的表达受植物血凝素(PHA)和白细胞介素-2 的刺激。小干扰 RNA(siRNA)介导的 PHA 刺激 PBL 中 A3G 的消耗,减少了 REDD1 的表达并增加了病毒滴度,这证实了在 Vero 细胞中的发现。REDD1 的沉默也增加了病毒滴度,证实了 REDD1 的抗病毒作用。雷帕霉素在 PHA 刺激的 PBL 中对 mTORC1 的药理学抑制使病毒复制降低至未刺激的淋巴细胞中发现的水平,表明作为前病毒宿主因子 mTORC1 活性支持 MV 复制。

REDD1 以前被认为是一种抗病毒宿主防御因子,与 RNA 病毒的化学抑制有关,包括流感病毒和水疱性口炎病毒,并且已经证实 mTORC1 参与病毒复制和蛋白质表达。mTORC1 是一种丝氨酸/苏氨酸激酶,其活性状态位于溶酶体膜的细胞质侧,通过整合来自营养素、能量和控制细胞生长以及蛋白质合成的氧的信号来调节细胞稳态。mTORC 已被确定为控制 HIV 潜伏期的因子,mTORC 抑制剂可抑制 HIV 转录。最近发现流感病毒激活 mTORC1 和 mTORC2 信号传导和 AKT 磷酸化,以便在感染后期使其复制最大化。

5.6.3.7 A3G 抑制冠状病毒

除了在病毒 RNA 包装中发挥关键作用外,核衣壳(NC)还包含负责 Gag-Gag

相互作用的 I 结构域。有研究显示具有自缔合能力的异源多肽在取代 HIV-1NC 时可产生有效的嵌合病毒样颗粒(VLP)。然而,用不包裹 RNA 的亮氨酸-拉链基序取代 NC 取消了 hA3G 包装却不明显影响 HIV-1 病毒粒子的产生,表明 RNA 参与 hA3G 进入病毒粒子。这与 hA3G 病毒掺入或 Gag-hA3G 相互作用所需的 RNA 一致。有研究者证明含有严重急性呼吸综合征冠状病毒核衣壳(SARS-CoV N)编码序列的 HIV-1 Gag 突变体作为 NC 替代物可以有效地组装 VLP。虽然完全不相关,但 SARS-CoV N 蛋白与 HIV-1 NC 类似,因为它含有蛋白质-蛋白质相互作用结构域并在病毒 RNA 包装中起作用。

这些研究者利用 SARS-CoV 核衣壳(N)残基 2-213、215-421 或 234-421 替换 HIV-1 核衣壳(NC)结构域导致高效的与野生型 HIV-1 水平相当的 VLP 产生。在这项研究中,研究者证明这些嵌合体能够包装大量的人 A3G(hA3G),以及含有人类冠状病毒 229E(HCoV-229E)蛋白的羧基末端一半的 HIV-1 Gag 嵌合体作为 NC 的替代品能够指导 VLP 组装并有效包装 hA3G。当与 SARS-CoV N 和 M(膜)蛋白共表达时,hA3G 被有效地掺入 SARS-CoV VLP 中。来自 GST 下拉实验分析的数据表明,参与 N-hA3G 相互作用的 N 序列位于残基 86~302。同 HIV-1 NC 一样,与 hA3G 相关的 SARS-CoV 或 HCoV-229E N 取决于是否存在 RNA,即是否具有 hA3G 包装成 HIV-1 和 SARS-CoV VLP 所必需的第一个接头区域。hA3G 能够通过潜在的常见 RNA 介导机制与不同种类的病毒结构蛋白结合。

5.6.3.8 A3G 抑制逆转座

逆转座子约构成人类基因组的 42%,并且这些元件被分类为非 LTR 和 LTR 类。LTR 逆转录病毒包括内源性逆转录病毒(ERVs),约占人类基因组的 8%。非 LTR 逆转座子被细分为长散布元件(LINE)和短散布元件(SINE),其代表是 L1 和 Alu,分别约占人类基因组的 17% 和 11%。

人类内源性逆转录病毒(HERVs)被认为是感染生殖细胞的古老外源性逆转录病毒的残余物。现代人类基因组中有超过 98 000 个 HERV 序列;然而,尽管最近有扩增事件,但到目前为止还没有报道过活跃的 HERV。大多数 HERV 序列显示出多个有害突变和/或主要缺失,有时产生单独的 LTR。值得注意的是,大多数 HERV 序列在人类和其他灵长类动物之间是常见的。

L1 元件具有两个 ORF,即 ORF1 和 ORF2,ORF1 编码 RNA 结合蛋白,ORF2 编码内切核酸酶样蛋白和逆转录酶样蛋白。翻译后,这些蛋白质与 L1 RNA 结合形成核糖核蛋白颗粒,进入细胞核,通过靶标引发的逆转录整合到基因组中。与 L1 不同,Alu 元件不编码逆转录酶或内切核酸酶,相反,转录的 Alu RNAs 劫持了 L1 编码的酶,通过尚不清楚的机制移动到基因组中的新位置。重要的是,L1 和 Alu 的逆转录不仅发生在生殖细胞中,引起几种遗传疾病,还发生在体细胞,如脑组织、恶性组织和细胞,例如 B 细胞、淋巴瘤细胞、乳腺癌组织、结肠癌组织和肝细胞癌组织。这些事实表明,内在保护系统应该适当地起作用以抑制正常体细胞中的这些类型的逆转录。

已有研究证明,作为抗逆转录病毒限制因子的人 A3(hA3)蛋白差异性地抑制 L1 逆转录。hA3 成员也限制 Alu 逆转录转座,其差异水平与之前观察到的 L1 抑制相关。通过基于 hA3G 的缺失分析发现 hA3G N 末端 30 个氨基酸是其对 Alu 逆转录抑制活性所必需的。hA3G 对 Alu 逆转录的抑制作用与其寡聚化有关,该寡聚化受其 N 末端 30 个氨基酸缺失的影响。通过结构模拟,预测 hA3G 的氨基酸 24~28 位于二聚体的界面。这些残基的突变导致 hA3G 寡聚化被消除,并且一致地消除了 hA3G 对 Alu 逆转录转座的抑制活性。重要的是,hA3G 的抗 L1 活性也与 hA3G 寡聚化有关。这些结果表明 hA3G 对 Alu 和 L1 逆转录的抑制活性可能涉及一种共同的机制。因为 Alu 元件不编码功能性逆转录酶或内切核酸酶,因此,Alu 需要通过目前尚不清楚的机制劫持 L1 编码的酶促机制进行逆转录。有趣的推测是 hA3G 可能物理阻断 Alu 和 L1 逆转录因子,因为 hA3G 本质上是一种 RNA 结合蛋白,可以非特异性地与来自 Alu 逆转座的胞内 RNA 结合,或者因为这种蛋白质可能直接与 L1 ORF2 蛋白相互作用。两种情况都可能导致 Alu 逆转录的有效抑制,并且都取决于 hA3G 形成寡聚体的能力。在前一种情况下,Alu RNA 本身可能有助于稳定 hA3G 寡聚体。

5.6.4 A3G 的抗病毒机制

5.6.4.1 脱氨酶依赖的抗病毒机制

A3G 脱氨酶活性对于其抗病毒功能和限制 vif 缺陷的 HIV-1 复制是至关重要的。一项实验统计结果显示,A3G 99.3% 的抗病毒作用依赖于其脱氨酶活性。许多报道一致支持可能的脱氨酶依赖性机制,其中大量 A3G 介导的病毒逆转录物中的超突变导致致死突变,终止子代病毒的产生和随后的病毒繁殖。此机制先前已被描述为错误突变机制。在病毒基因组中引入的突变达到某个阈值,导致序列多样化,从而能够适应环境变化。相反,由诱变剂引起的大量突变导致病毒复制失败,称为错误灾难。A3G 在 *vif* 缺陷型 HIV-1 的 vDNA 中过度地将 dC 转化为 dU,从而导致病毒整合基因组中的 G→A 超突变。这些突变包括将色氨酸密码子取代为框内的过早终止密码子和/或引入对病毒复制失败的氨基酸变化。A3G 可能阻碍功能性病毒蛋白表达和后代病毒的产生。最近的一项研究表明,在反式激活反应(TAR)元件中引入 C→U 突变,这是 HIV-1 转录延伸的关键调节因子,导致病毒基因表达的早期阻断。

在感染患者的原病毒基因组中也检测到 A3G 诱导的阻断病毒复制的 G→A

超突变,可能是因为 Vif 的天然突变体不能完全中和 A3G 和其他 A3 家族蛋白。具有低至不可检测的血浆 HIV-1 RNA 水平的个体,被称为"精英控制者",具有频繁的 G→A 超突变。因此,A3G 也可能参与体内缺陷病毒的产生。然而,Vif 对 A3 家族蛋白的不完全中和可能导致体内序列多样化。

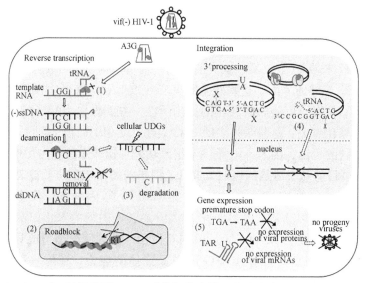

图 5 - 13 A3G 在 *vif* 缺陷型 HIV-1 感染细胞中的可能抗病毒机制(Okada A 等,2016)

(1) A3G 干扰 tRNA 引物的退火以进行逆转录。(2) A3G 通过与 RNA 和/或 ssDNA 模板结合而物理阻断逆转录延伸,称为"障碍"机制。A3G 寡聚化与该作用的效率密切相关。(3) A3G 诱导的 C→U 突变通过细胞尿嘧啶 DNA 糖基化酶(UNG1 等)触发逆转录物的降解。A3G 与 HIV-1 整合酶的直接相互作用阻断了具有复制能力的整合前 DNA 复合物的形成。(4) A3G 降低了 tRNA 引物去除的效率和特异性,从而产生了用于链转移和整合的较弱的底物。(5) 病毒(一)ssDNA 中的 dC→dU 转换导致后代病毒基因组中的 G→A 超突变,从而导致病毒复制失败,称为"错误灾难"。部分 dC→dU 突变式激活反应(TAR)元件导致 HIV-1 转录的早期阻断。

与催化失活的 A3G 相比,A3G 在感染早期阶段减少了逆转录物的拷贝数。此外,在将 A3G 鉴定为与 Vif 相关的细胞因子之前,当病毒由非允许细胞系产生时,新感染细胞中 *vif* 缺陷型 HIV-1 的逆转录产物水平降低。因此,最初提出 A3G 诱导的新生逆转录本中的 C→U 突变可能通过细胞尿嘧啶 DNA 糖基化酶(UDG)(例如核 UNG2 和 SMUG1)引发逆转录产物的降解。UDG 介导的从逆转录产物中去除尿嘧啶碱基可能导致脱嘌呤/脱嘧啶核酸内切酶在无碱基位点消化 DNA 产物。另一项研究表明,A3G 的抗病毒活性部分受到 UNG2 抑制剂(Ugi)和病毒生成细胞中 UNG2 特异性 siRNA 的影响,但不受靶细胞影响。然而,其他研究表明，UNG2 和 SMUG1 对于 A3G 的抗病毒活性是不必要的：UDG 表达不会改变 A3G 介导的抗病毒活性。

在来自 *ung2*$^{-/-}$ 患者和 SMUG1 缺陷型禽细胞系的 Epstein-Barr 病毒转化的 B 细胞系中观察到 A3G 活性，不管有或没有外源性 Ugi 表达。又有研究表明，在感染含有高水平 dUTP 的人类细胞期间，尿嘧啶 vDNA 参与其染色体整合。尿嘧啶化的 vDNA 保护它免于自动整合，这促进染色体整合和病毒复制。相反，也有研究表明由于它们在细胞核中的 UNG2 依赖性降解，单核细胞衍生的巨噬细胞中而不是 T 淋巴细胞中的高度无尿嘧啶化的 vDNA 不能有效整合到染色体 DNA 中。这些数据表明在 HIV-1 感染期间，细胞质和细胞核之间的尿嘧啶化 vDNA 的命运不同。此外，由于已经在多种细胞类型中观察到脱氨酶依赖性抗病毒机制，未鉴定的细胞因子可能决定含有 A3G 诱导的尿嘧啶的 vDNA 的命运。因此，需要进一步的研究来确定除了 UNG2 和 SMUG1 之外的其他细胞尿嘧啶 DNA 修复酶是否参与新生逆转录产物的降解。

在 HIV-1 感染后，病毒逆转录酶（RT）将退火的 tRNA^{Lys3} 延伸至基因组 RNA 的引物结合位点（PBS）。RT 的 RNase-H 活性降解与逆转录相伴的基因组 RNA 模板。负链强终止 DNA[（−）SSDNA]是第一个 ssDNA 复制中间体，其携带序列负责在转移至病毒 RNA 的 3′ 末端后继续延伸。（−）SSDNA 编码的反式激活反应（TAR）元件由短茎环 RNA 结构组成，这是病毒转录延伸所必需的。HIV-1 原病毒的转录起始于原病毒的长末端重复序列（LTR）中的重复（R）区域。A3G 对 cDNA 转录本的脱氨基因仅通过插入非所需的终止密码子或通过编码非功能性蛋白质来阻碍翻译蛋白质的功能。这可能是对宿主免疫系统有益，可以激活 HIV-1 特异性（HS）CD8＋细胞毒性 T 淋巴细胞（CTL）。A3G 抑制病毒 RNA 的延长、阻止复制，导致病毒生产减少。考虑到 A3G 对 HIV-1 复制产生的先天免疫力的标志，病毒转录的抑制减少了细胞产生的病毒基因组的总数，因此可以防止产生适应各种环境条件的突变病毒。

有研究者证明 A3G 引发了另外的抗 HIV-1 防御，其抑制病毒转录延伸。cDNA（hs-2）中 C 向 U 的转换在顶端 TAR 环中引导 G 至 A 置换，导致病毒 RNA 转录产物延伸受阻。TAR RNA 由高度稳定的抗核酸酶的茎环结构组成。使 TAR-RNA 结构不稳定的突变消除了病毒转录产物延伸中的 Tat 功能。顶端 TAR 的完整性对于病毒 RNA 转录延伸是至关重要的，因为几种细胞"TAR 环因子"，即 CDK9 和 CycT1，它们是 P-TEFb 的组分，与 Tat 蛋白形成复合物，与保守的 TAR 茎突起结合。已经通过替换三个鸟苷和构成 TARloop 39 的其他三个残基中的每一个来证明 TAR 环完整性的必要性。由 A3G 脱氨作用产生的 G→A 转化足以阻碍 TAR 功能。这种机制可能使感染细胞流产，因为这种细胞含有原病毒但不表达病毒。

5.6.4.2 非脱氨酶依赖的抗病毒机制

尽管最初认为 A3G 介导的脱氨作用是针对缺乏 vif 缺陷的 HIV-1 的抗病毒功能的唯一机制,但随后的研究已经证明其他机制也参与抑制病毒复制。此外,脱氨酶活性缺陷的 A3G 突变体在一定程度上阻断了 HIV-1、小鼠乳腺肿瘤病毒 MMTV 和鼠白血病病毒 MLV 的复制,因此就非脱氨酶依赖性机制而言,抗病毒活性具有广泛的特异性。

最初,有研究者表明 A3G 可能以不同于 A3G 介导的脱氨作用的方式干扰病毒逆转录中 tRNA^{Lys3} 引物的位置。然而,在其他研究中未观察到这种引物退火的抑制。相反,已经有研究通过使用体外和体内系统证实了对 HIV-1 RT 延伸的抑制。有人提出抑制作用反映了 A3G 的以下独特生化特征:① A3G 蛋白显示出与单链多核苷酸特异性结合的高亲和力,如 ssDNA 和 RNA;② 与 RT 相比,A3G 对多核苷酸表现出显著更高的结合亲和力,尽管 A3G 对 ssDNA 的结合亲和力与 NC 相似或略低;③ A3G 在 ssDNA 或 RNA 存在下以剂量依赖性方式介导同源寡聚化,而 A3G 在缺乏这些多核苷酸的情况下形成单体、二聚体和四聚体;④ A3G 最初以快速开关速率结合 ssDNA,随后在同源寡聚化后转变为慢解离模式。因此,A3G 可能通过与 ssDNA 或 RNA 模板紧密结合而抑制逆转录,从而形成物理阻碍病毒 DNA 合成的障碍。这种非脱氨酶依赖性机制可能增加 ssDNA 对 A3G 脱氨作用的可用性,从而导致脱氨酶依赖性和非脱氨酶依赖性机制之间的协同作用。

还有研究者观察到 A3G 介导的对正链 DNA 转移和整合的抑制。A3G 降低了逆转录过程中 tRNA 加工和去除的效率和特异性,产生异常的病毒 DNA 末端缺陷,从而实现有效的正链转移和整合。有趣的是,据报道,A3F 对病毒 DNA 整合具有抑制作用,尽管其机制不同于 A3G;A3F 通过与前病毒 DNA 末端双链 DNA 的结合来阻止整合。

5.6.5 A3G 与肿瘤研究

越来越多的研究表明,CD4+T 细胞具有将自身变为 Th1、Th2、Treg 和 Th17 等亚群来重塑其功能的能力,从而影响调节性 T 细胞和效应 T 细胞之间的平衡。这种 T 细胞可塑性已被广泛认为受 NF-κB 和 Kruppel 样转录因子特别是 KLF4 的支配。NF-κB 具有诱导 IL-6 表达的能力,IL-6 调节 Th17 细胞和调节性 T 细胞(Treg)之间的协调平衡。研究表明,KLF4 在产生 IL-17 的 CD4+T 细胞亚群的发育中起重要作用。虽然 A3G 在逆转病毒感染中起着至关重要的防御作用,但它也通过影响参与 T 细胞可塑性的各种基因如 KLF4、SP1、p53 等在癌症中发挥作用。

A3G 基因的致癌潜力最近得到了发现,该发现揭示了 A3G 对微 RNA 介导的负责肝转移的基因的抑制作用。有研究认为持续的 A3G 表达是不同组织来源的各种癌细胞表现出的典型性状,A3G 通过与其 mRNA 结合抑制编码肿瘤抑制因子 KLF4 的细胞基因。这种现象与细胞 SP1 的持续表达平行,后者确保编码 c-Myc、Bmi-1、BCL-2 和 MDM2 的基因的过表达与肿瘤抑制因子 p53 的下调相结合,从而为致癌转化创造了有利的环境。

细胞处理 P 小体在肿瘤发生中起重要作用,因为发现 mRNA 监测以及 miRNA 介导的翻译抑制仅限于这些 P 小体。RNA 结合蛋白(RBPs)和非编码 RNA(主要是 miRNA)参与转录后基因表达,从而通过调节 RNA 加工、RNA 转运、RNA 稳定性等细胞过程来控制给定细胞蛋白质组的质量、数量和寿命。此外,通过与非翻译区(UTRs)上的顺式或反式调节元件结合,RBPs 控制其靶 mRNA 的基因表达。现已发现 A3G 位于这些 P 小体中,而且 A3G 与调节细胞 RNA 代谢的许多蛋白质相互作用。虽然,A3G 因其内在的胞苷脱氨酶活性而提供针对外源病毒尤其是 HIV-1 的先天抗病毒防御从而被广泛认可,但最近的研究结果表明,A3G 可以促进或抵消 miRNA 介导的翻译抑制。A3G 结合 RNA 结合蛋白可能与 mRNA 的 3′UTR 上的 miRNA 结合位点竞争。通过靶向 KLF4 mRNA 的 3′UTR 和 A3G mRNA 的 5′UTR,miR-2909 具有下调编码肿瘤抑制因子 KLF4 和 A3G 的基因的能力。有研究明确表明 A3G 结合肿瘤抑制因子 KLF4 mRNA 中的特定序列并导致其在细胞内的反式阻抑。KLF4 下调确保人体细胞中 SP1 的持续表达,导致代谢转换,有利于致癌转化,这是由于编码 c-Myc、Bmi-1、BCL-2 的基因上调以及编码 p53 基因的下调。

病毒感染涉及癌症的发生和发展。目前,许多癌症与病毒感染有关,例如,EBV 与胃癌有关,HBV 和 HCV 与肝癌和胰腺癌有关,HBV 与胆管癌有关,HPV 和人内源性逆转录病毒(HERVs)与结直肠癌有关。在被 DNA 肿瘤病毒如 HPV、HBV 和 EBV 感染后,将病毒基因组整合到宿主 DNA 中,导致细胞转化。相反,RNA 肿瘤病毒,也称为逆转录病毒,具有促进病毒蛋白转录的启动子或增强子。这些启动子和增强子可以在逆转录后插入到宿主 DNA 附近的癌基因中并诱导癌基因的激活和过度表达,并且还可以导致细胞转化。APOBEC 家族蛋白是限制逆转录病毒感染的关键限制因子,由于它们的胞嘧啶脱氨酶活性,这些蛋白质可以在病毒 DNA 的负链中引起 C→U 的超突变,从而限制病毒复制能力。然而,除了它们的抗病毒能力外,APOBEC 家族蛋白在结肠癌转移中也起着重要作用。最近发现 APOBEC 家族蛋白在胰腺癌细胞的抗失巢凋亡抗性中也有参与。

5.6.5.1 A3G 与胰腺癌

胰腺癌是癌症相关死亡的常见原因,5 年生存率仅为 $1\% \sim 4\%$。胰腺癌预后不良与其早期转移和胰腺癌起始细胞对治疗的抵抗有关。失巢凋亡抗性是癌症发展的早期分子事件,在转移过程中起重要作用。失巢凋亡是由细胞从细胞外基质和其他细胞脱离诱导的一种特殊形式的细胞凋亡,在组织稳态、疾病发展和肿瘤转移中起重要作用。多种分子机制可诱导失巢凋亡,但磷脂酰肌醇-3 激酶(PI3K)/Akt 途径的激活是失巢凋亡抑制的最常见途径。起始于肿瘤内的细胞是胰腺癌增殖、转移、复发和耐药性的起源。这些起始细胞也对失巢凋亡具有很强的抵抗力。Wnt、Notch 和 Hedgehog 信号通路调节胰腺癌起始细胞的干细胞表征。然而,经典的 Wnt、Notch 和 Hedgehog 途径不参与失巢凋亡抗性。

失巢凋亡是一种特殊形式的程序性细胞死亡,是一种自我防御机制,可以帮助有机体消除分离的细胞,然后获得不依赖于锚定的生存,这是癌细胞的特异性标记。失巢凋亡抗性可能导致贴壁细胞在分离的悬浮状态下生长,在异常位置异常增殖。癌细胞通过几种机制获得失巢凋亡抗性,包括生长因子、整合素、上皮-间质转化(EMT)激活等。失巢凋亡可导致癌细胞向周围组织的扩张和侵袭,最终导致转移。大多数胰腺癌在转移阶段被诊断出来。因此,失巢凋亡抗性可能是胰腺癌的重要早期特征。之前有研究者发现 A3G 可通过抑制 miR-29 介导的结直肠癌原位小鼠模型中 MMP2 的抑制来促进肝转移。

也有研究者发现,A3G 可以诱导胰腺癌的失巢凋亡,这可能是一种允许胰腺癌转移的新机制。Akt,也称为蛋白激酶 B(PKB),是一种丝氨酸/苏氨酸激酶,可诱导多种转录因子的磷酸化,抑制凋亡基因的表达,增强抗凋亡基因的表达,从而促进细胞存活。磷脂酰肌醇 3-激酶(PI3K)活化可产生磷脂酰肌醇-4,5-二磷酸(PIP2)和磷脂酰肌醇-3,4,5-三磷酸(PIP3)。PIP3 通过 Akt 激活下游信号传导,Akt 在细胞生长和存活中起关键作用。Akt 通过多种机制促进细胞存活,其中一种机制是通过磷酸化促凋亡蛋白 Bad 来阻止细胞色素 C 的释放,从而抑制细胞凋亡。Akt 可以通过 IκB 激酶(IKK)的磷酸化诱导 NF-κB 抑制剂 IκB 的降解,从而导致 NF-κB 从细胞质转移到细胞核并导致促进细胞存活的靶基因的激活,但是荧光素酶活性测定的结果证明 NF-κB 不被 A3G 激活。但过度表达 A3G 可激活 Akt 通路并上调抗凋亡蛋白。事实上,Akt 活化不会直接诱导抗凋亡蛋白 Bcl-2 和 Mcl-1 的上调。Akt 活化增加 Bad Ser136 的磷酸化,其参与抗失巢凋亡抗性。然而,通过 Akt 的失活可以抑制失巢凋亡抗性,表明 Akt 途径在过表达 A3G 的胰腺癌细胞的失巢凋亡抗性中起更重要的作用。

PTEN 是 Akt 途径中的重要抑制剂,是由 403 个氨基酸组成的多肽,由 N 末端磷酸酶张力蛋白型结构域、C2 张力蛋白型结构域和 C 末端 PDZ 结合结构域组成。有研究表明,A3G 与 PTEN 的相互作用需要 PTEN 的 C2 张力蛋白型和 PDZ 结构域以及 A3G 的 CD2 结构域。与通过激活 Akt5 诱导失巢凋亡抗性的蛋白质 TrkB 的机制一致,A3G 通过胰腺癌中的 Akt 活化抑制失巢凋亡。Akt 的持续激活可以通过下游靶蛋白的磷酸化来预防 PTEN 介导的细胞凋亡。PTEN 通过

PIP3 去磷酸化抑制 Akt 的活性进入 PIP2,PTEN 缺失可能是失巢凋亡抗性的重要机制。

总之,病毒诱导 A3G 在胰腺癌中上调并促进体内肿瘤形成,通过 PTEN 的失活激活 Akt 通路,导致胰腺癌细胞的失巢凋亡,表明 A3G 增强胰腺癌细胞的恶性行为,这可能是一种新的机制。

5.6.5.2 A3G 与胶质母细胞瘤

胶质母细胞瘤(GBM)是中枢神经系统最常见的原发性恶性肿瘤,也是最具攻击性的,预后不良。尽管标准治疗包括切除术,伴随放疗加替莫唑胺和替莫唑胺辅助化疗,但 GBM 患者的中位生存时间不到 2 年,很少有患者存活超过 5 年。癌症基因组图谱(TCGA)将 GBM 分为四种亚型:经典、间充质、神经和前列腺。许多转录因子,包括 C/EBP-β(CCAAT-增强子结合蛋白-β)、STAT3(信号转导和转录激活因子 3)和转录共激活因子 TAZ(具有 PDZ 结合基序的转录共激活因子),已被确定为 GBM 间充质表型的重要调节因子。

转化生长因子-β(TGFβ)在组织稳态和癌症中起关键作用,TGFβ 活性升高与高级别胶质瘤的临床预后不良有关。TGFβ 可促进上皮癌中的上皮-间质转化,从而增强这些细胞的迁移和侵袭能力。TGFβ 在 GBM 的间充质亚型中高度活化,但 A3G 是否与 TGFβ 具有串扰仍有待阐明。A3G 已被证明可通过促进 DNA 修复来增强淋巴瘤细胞的放射抗性。由于放射治疗是 GBM 治疗的主干之一,因此 A3G 能否促进 GBM 的放射抗性具有临床意义。辐射(IR)主要通过诱导 DNA 双链断裂(DSB)引起细胞死亡,其激活 DNA 修复途径。检查点激酶 2(Chek2,Chk2)是细胞对 DNA 损伤反应的重要信号转导。Chk2 的激活,特别是当它在苏氨酸 68 处被磷酸化时,可启动多步动态过程来修复 DNA 损伤。有研究者筛选了启动细胞 GICs 和 TCGA 数据发现 A3G 在间充质 GBM 中高表达,与 GBM 患者的存活时间显著减少有关,显示 A3G 是 GBM 中的肿瘤促进因子。所以,由 A3G 调节的 TGFβ 信号通路与 GBM 中增强的肿瘤侵袭相关,通过靶向 A3G 减弱 DNA 修复途径的激活使 GBM 细胞系对 IR 敏感。

5.6.5.3 A3G 与卵巢癌

卵巢癌是肿瘤微环境中包括促/抗肿瘤免疫和炎症的高度复杂的异质性恶性肿瘤,通常被视为单一疾病。最常见的卵巢癌类型——高级别浆液性卵巢癌(HGSOC)占病例的 60% 以上,是最具侵袭性的生殖道恶性肿瘤。由于缺乏有效的检测方法,HGSOC 发现时通常处于晚期阶段,并且与高复发率和死亡率相关。值得注意的是,一些研究已经确定 T 细胞浸润是 HGSOC 的有利预后因素。有研究通过 RT-qPCR 对 354 名 HGSOC 患者进行分析发现 A3G 作为肿瘤浸润性 T 淋巴细胞的新候选生物标志物,有利于 HGSOC 的预后。

5.6.5.4　A3G 与淋巴瘤

电离辐射(IR)和大多数抗癌剂对肿瘤细胞造成有害的 DNA 损伤,主要是 DNA 双链断裂(DSB)和共价 DNA 交联。DNA DSB 是高度遗传毒性的病变,构成最具破坏性的 DNA 损伤形式。基于非同源末端连接(NHEJ)或同源定向修复(HDR),细胞使用复杂的机制来修复基因组 DSB。相反,抗辐射是一个基本障碍,限制了放射治疗的有效性。最近的数据强烈暗示暴露于低剂量辐射(LDIR)可激活特定蛋白质,从而增加细胞对后续 IR 损伤的耐受性。几种类型的癌细胞,例如淋巴瘤和骨髓瘤细胞中的弥漫性大 B 细胞淋巴瘤(DLBCL),显示出由 IR 或化学疗法诱导的基因组 DSB 的有效修复,以及在这些治疗后增强的细胞存活。有研究者证明 A3G 在 DLBCL 细胞系(Ly-4)以及其他淋巴瘤细胞系中广泛表达,例如 H9 细胞,但不在白血病细胞中表达。与 DSB 修复中的直接作用一致,抑制 A3G 表达或其脱氨酶活性导致 DSB 修复减少,而在 A3G 缺陷的白血病细胞中重构 A3G 表达增强 DSB 修复。A3G 蛋白在促进体内癌细胞存活方面可能发挥双重作用,首先,通过基因毒性治疗或自发性休息后增强 DSB 修复,从而防止细胞死亡;其次,通过促进突变表型来推动肿瘤的发展。因此,抑制 A3G 活性可能潜在地抑制突变的逐渐积累,这是表征癌症表型的潜在过程之一,从而增加细胞对基因毒物的敏感性。因此,当与抗 A3G 抑制剂组合时,可以有效地用基因毒物例如 IR 或化学治疗剂补充治疗淋巴瘤。

5.6.5.5　A3G 与肺癌

肺癌是世界上最常见的恶性肿瘤和死亡的主要原因,其中吸烟是导致该癌症发展的主要风险因素。众所周知,肺癌根据性别显示出不同的临床特征和结果模式。女性对香烟烟雾引起的 DNA 损伤的易感性较高,肺癌风险增加,包括较高水平的 DNA 加合物和较高的 KRASG12C 突变频率。此外,女性患者倾向于在较年轻和较晚期阶段出现肺癌;然而,女性的预后比男性好。由于对 DNA 损伤的易感性不同,有研究小组根据性别评估了基因表达的性别和参与 DNA 修复的基因的突变状态之间的差异,但是没有观察到差异。相反,在全球评估中,一些基因组在女性中差异富集,包括免疫基因组。这些结果表明免疫基因集的不同活性,无论肿瘤中的免疫细胞组成如何。A3G 和 A3F 等基因似乎在非小细胞肺癌(NSCLC)的免疫应答中起重要作用,而 CCL5(一种在其他恶性肿瘤中广泛研究的基因)、CD1D、LAT、TRAT1 和 IL32 等的过量表达提示了不同的调节活性。

5.6.5.6　A3G 与肝细胞癌

有研究者在肝切除术期间收集了来自肝细胞癌(HCC)患者的 44 个乙型肝炎病毒表面抗原阳性 HBsAg(＋)肿瘤和非肿瘤肝细胞组织,并使用实时 PCR 定量了 A3G mRNA。结果显示非肿瘤组织中 A3G mRNA 的表达高于 HBsAg(＋)HCC 患者肿瘤组织。为了进一步研究,这些研究者构建了 pLV-A3G 载体并将其转染到人 HCC 细胞系 Hep 3B 中。免疫荧光分析的结果显示 A3G 在细胞质中的过表达,通过使用细胞活力测定(MTS 测定)评估 A3G 细胞毒性,其结果显示分别转染 pLV 和 pLV-A3G 后 Hep 3B 细胞存活率为 88% 和 58%,表明了 A3G 在 Hep 3B 细胞上的生长抑制作用。研究者的结果表明 A3G 抑制 Hep 3B 细胞的伤口愈合,即 A3G 抑制人肝癌细胞的生长。

5.6.5.7 A3G 与结肠直肠癌

结肠直肠癌是美国癌症死亡的常见原因。转移是一系列复杂的步骤,其中就有癌细胞离开原始肿瘤部位并迁移到远处器官。继淋巴结后,肝脏是结直肠癌转移最常见的部位,肝转移是癌症相关死亡的常见原因,在死于结肠直肠癌的患者中有 1/3 发现有肝转移。大多数发生肝转移的结直肠癌患者不宜手术治疗,并且他们在被诊断肝转移后的 5 年存活率低于 10%。众所周知,诊断为早期结直肠癌的患者的 5 年生存率超过 90%,研究表明,癌细胞中的基因组不稳定性导致细胞异质性,这可能在转移过程中引导肿瘤细胞攻击和特定器官定植。

目前,在调节结直肠癌肝转移中功能上至关重要的基因和分子机制仍不清楚。有研究者使用功能选择在结直肠癌的原位小鼠模型中进行研究,鉴定在介导结肠直肠癌肝转移中起重要作用的一组基因,包括 A3G、CD133、脂肪酶 C(LIPC)和 S100P。他们发现这些基因在人类肝转移及其原发性结直肠肿瘤中高度表达,表明使用这些基因来预测肝转移的可能性。这些研究者认为 A3G 通过抑制 miR-29 介导的 MMP2 抑制促进结直肠癌肝转移。

5.6.6 A3G 与 RNA 编辑

A3G 通过其 C 末端结构域使单链 DNA 脱氨基,而 N 末端结构域被认为是无催化活性的。虽然已知 A3G 结合 RNA,但尚未观察到 A3G 介导的 RNA 编辑。最近有研究者证实 A3G 在 293T 细胞中的瞬时表达导致数百个基因的位点特异性 C→U RNA 编辑,20 个基因中 21 个选定位点的 Sanger 测序验证了所有这些位点的 RNA 编辑。RNA 编辑需要胞苷脱氨酶结构域中保守的催化残基。这些说明 A3G 有 RNA 编辑功能,其 N 末端结构域在 RNA 编辑中起重要作用。A3G 倾向于在 CC 位点编辑转录物,并且编辑的 Cs 在 98% 的位点侧翼为 3~10 个碱基长的反向重复序列。这些结果表明 A3G 优选具有某些序列/结构特征的 RNA 底物,RNA 茎环结构可能在选择 A3G 编辑胞嘧啶中起作用。A3G 诱导自然杀伤细胞和淋巴瘤细胞系中的位点特异性 C→U RNA 编辑,并且在细胞数量多和缺氧时在较小程度上诱导 CD8+T 细胞。与其抗 HIV-1 功能的预期相反,A3G 的最高表达显示是在细胞毒性淋巴细胞中。经历细胞数量多和缺氧的自然杀伤细胞的 RNA-seq 分析揭示了广泛的 C→U mRNA 编辑,其富集参与 mRNA 翻译和核糖体功能

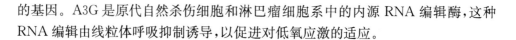

的基因。A3G 是原代自然杀伤细胞和淋巴瘤细胞系中的内源 RNA 编辑酶,这种 RNA 编辑由线粒体呼吸抑制诱导,以促进对低氧应激的适应。

5.6.7 人 A3G(hA3G)与小鼠 A3(mA3)

小鼠基因组编码单个 mA3 基因,小鼠 A3 位于 15 号染色体,编码 14 个外显子,是小鼠固有免疫系统的重要组成成员。小鼠 A3 通过诱导病毒 DNA 中高水平的 G→A 突变,可以限制 ΔVifHIV-1 感染,限制能力与 hA3G 一样强大。小鼠 A3 还限制外源性小鼠 γ-逆转录病毒如 FMLV、MMLV、AKR MLV 以及体内和体外 β 逆转录病毒如 MMTV 的感染。然而,小鼠 A3 仅通过阻断逆转录而不是通过引起病毒 DNA 的胞苷脱氨来限制 FMLV、MMLV 或 MMTV,还有 AKR MLV,其中在从感染小鼠分离的病毒序列中观察到低水平的超突变。最近的研究表明,在 γ 逆转录病毒中发现的 gag 的糖基化替代翻译产物 Glyco-Gag 对于抵消 A3 的有害作用是必需的。Glyco-Gag 稳定了传入病毒粒子的核心并阻止 A3 进入逆转录中间体。

A3 蛋白由一个或两个保守的锌配位结构域组成,称为 CD 结构域。每个结构域都有一个 HXE 序列,其中 E 是 A3 介导的脱氨基的活性位点(当结构域具有酶活性时),PC-X2.4-C 结构域对于 RNA 结合和 A3 进入出芽的病毒粒子很重要。人 A3G 的 C 末端结构域具有脱氨酶活性,并且 N 末端结构域对于进入病毒粒子是必需的。mA3 的 C 末端结构域进入病毒粒子是必需的,而 N 末端结构域具有胞苷脱氨酶活性。早期报道显示,两个 CD 结构域对 hA3G 的抗逆转录病毒功能至关重要,因为突变 C 末端或 N 末端结构域可消除 A3 介导的限制。相反,mA3 的任一或两个 CD 结构域的活性位点的突变不影响其限制逆转录病毒的能力。然而,只有 mA3 活性位点的某些氨基酸变化(E 到 Q)抑制了 A3 包装在出芽病毒粒子体内的能力,而 mA3 活性位点的其他变化(E 到 A)允许包装进入病毒颗粒。然而,所有先前关于胞苷脱氨基结构域在逆转录病毒感染期间的作用的报道都是在体外进行的。

γ-逆转录病毒感染广泛的物种,并与各种神经和免疫疾病、癌和白血病相关。2006 年,首次从人体组织中分离出 γ-逆转录病毒,并命名为异嗜性小鼠白血病病毒相关病毒(XMRV)。γ-逆转录病毒的共同特征是 Gag 蛋白的另外的糖基化形式,称为 gPr80gag 或 Glyco-Gag,其在 Gag 多蛋白 AUG 的上游和框架中使用 CUG 起始密码子。Glyco-Gag 在 N 末端比 Gag 蛋白多 88 个氨基酸,并被细胞蛋白酶切割成两个分别为 55 KDa 和 40 KDa 的蛋白质。由 Glyco-Gag 独特序列、基质和 pp12gag 组成的 N 末端片段也在 MMLV 病毒粒子中发现,而 C 末端片段由细胞分泌,近期有研究显示 Glyco-Gag 的糖基化位点对其在衣壳稳定性中的作用至关重要,因为它们与 Pr65Gag 结构蛋白相互作用,并且 Glyco-Gag 作为Ⅰ型跨膜蛋白掺入 MMLV 包膜中。γ-逆转录病毒中 Glyco-Gag 蛋白的保留表明其在病毒复制中的重要性。Glyco-Gag 对于体外病毒复制是不必要的,但对于体内感染是必不可少的,并且在 WT 小鼠中,Glyco-Gag 缺陷型 MLV 恢复为 WT 病毒,所以 Glyco-Gag 通过稳定核心和阻止 A3 进入逆转录来抵消 A3 的有害作用,并且 A3 对 γ-逆转录病毒维持 Glyco-Gag 的选择压力起着重要作用。Glyco-Gag 突变体病毒受 CD 死亡蛋白的限制,其水平与野生型小鼠 A3 相似,并且在 WT 和 mA3CD$_{mut}$转基因小鼠中均观察到野生型病毒的逆转。A3 不需要胞苷脱氨基结构域来抵抗体内的 Glyco-Gag,其对病毒施加的体内选择性压力得以保留 Glyco-Gag 蛋白。

有研究者发现 XMRV 病毒在携带 RNASEL 基因突变的前列腺癌患者的组织中普遍存在,RNASEL 基因是干扰素介导的宿主靶细胞中抑制病毒感染的重要参与者。最近的一项研究发现,在几种携带 XMRV 的前列腺癌样本中,有/无 RNASEL 突变的患者具有相同的患病率,并且表明 XMRV 感染可能与近 30% 的前列腺癌相关。除前列腺癌外,XMRV 最近也是从慢性疲劳综合征(CFS)患者中分离出来的,在确诊病例中表现出高达 67% 的患病率,在健康对照中患病率为 4%。这些研究者的结果表明,XMRV 原病毒基因组在表达 A3G 的 CEM 和 H9 细胞中广泛高度突变,但在表达很少或没有 A3G 的 CEM-SS 细胞中没有超突变。这些结果表明,除了感染性降低外,A3 蛋白还引起 XMRV 基因组的实质性 G→A 超突变,产生截短的或无功能的病毒蛋白。

XMRV 对 mA3 的敏感性也远低于 hA3G 或 hA3F。这可能表明 XMRV 更适应小鼠先天免疫反应,并且最近发生了在人类间的传播。研究者的结果显示用 mA3 共转染导致 XMRV 原病毒基因组的超突变。也有研究者显示即使将 mA3 掺入 AKV 和 MLV 病毒粒子中,AKV 原病毒基因组被 mA3 超突变,但不是 MLV 原病毒基因组。这些研究者的结果表明,XMRV 对 mA3 介导的超突变的敏感性与 AKV 相似,并且不同于 MLV 对超突变的抗性。

总之,研究显示小鼠逆转录病毒主要以非胞苷脱氨基依赖的方式限制,包装和细胞内源性 A3 对于体外限制小鼠逆转录病毒非常重要,MMLV RT 可以与 mA3 相互作用并且该相互作用仅部分依赖于 CD 结构域,表明 mA3 可通过阻断逆转录酶来抑制 MLV 中的逆转录。类似于 MMTV 的 MMLV 被认为是通过牛奶从母亲传给后代,包装 A3 在牛奶中的 MMTV 传染性低于缺乏 A3 的病毒。因此,包装的 A3 的主要作用可能是防止病毒从母体传播到后代,而细胞内在的 A3 的功能是防止病毒在受感染的个体中传播。

mA3 也被证明可以通过 MusD 元件阻断细胞内逆转录,这些非常类似于逆转录病毒,但缺乏 *env* 基因。小鼠基因组中的非 LTR 逆转录转座子也含有 G→A 突变簇,毫无疑问是 mA3 活性产生的结果。很明显,mA3 在小鼠进化过程中经历了正选择。事实上,小鼠基因组中的许多内源性 MLV 基因组在感染小鼠种系时受到 mA3 的 G→A 诱变,这些是不编码 GlycoGag 的基因组。或许 A3 蛋白质在整个哺乳动物进化过程中作为抵抗基因组入侵者的第一道防线。

细胞限制因子使细胞对病毒具有内在抗性,可能对自然界中的跨物种传播和病毒病原体的出现设置遗传障碍。其中一个限制因子就是 A3G。为了克服 A3G 介导的限制,许多慢病毒编码 Vif,一种靶向 A3G 降解的蛋白质。与许多限制因子基因一样,灵长类动物 A3G 显示出强烈的阳性选择特征。这可解释为灵长类动物 A3G 基因座是逆转录病毒与其灵长类宿主之间长期进化的"军备竞赛"的证据。有研究者证明 A3G 在 20 世纪 70 年代的亚洲猕猴的圈养群体中引起 SIV_{mac} 出现时产生了病毒抗性,从而成为跨物种传播的障碍。恒河猴具有多个功能不同的 A3G 等位基因,并且 SIV_{mac} 和猿猴艾滋病的出现需要对病毒进行适应以逃避 A3G 介导的限制。而且这些研究证实,A3G 差异可能是种间传播和灵长类慢病毒出现的关键决定因素,包括可能在人群中感染和传播的病毒。

5.7 APOBEC3H

A3H 是 A3 家族最特殊的成员,因为 A3H 在人群中出现了具有不同功能的单倍体型。A3H 在细胞内表达较少,一旦 A3H 表达,可使 HIV-1 的感染性降低 150 倍,这说明 A3H 具有极为强大的抗病毒功能,若优化 A3H 的体内表达水平,可为 HIV-1 的治疗提供新的对策。已有研究显示 A3H 也对癌症治疗有一定作用。这些都说明研究并揭示 A3H 的特征将为人类治疗这些疾病带来新的希望,并为治疗这些疾病提出一条新的思路。

5.7.1 A3H 多态性

人类 A3H 基因位于 22q13.1,处于 A3G 的基因下游,编码 6 个外显子。由于最后一个外显子上的早熟终止密码子(PTC)严重破坏了 mRNA 的表达,导致 A3H 在活体细胞中表达较弱,而修复 PTC 后,却在培养细胞中检测到大量的 A3H。

人类 A3H 具有单核苷酸多态性(SNPs),在此基础上产生了 5 个单点氨基酸多态性,N15△、R18L、G105R、K121D 和 E178D,使 A3H 产生了突变体,目前已检测出 7 个单倍型。在人类外周血、单核细胞、肝脏、皮肤等不同组织均检测到 A3H 单倍型,命名为 Hap Ⅰ (NRGKE)、Hap Ⅱ (NRRDD)、Hap Ⅲ (△RRDD)、Hap Ⅳ

（△LRDD）、HapⅤ（NRRDD）、HapⅥ（△LGKD）和 HapⅦ（NRRKE）。

HapⅠ在人群中普遍存在，HapⅡ主要是在非洲血统的人群中被发现，HapⅢ和 HapⅣ人群中都有分布，但出现的频率较低，而 HapⅤ可在来自亚洲、非洲及高加索的人群中发现，HapⅥ在亚洲人群中出现，HapⅦ主要是在欧洲的高加索人群中发现。

人体 A3H 单倍型具有不同的细胞稳定性，在三种稳定的 HapⅡ、HapⅤ和 HapⅦ中，HapⅡ和 HapⅤ在人群中出现最频繁。研究者发现稳定/不稳定的表型是原发 CD4＋T 细胞内源 A3H 蛋白的本质属性，以依赖 Vif 蛋白自然变异的方式产生对 HIV-1 感染的不同抵抗力。稳定/不稳定 APOBEC 的地理分布与一个重要的 Vif 氨基酸的分布有关。

A3H 是变异最大的人类 A3 基因，通过可变剪接进一步多样化，有四种报道的剪接变体（SV154、SV182、SV183 和 SV200）。预测 SV154 在结构和非功能上被破坏，SV182 和 SV183 通过利用串联替代剪接受体形成，并且已经显示在先前的实验中功能相似，并且 SV200 具有可能潜在影响多种活性的 C 末端延伸。遗传关联和报告基因研究相结合证明单个非编码变异，即内含子 4 中的 3 个核苷酸缺失（△ctc），嵌入 HapⅡ 区段内并负责 SV200mRNA 表达。淋巴母细胞样细胞系（LCL）和外周血单核细胞（PBMC）的免疫印迹显示 SV200 酶在具有 HapⅡ基因型的细胞中表达。HIV-1 感染性实验表明，A3H HapⅡ SV200 酶比其他剪接变体的限制性至少高 4 倍，并且有趣的是，这种增强的活性被病毒颗粒内 HIV-1 蛋白酶催化的单一切割事件所抵消。有研究发现了一种新的蛋白酶依赖性机制，除了 Vif 之外，还用于抵抗 A3H 介导的限制。通过在诸如撒哈拉以南非洲的大流行区域中传播病毒分离物以抵消具有 HapⅡ基因型的细胞中增加的限制效力，可能需要这种切割机制。

有研究者发现人 A3H 的不同单倍型在其细胞内定位方面显著不同，尽管 A3H HapⅠ编码的蛋白质主要位于细胞核中，A3H HapⅡ编码的蛋白质主要定位于转染细胞的细胞质中。另外，研究者将 A3H 亚细胞定位的决定因素映射到负责其蛋白质稳定性的相同氨基酸，将 A3H 靶向不同细胞区域并且通过制作不同单倍型组合的融合蛋白实验，发现由 HapⅡ编码的蛋白质的细胞质定位优于 HapⅠ编码的蛋白质的核定位。数据表明 HapⅡ编码的蛋白质通过潜在地与特定宿主因子相互作用而活跃地保留在细胞质中，而由 HapⅠ编码的活性较低的蛋白质似乎被动地扩散到细胞核中。因此，在来自不同世界群体的个体中发现的 A3H 蛋白通过不同的机制定位于不同的细胞区域，并且它们与宿主因子的相互作用可以在它们防御病毒病原体时起重要作用。

有研究者认为在非洲之外由于自然选择产生了大量的减弱酶稳定性的突变，

如105G;而N15△在所有人群中性进化。这可能是由于古老非洲环境中的选择压力保持了A3H的多样性,包括HapⅡ。尽管HapⅠ稳定性不高,离开非洲使人们陆续暴露于新的病原体环境中,感染会促进HapⅠ的传播。

除了A3H在人群中的功能分歧外,该基因在灵长类动物中也具有动态的进化历史。除人类和黑猩猩外的所有灵长类动物都编码A3H蛋白,由于蛋白质C末端存在假定的核输出信号(NES),因此该蛋白定位于细胞质。在人类和黑猩猩的共同祖先与大猩猩分离后,A3H基因中的突变被固定,导致序列的C末端截短并且最终丧失了排他性的细胞质保留。猕猴A3H在其去除编码NES的C末端区域时显示限制HIV-1的能力受损,这表明细胞质定位可能对灵长类动物A3H蛋白的抗病毒活性很重要。

5.7.2 A3H 的结构特征

A3蛋白都有1个或2个具有保守基序 $HX_1EX_{23-24}CX_{2-4}C$(X为任意氨基酸)的胞嘧啶脱氨酶域(CDD)。CDD与Zn离子合作,His和Cys与一个Zn离子结合,而Glu被认为在催化作用中起到了启动子触发器的作用。根据二者之间氨基酸的结合特异性将A3分为三类:Z1(A3A、A3B与A3G的C末端CDD)、Z2(A3C、A3B和A3G的N末端CDD,A3D和A3F的C末端CDD与N末端CDD)和Z3(A3H)。A3蛋白以单体、二聚体和寡聚复合物的形式出现。A3H是A3家族唯一一个有Z3型Zn离子结合域的蛋白。

A3H的Z3域与其他A3蛋白的Z1域和Z2域的序列对比显示有28%~43%的相似性,与A3C的Z2域及A3F的C末端CDD有更高的序列相似性,与A3D的NTD相似性较低。事实上,A3H的特征更类似于双域蛋白A3G和A3F的N末端CDD。A3G和A3F的N末端CDD在包装进入病毒粒子过程中结合病毒RNA而起重要作用,但是却没有酶活性。由于A3H只有一个域,所以它能与RNA结合,也能与底物结合,具有酶活性。

研究者在细菌中表达的重组全长天然序列huA3H、pgtA3Hα、pgtA3Hζ和pgtA3Hn采用寡聚状态的混合物,通过凝胶过滤检测后,与大量核酸共纯化,并用四种纯化的重组A3H变体中的每一种进行结晶,但仅pgtA3Hζ产生适合于结构测定的晶体。使用酶活性位点处的天然Zn离子的异常散射来解析pgtA3Hζ结构,产生高质量的2.24-Å结构(图5-14)。精制模型是完整的,除了在N末端的2个氨基酸和在C末端的约30个氨基酸,其存在于一些非人灵长类动物A3H中但不存在于huA3H中。A3H具有熟悉的A3折叠,由5个中心β折叠组成,由6个α螺旋环绕,并且与整个折叠和活动部位中的其他A3的结构高度相似。与A3F、A3G的催化结构域以及A3G的RNA结合结构域相比,A3H在loop1和

loop3 中具有显著差异。与 RNA 结合有关的 loop7 在 A3H 和 A3G 的 RNA 结合结构域中几乎相同。涉及 Vif 蛋白识别的 A3H 残基聚集在 A3H 暴露的表面,特别是在螺旋 α3 和 α4 处。

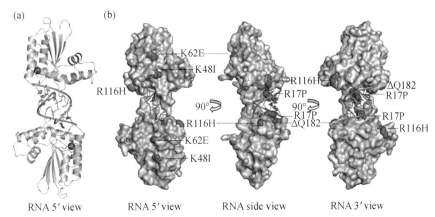

RNA 5′view   RNA 5′view   RNA side view   RNA 3′view

图 5 - 14   pgtA3Hζ-RNA 复合物的晶体结构(Bohn J A 等,2017)

(a) 中心 RNA 双链体(橙色骨架,黄色碱基)末端的 2 个 A3H 分子(蓝色和绿色,Zn 为灰色球体)。(b) pgtA3H 多态性变异的位点。A3H 表面(在 A 中着色)具有品红色变化的位置。RNA 几乎被 2 个 A3H 分子吞没,这 2 个分子彼此之间没有直接接触。

A3H 似乎同时利用脱氨酶依赖和非脱氨酶依赖机制来靶向逆转录过程并限制 HIV-1 复制。胞嘧啶脱氨酶可抵抗 HIV-1 是因为它们具有使其包装进入 HIV-1 而产生抗病毒功能的特殊的 RNA 结合活性。研究者发现 A3H 病毒粒子的包装不依赖胞嘧啶脱氨酶域,而是依赖于一个 YYFW 基序。YYFW 基序用一种 RNA 依赖的方式结合 HIV-1 的核衣壳,而一个 Y112A 的突变完全破坏病毒粒子的进入。

A3H 结合的细胞 RNA 不能完全抑制酶活性。尽管细胞 RNA 降解,但存在 ssDNA,即使大约 12nt 的 RNA 仍与酶结合。通过突变 W115 来破坏 RNA 介导的二聚体,但这也破坏了蛋白质的稳定性。相反,loop7 上 Y112 和 Y113 的突变也使 RNA 介导的二聚化不稳定,但产生稳定的酶。不能结合细胞 RNA 的突变体不能在体外结合 RNA 寡核苷酸、寡聚化和脱氨基 ssDNA,但保留了 ssDNA 结合功能。通过荧光偏振、单分子光学镊子和原子力显微镜实验比较 A3H 野生型和 Y112A/Y113A,证明 RNA 介导的二聚化改变了 A3H 与 ssDNA 和其他 RNA 分子的相互作用。

A3H 的独特的 YY(F/Y)W 基序结合 7SLRNA 可使其有效地进入 HIV-1 病毒粒子,A3H Hap II 也具有强大的抗病毒功能是因为可以被有效地包装进入病毒粒子,可结合的宿主小 RNAs 有 7SL 和 Y RNAs。YY(F/Y)W 基序的关键氨基酸 W115A 突变,导致 A3H 表达水平的降低并削弱了对 7SLRNAs 的亲和力,减弱了病毒粒子的包装而降低抗病毒功能。通过比较发现,A3H HapⅠ对宿主小RNAs 的结合力较低,所以降低了病毒粒子进入的速率,使得抗病毒功能大大下降。

A3H HapⅢ和 HapⅣ常见的 SNP ΔN15 取消了与 RNAs 结合的功能,A3HHapⅡ Δ15N 也不能包装进入 HIV-1 的病毒粒子或表现抗病毒功能。A3H 单倍型具有不同的细胞定位,这与它们不同的 RNA 结合力有关。因此,与 Pol-Ⅲ RNA如 7SLRNA 的结合是人类 A3H 胞嘧啶脱氨酶强大抗病毒功能的一个保守结构。

5.7.3　A3H 与 HIV-1

A3H 抑制 HIV-1 复制。为了避免这种限制,HIV-1 Vif 蛋白结合 A3H 并介导其蛋白酶体降解。有研究者通过在单周期感染性和复制测定中进行功能性测试大量 A3H 突变体来绘制 A3H 上的 Vif 结合位点。数据显示 2 个 A3Hα 螺旋 α3和 α4 代表 A3H 的 Vif 结合位点。这些研究者继续鉴定在 2 种 Vif 抗性 A3H 突变体存在下仍具有病毒感染性的新型 Vif 变体。结果显示 A3H 螺旋 α3 和 α4 与Vifβ-片(β2-β5)相互作用。这些实验表明 HIV-1 Vif 上的 A3H 和 A3G 结合位点在很大程度上是不同的,两种宿主蛋白都与 Vifβ2 相互作用。

与 A3B、A3DE、A3F 和 A3G 蛋白不同,A3H 只有一个 CDD,但它仍然抑制HIV-1 复制。有研究者分析了 A3H CDD 的功能,发现它是 A3H 抗 HIV-1 活性所必需的,但它不是病毒粒子包装所必需的。由于 A3H 的脱氨酶活性已在大肠杆菌中得到证实,研究者认为脱氨酶活性很可能是 A3H 抗 HIV-1 活性所必需的。尽管其病毒颗粒包装与 CDD 无关,但它依赖于 YYXW 基序,该基序被确定为A3G 的包装信号。实际上,这种基序在所有抗 HIV-1 A3 蛋白中都是保守的,表明这些抗 HIV A3 蛋白可能使用通用机制进行病毒粒子包装。研究者还发现该基序与 HIV-1 NC 特异性相互作用,这进一步支持其进入病毒粒子中的重要作用。由于 YYXW 基序足以用于 A3H 病毒颗粒包装,因此尚不清楚为什么 A3G 病毒颗粒包装需要其 CDD1。

有研究者报道,虽然 A3H HapⅠ蛋白在细胞中表达很差,但它仍然可以有效地包装到 HIV-1 病毒粒子中,并提供了证据表明 A3H 单倍体与除 NC 以外的MA-CA 特异性地与病毒粒子包装相互作用。另一些研究者发现 A3H HapⅠ很难包装到病毒粒子中,因为它没有在细胞中表达。因此,这些研究者认为人类 A3H对 HIV-1 Vif 的抗性可能是由于缺乏类似的 A3G Vif 相应域 DPDY。然而,即使将该结构域置于相应区域,A3H 仍然完全抵抗 HIV-1 Vif。研究者试图复制

K121D 突变以降低 A3H 对 HIV-1 Vif 的抗性,结果发现分别具有 D121 和 K121 残基的 Hap Ⅱ 和 Ⅶ 对 HIV-1 Vif 具有相同的抗性。即使在 Hap Ⅱ 和 Hap Ⅶ 之间交换这两个残基并且当将 K121D 或 K121E 突变引入 Mut Ⅰ 时,仍然无法改变人 A3H 对 HIV-1 Vif 的抗性。因此,人类 A3H 完全抵抗 HIV-1 Vif。

猿猴免疫缺陷病毒(SIV)自然感染许多种类的非洲旧世界猴,如非洲绿猴,病毒在其天然宿主中似乎是非致病性的。黑猩猩是进化上最接近现存智人的灵长类动物,可被 SIVcpz 感染。值得注意的是,SIVcpz 是 HIV-1 的祖先。HIV-1 M 和 N 组起源于来自非洲中西部人畜共患传播的 SIVcpz。最近的研究表明,来自大猩猩的 SIVgor 是 HIV-1 组 O 和 P 的起源。HIV-1 M 组是广泛流行病毒,而 N 和 P 组病毒仅在少数感染者中发现。HIV-1 O 组主要分布在非洲中西部,流行率较低(不到全球 HIV-1 感染的 1%)。另一种 HIV 慢病毒 HIV-2 是由来自白眉猴(SIVsmm)的 SIV 的跨物种传播。

有研究者发现人 A3B 和 A3H Hap Ⅱ 强烈降低了 SIVcpz 的感染性,因为它们都对 SIVcpz Vif 具有抗性,进一步研究证明人类 A3H 通过脱氨酶依赖性以及非脱氨酶依赖机制抑制 SIVcpz。此外,其他稳定表达的人 A3H 单倍型和剪接变体显示出对 SIVcpz 的强抗病毒活性。而大多数 SIV 和 HIV 谱系的 Vif 蛋白可降解黑猩猩 A3H,但来自 SIVcpz 和大猩猩 SIV(SIVgor)谱系的 Vifs 不拮抗人 A3H Hap Ⅱ。人 A3H Hap Ⅱ 在 T 细胞的表达有效阻断了 SIVcpz 的扩散复制。SIVcpz 的扩散复制也受到人 PBMC 中稳定的 A3H 的限制。因此,研究者推测稳定表达的人类 A3H 可以保护人类免受 SIVcpz 的跨物种传播。

育龄妇女的初级艾滋病毒感染导致全球儿童艾滋病毒流行。2011 年,全世界有 330 万儿童感染艾滋病毒,估计有 330 000 名儿童是新感染艾滋病病毒,主要是通过母婴传播艾滋病病毒。在美国,艾滋病病毒/艾滋病被列为 25~44 岁妇女的第三大死因,并且是这一年龄组中非洲裔美国妇女死亡的最常见原因。自抗逆转录病毒治疗出现以来,美国和其他资源丰富国家艾滋病病毒垂直传播的发生率已显著下降,但仍然是资源匮乏国家和资源丰富国家贫困人口的一个关键问题。制定针对艾滋病病毒感染儿童的垂直传播和疾病进展的有效预防战略需要了解与艾滋病病毒感染有关的宿主先天免疫的因素和环境因素。酗酒已被确定为艾滋病病毒传播的潜在行为风险因素。新生儿细胞免疫力明显弱于成人,因此,新生儿感染的风险更高。已经有研究表明,来自新生儿的免疫细胞比成人的免疫细胞更容易感染 HIV。急性或慢性酒精暴露可能会加剧新生儿细胞免疫系统缺陷。几项体外研究表明,酒精具有增强 PBMC、T 淋巴细胞和巨噬细胞中 HIV 感染的能力。

在怀孕的 HIV(+)女性中,酒精消耗或酒精滥用很常见,并且已被确定为 HIV 传播的潜在行为风险因素。有研究者检查了酒精对脐带血单核细胞衍生的巨噬细胞(CBMDM)的 HIV 感染的影响,证明了 CBMDM 的酒精治疗显著增强了 CBMDM 的 HIV 感染。酒精对 HIV 的作用机制的研究表明,酒精抑制了几种 HIV 限制因子的表达,包括抗 HIV microRNA、A3G 和 A3H。此外,酒精还抑制 IFN 调节因子 7(IRF-7)和视黄酸诱导基因 I(RIG-I)的表达,后者是病毒感染的 细胞内传感器。这些 IFN 调节因子的抑制与 I 型 IFN 的表达降低有关。这些实 验结果表明,母体饮酒可能有助于艾滋病毒感染,促进艾滋病毒的垂直传播。

5.7.4 A3H 与癌症

有研究者证明 A3H Hap I、Hap II、Hap V 和 Hap VII 在 mC 脱氨基中具有高活 性。虽然 A3H 对 mC 脱氨作用的全部生物学意义需要进一步研究,但据报道, AID 的 mC 脱氨基因与 mC 的去甲基化和表观遗传调节有关。A3H 可有效地使 T-mCpG-C/G 的基序序列中的 mC 脱氨基,提高了 A3H 通过替代的去甲基化途 径修饰 mCpG 岛上的基因组 mC 的可能性。因为 CpG 岛上 C/mC 的甲基化和去 甲基化在细胞生长、分化和发育中的基因调控的表观遗传学中起重要作用。事实 上,有证据表明,A3H 以及能够使 mC 脱氨的其他家族成员(A3A、A3B 和 AID)的 活性可能与癌症形成有关,这意味着 APOBEC 在生物功能和疾病中对 mC 修饰的 重要作用。

肿瘤基因组测序研究已经在癌症中发现了许多直接反映原始 DNA 损伤来源 的突变模式或特征。典型的既定来源包括紫外线诱导的黑色素瘤中的二嘧啶基序 突变(紫外线特征),以及许多肿瘤类型的 CG 基序中自发的 mC→T 转换突变(衰 老特征)。然而,测序肿瘤中出现的最丰富的先前未知的突变特征是"APOBEC"。 APOBEC 诱变的特征是 TCA 和 TCT 三核苷酸基序中的 C→T 转换和 C→G 颠换 突变。APOBEC 特征突变主要分散在整个基因组中,但一小部分发生在称为 "Kataegis"的簇中。APOBEC 特征突变在超过一半的人类癌症中普遍存在,并且 通常占肿瘤中的大部分突变。

肺癌是癌症相关死亡的主要原因,2012 年导致全球 160 万人死亡。虽然吸烟 是导致肺癌的主要原因,但遗传因素也可能在肺癌风险中发挥关键作用。最近的 全基因组关联研究(GWAS)已经确定了许多与肺癌风险相关的基因座。然而,由 于 GWAS 的严格筛查标准,这些基因座仅占家族性肺癌风险的一小部分。此外, 受阵列中位点数量的限制,关键基因中的许多单核苷酸多态性(SNP)未包括在报 道的 GWAS 研究中。基于癌症基因组图谱(TCGA)的全外显子组序列数据的 APOBEC 特征突变研究表明,APOBEC 酶催化的胞嘧啶脱氨作用是多种癌症类型 的诱变机制,包括肺癌。下一代测序的结果进一步显示 APOBEC 在具有严格 TCW 基序的肿瘤基因组中诱导碱基取代(其中 W 对应于 A 或 T),并且该模式在多种人类癌症中广泛存在。

TCA/T 基序内的胞嘧啶突变在癌症中很常见,这很可能是 DNA 胞嘧啶脱氨酶 A3B 产生的。然而,A3B 无效的乳腺肿瘤仍有这种突变偏倚,研究显示有这种突变偏倚的 A3B 无效肿瘤具有至少一个 A3H HapⅠ拷贝,尽管这些基因之间几乎没有遗传连锁。虽然之前被认为是无活性的,但 A3H HapⅠ在生化和细胞分析中具有强大的活性。A3H HapⅠ中的 Gly105(相对于 A3H HapⅡ中的 Arg105)导致较低的蛋白质表达水平和增加的核定位,提供了获得基因组 DNA 的机制,A3H HapⅠ还与肺腺癌中克隆的 TCA/T 偏向突变相关。还有研究者发现位于 A3H 外显子 2 的 rs139293 T 等位基因可能会显著降低肺癌的发病率。这说明 A3H 的基因突变与人体某些癌症有关。

全球 HCC 发病率增加,已成为第五大常见癌症,约占所有癌症的 5%。HBV 复制和基因组突变都有助于 HCC 的发展。已经有研究者报道了来自肿瘤组织的基因表达模式,其可以预测 HCC 的复发,并且这些基因标记已用于预测 HCC 复发。最近的研究表明 A3 介导的 HBx 突变体,尤其是 C 末端截短的突变体,引起增强功能,增强肿瘤细胞的集落形成能力和增殖能力。一些 A3 脱氨酶通过产生 HBx 突变体在 HCC 的癌发生中起作用,从而提供具有选择性克隆生长优势的癌前和肿瘤肝细胞。有研究者使用来自 GEO(gene expression omnibus)的表达谱 GSE36376,比较了肿瘤和非肿瘤组织之间的 A3 表达,并将其与 HCC 患者的临床病理特征和结果相关联,发现与非肿瘤组织相比,A3B、A3D、A3F 和 A3H 在 HCC 肿瘤组织中过表达。而 Cox 回归分析显示,A3G 与 HCC 患者的总生存率呈负相关,而肿瘤组织中的 A3C 水平可能在 HCC 总体生存中起积极作用。但是,A3F 导致 HCC 无病生存率较低,而 A3H 可能是与 HCC 无病生存相关的一个积极因素。肝硬化、肿瘤大小和肝内转移与 HCC 无病生存率相关。Logistic 回归分析显示,肿瘤组织中 A3F 的上调促进了 HCC 血管侵犯、肝内转移和甲胎蛋白(AFP)升高。相反,A3H 可能会降低这些风险。也就是说,A3G 和 A3F 可能是 HCC 发生和存活的危险因素,而 A3C 和 A3H 应在 HCC 侵袭性和预后中发挥积极作用。

5.7.5 A3H 与逆转座

转座子是可以从基因组的一个位置移动到另一个位置的 DNA 序列。大约 45% 的人类基因组被认为来源于转座子。转座子可以根据它们是通过 DNA 中间体(即 DNA 转座子)还是 RNA 中间体(即逆转录转座子)动员而分为两大类。DNA 转座子尽管不能在当前的人类基因组中动员,但在真核基因组的进化过程中发挥了重要作用。逆转录转座子通过 mRNA 中间体转座,然后逆转录,合成双链(ds)DNA,并在新的基因组位置整合。逆转录转座子可分为两类:长末端重复序列(LTR)逆转录转座子(也称为内源性逆转录病毒)和非 LTR 逆转录转座子。内源性逆转录病毒的复制策略类似于人与人之间传播的逆转录病毒,只是它们保留在一个宿主中并垂直传播。目前内源性逆转录病毒已经获得了许多突变,它们不能产生感染性病毒。

非 LTR 逆转录转座子包括 LINE-1(L1)和 SINE。人类 L1 约占基因组 DNA 的 17%,鉴定出约 500 000 个拷贝,目前在人类中活跃的唯一自发的逆转座子。尽管绝大多数 L1 由于累积突变或 5′截短而无活性,人类基因组仍包含约 80~100 个的完整 L1,且均具有逆转座功能。全长 L1 包含 5′UTR、2 个开放阅读框(ORF)以及一个富含聚腺苷序列的 3′UTR。ORF1 和 ORF2 编码的蛋白质都是有效 L1 逆转录所必需的。ORF1 编码具有确定的核酸伴侣活性的核酸结合蛋白;ORF2 编码具有内切核酸酶(EN)活性和逆转录酶(RT)活性的蛋白质。L1 编码的 EN 优先在富含 AT 的共有序列(5′TTTT/A,其中"/"决定切割位点)切割 ssDNA。L1 RT 是一种 DNA/RNA 依赖的 DNA 聚合酶,但缺乏 RNaseH 活性,这是一种与逆转录病毒 RTs 不同的特性。结果,在 cDNA 合成期间,所得 L1 RNA/DNA 杂合体的 RNA 链可以被尚未鉴定的细胞蛋白降解或在(+)链 cDNA 合成期间被置换。细胞 RNaseH2 与皮瓣内切核酸酶 1(FEN-1)配合以在滞后链 DNA 合成期间去除 RNA 引物。与在细胞质中经历逆转录的逆转录病毒和 LTR 逆转录转座子不同,L1 RNA 在细胞核中被逆转录。

有研究者发现 A3H HapⅡ和 HapⅤ能够将 L1 逆转录抑制到中等水平,二者的 L1 限制能力没有明显差异,而且 A3H 单倍型均以不涉及脱氨作用的方式抑制 L1。首先,当表达 A3H HapⅡ或 HapⅤ时,在缺乏或存在 UGI 时 L1 逆转录转座效率相同。第二,在缺乏或存在 UGI 的情况下,HapⅡ和 HapⅤ产生了具有 G→A 突变的突变谱。第三,A3H HapⅡ催化突变体 E57A 使 L1 逆转录转座减少到与野生型 A3H HapⅡ相当的程度。尽管 A3 的特定细胞定位没有先决条件限制 L1,但似乎存在不同的机制。对于主要是细胞质的 A3H HapⅡ和Ⅴ,可能采用非脱氨基依赖机制。细胞质 A3s 可以通过 RNA 依赖性方式结合 ORF1 并阻止 L1 RNP 复合物的核输入来抑制 L1。

5.7.6 A3H 的作用机制

不同的 A3H 单倍型具有不同的抗病毒功能,而具有强大抗病毒功能的 A3H 单倍型主要分布在细胞质中。有研究者报道具有功能多样性的 A3H 的 2 个单倍型 N15△和 G105R,与 HIV-1 感染的容易程度有关。N15△或 G105R 突变会完全破坏 A3H 的表达,因此,只有 HapⅡ、HapⅤ和 HapⅦ可稳定表达并抑制 HIV-1 复制,因为它们没有出现 N15△或 G105R 突变。

A3H 与 A3G 具有相同的抗病毒机制。A3H 可通过酶依赖的及非酶依赖的途径来抑制病毒感染,酶依赖的途径为主要途径。A3H 蛋白可利用其胞嘧啶脱氨酶活性,在病毒逆转录过程中,使新生的病毒 cDNA 链上 dC 脱氨基变成 dU,导致正链 DNA 上出现 G→A 的突变,使得复制终止。

通过 A3G 脱氨酶活性位点突变的功能分析又发现了非酶依赖的途径。这种 A3 蛋白的不依赖胞嘧啶脱氨基的作用机制已在很多病毒发现。例如,腺病毒相关病毒的抑制过程中,A3A、A3B、A3F、A3G 没有发生 G→A 突变,却抑制了 HTLV-1 逆转录转座子的复制。A3G 可以通过降低 tRNA$_3^{Lys}$ 的效率来打断病毒的逆转录,启动 RNA 模板、延伸和 DNA 链转移。另外,还可以阻止病毒 cDNA 的整合,不过,HIV-1 可逃避这种防守机制,导致 AIDs 发生。

HIV-1 基因组编码的附属蛋白 Vif,可以与 Cul5、EloB 及 EloC 及 RBX1 等形成 E3 连接酶复合物,作为定位靶 A3 的底物识别亚基,启动病毒生产细胞内的泛素-蛋白酶体降解。细胞因子 CBFβ 已证明对 HIV-1 的 Vif 功能至关重要,因为它促进 Vif 与 Vif 诱导的 E3 复合物的核心蛋白 Cul5 的相互作用。有研究者确定 CBFβ 也是 Vif 诱导的 G2 中的关键因子。Vif-CBFβ 界面的 Vif 突变(例如 Vif 残基 48 和 50)改变了其在 A3H 消耗和 G2 停滞中的效力。Vif HXB2 和 Vif NL4-3 虽然含有这些不同的残基,但在 A3F/G 降解中保持相似的活性,表明 48 和 50 位的氨基酸差异不会改变 Vif 的结构或 Vif 诱导的 E3 复合物的组装。然而,由于 Vif HXB2 H48N 不能再诱导 A3H 的降解,并且 Vif NL4-3 K50R 不能引起 G2 阻滞,这些不仅再次证实 CBFβ 参与 Vif 诱导的 G2 阻滞,而且还表明 Vif 需要与其进行特异性相互作用。研究者发现 Vif 上有功能的关键域对 EloB/C、Cul5 和 CBFβ 之间的联系有重要作用,是 HIV-1 Vif 介导的 G2/M 细胞周期停滞和 A3H 降解所必需的,使 A3H 失活的 HIV-1Vif 突变体不能引起 G2/M 细胞周期停滞。

Vif 与转录辅因子 CBFβ 形成异二聚体,导致 CBFβ 与其正常 RUNX 配体之间的转录复合物较少。最近有研究表明,Vif/CBFβ 相互作用对灵长类动物慢病毒 HIV-1 和 SIV 是特异性的,尽管相关的非灵长类慢病毒仍然需要 Vif 依赖性机制来保护宿主的 A3 酶。CBFβ 是表达上述 HIV-1 限制性 A3 基因的必需条件。敲低和敲除研究表明,CBFβ 是非允许性 T 细胞系 H9 和原代 CD4＋T 淋巴细胞中 A3 mRNA 表达所必需的。使用 CBFβ 功能分离等位基因的互补实验表明,与 RUNX 转录因子的相互作用是 A3 转录调节所必需的。因此,缺乏 CBFβ 的细胞中 Vif 缺陷 HIV-1 的感染性增加,证明了 CBFβ/RUNX 介导的转录在建立 A3 抗病毒状态中的重要性。这些发现表明淋巴细胞中 A3 基因调控的主要层面,并表明灵长类动物慢病毒进化为控制 CBFβ,并在转录和翻译后水平同时抑制这种有效的抗病毒防御系统。

当 Vif 功能强大时,HIV-1 可对抗稳定的 A3H 蛋白和所有的内生 A3 蛋白并能大量复制。对比 A3H 与 A3G 的氨基酸序列发现,A3G 的 Vif 应答基序 DPDY 在 A3H 并不保守,A3H 内替换这一基序并没有降低其对 HIV-1Vif 的抵抗性。因此,稳定表达的 A3H 单倍型在人群中的分布可能比之前认为的更广泛。这也说明 A3H 在抑制逆转座子和 HIV-1 的感染中有重要作用。

有研究者阐述 HapⅡ和 HapⅤ搜索 ssDNA 底物寻找含胞嘧啶脱氨酶基序的机制,HapⅡ能在酶-底物相遇后利用滑行、跳跃和节间转移动作,使多个胞嘧啶连续脱氨基。相反,HapⅤ表现出较弱的滑行和节间转移功能,却能沿着 ssDNA 跳跃。HapⅤ较弱的持续性并不能导致单周期感染性实验中抑制 HIV-1 复制的有效性降低,说明跳跃和节间转移对突变有效性是多余的。使用节间转移在 DNA 上逐步移动的酶必须具有至少两个 DNA 结合结构域以介导双重结合的中间状态,其中酶在转移至一个结合区段之前同时结合两个 DNA 区段。然而,节间转移可以由不同水平的 A3H 介导。A3H HapⅤ 和 A3H HapⅡ R44A/Y46A 均改变了节间转移能力,但原因不同,A3H HapⅡ 和 HapⅤ 的螺旋 6 上的 Asp-178 在节间转移期间促进酶循环。Asp-178 的缺失、突变为 Lys-178 或 Glu-178 的 A3H HapⅤ 抑制了与节间转移相关的反应速率,尽管存在两个 DNA 结合结构域,说明螺旋 6 对 A3H 活性和 ssDNA 结合很重要。178 位置的氨基酸多态性没有其他已知的功能。A3H HapⅡ R44A/Y46A 突变体证明二聚体界面对促进节间转移也很重要。尽管 A3H HapⅡ R44A/Y46A 与 ssDNA 的协同结合,表明寡聚体的形成,可能是由于 loop7 转移到另一个 DNA 分子后突变体无法有效循环。这可能是由于 loop7 介导的二聚体不如 β2 链介导的二聚体或 β2 链稳定。二聚体界面沿着酶产生 ssDNA 结合沟,促进 ssDNA 与螺旋 6 的相互作用。即优化 ssDNA 的持续性需要 β2 折叠形成 A3H 的二聚体。这些发现支持跳跃能补偿节间跳跃缺陷的模型,也说明 HapⅡ和 HapⅤ利用不同的机制诱发 HIV-1 突变。

总之,A3H 是 A3 家族唯一一个 Z3 蛋白,利用独特的 YY(F/Y)W 基序结合 7SLRNA 可使其有效地进入 HIV-1 病毒粒子,从而抑制 HIV-1 的复制。A3H 有 5 个单点氨基酸多态性,N15△、R18L、G105、K121D 和 E178D,形成了具有不同抗病毒功能的 A3H 单倍型,已经在不同人群发现了 7 种,只有 HapⅡ、HapⅤ、HapⅦ 可稳定表达并可抑制 Vif 缺陷 HIV-1。另外,A3H 还可以抑制 HTLV、HBV、HCV 等病毒的感染。

<h3 style="text-align:center">参考文献</h3>

[1] Stenglein M D, Burns M B, Li M, et al. APOBEC3 proteins mediate the clearance of foreign DNA from human cells[J]. Nat Struct Mol Biol, 2010, 17(2): 222-229.

[2] Berger G, Durand S, Fargier G, et al. APOBEC3A Is a Specific Inhibitor of the Early Phases of HIV-1 Infection in Myeloid Cells[J]. PLoS Pathog, 2011, 7(9): e1002221.

[3] Koito A, Ikeda T. Intrinsic restriction activity by AID/APOBEC family of enzymes against the mobility of retroelements[J]. Mob Genet Elements, 2011, 1(3): 197 - 202.

[4] Landry S, Narvaiza I, Linfesty D C, et al. APOBEC3A can activate the DNA damage response and cause cell-cycle arrest[J]. EMBO Rep, 2011, 112(5): 444 - 450.

[5] Aynaud M M, Suspène R, Vidalain P O, et al. Human Tribbles 3 Protects Nuclear DNA from Cytidine Deamination by APOBEC3A[J]. J Biol Chem, 2012, 287(46): 39182 - 39192.

[6] Carpenter M A, Li M, Rathore A, et al. Methylcytosine and Normal Cytosine Deamination by the Foreign DNA Restriction Enzyme APOBEC3A[J]. J Biol Chem, 2012, 287 (41): 34801 - 34808.

[7] Henry M, Terzian C, Peeters M, et al. Evolution of the Primate APOBEC3A Cytidine Deaminase Gene and Identification of Related Coding Regions [J]. PLoS One, 2012, 7 (1): e30036.

[8] Love R P, Xu H, Chelico L. Biochemical Analysis of Hypermutatio by the Deoxycytidine Deaminase APOBEC3A[J]. J Biol Chem, 2012, 287(36): 30812 - 30822.

[9] Mussil B, Suspène R, Aynaud M M, et al. Human APOBEC3A Isoforms Translocate to the Nucleus and Induce DNA Double Strand Breaks Leading to Cell Stress and Death[J]. PLoS One, 2013, 8(8): e73641.

[10] Pham P, Landolph A, Mendez C, et al. A Biochemical Analysis Linking APOBEC3A to Disparate HIV-1 Restriction and Skin Cancer[J]. J Biol Chem, 2013, 288(41): 29294 - 29304.

[11] Shee C, Cox B D, Gu F, et al. Engineered proteins detect spontaneous DNA breakage in human and bacterial cells[J]. ELife, 2013, 2: e01222.

[12] Liang J W, Shi Z Z, Shen T Y, et al. Identification of Genomic Alterations in Pancreatic Cancer Using Array-Based Comparative Genomic Hybridization[J]. PLoS One, 2014, 9(12): e114616.

[13] Logue E C, Bloch N, Dhuey E, et al. A DNA Sequence Recognition Loop on APOBEC3A Controls Substrate Specificity[J]. PLoS One, 2014, 9(5): e97062.

[14] Mitra M, Hercík K, Byeon I J, et al. Structural determinants of human APOBEC3A enzymatic and nucleic acid binding properties[J]. Nucleic Acids Res, 2014, 42(2): 1095 - 1110.

[15]] Nik-Zainal S, Wedge D C, Alexandrov L B, et al. Association of a germline copy number polymorphism of APOBEC3A and APOBEC3B with burden of putative APOBEC-dependent mutations in breast cancer[J]. Nat Genet, 2014, 46(5): 487 - 491.

[16] Richardson S R, Narvaiza I, Planegger R A, et al. APOBEC3A deaminates transiently exposed single-strand DNA during LINE-1 retrotransposition[J]. ELife, 2014, 3: e02008.

[17] Chen S, Li X, Qin J, et al. APOBEC3A possesses anticancer and antiviral effects by differential inhibition of HPV E6 and E7 expression on cervical cancer. International Journal of Clinical and Experimental Medicine, 2015, 8(7): 10548 - 10557.

[18] Bohn M F, Shandilya S M, Silvas T V, et al. The ssDNA Mutator APOBEC3A is Regulated by Cooperative Dimerization[J]. Structure, 2015, 23(5): 903 - 911.

[19] Kim D Y. The assembly of Vif ubiquitin E3 ligase for APOBEC3 degradation[J]. Arch Pharm Res, 2015, 38(4): 435 - 445.

[20] Niavarani A, Currie E, Reyal Y, et al. APOBEC3A Is Implicated in a Novel Class of G-to-A mRNA Editing in WT1 Transcripts[J]. PLoS One, 2015, 10(3): e0120089.

[21] Sharma S, Patnaik S K, Taggart R T, et al. APOBEC3A cytidine deaminase induces RNA editing in monocytes and macrophages[J]. Nat Commun, 2015, 6: 6881.

[22] 吴小霞. APOBEC 家族的功能研究进展[J]. 成都工业学院学报, 2015, 18(2): 4 - 6.

[23] Warren C J, Xu T, Guo K. APOBEC3A functions as a restriction factor of human papillomavirus[J]. J Virol, 2015, 89(1): 688 - 702.

[24] Green A M, Landry S, Budagyan K, et al. APOBEC3A damages the cellular genome during DNA replication[J]. Cell Cycle, 2016, 15(7): 998 - 1008.

[25] Wang Y, Schmitt K, Guo K, et al. Role of the single deaminase domain APOBEC3A in virus restriction, retrotransposition, DNA damage and cancer[J]. J Gen Virol, 2016, 97(1): 1 - 17.

[26] Buisson R, Lawrence M S, Benes C H, et al. APOBEC3A and APOBEC3B Activities Render Cancer Cells Susceptible to ATR Inhibition[J]. Cancer Res, 2017, 77(17): 4567 - 4578.

[27] Brachova P, Alvarez N S, Van Voorhis B J, et al. Cytidine deaminase Apobec3a induction in fallopian epithelium after exposure to follicular fluid[J]. Gynecol Oncol, 2017, 145(3): 577 - 583.

[28] Chen T W, Lee C C, Liu H, et al. APOBEC3A is an oral cancer prognostic biomarker in Taiwanese carriers of an APOBEC deletion polymorphism[J]. Nat Commun, 2017, 8(1): 465.

[29] Green A M, Budagyan K, Hayer K E, et al. Cytosine Deaminase APOBEC3A Sensitizes Leukemia Cells to Inhibition of the DNA Replication Checkpoint[J]. Cancer Res, 2017, 77(17): 4579 - 4588.

[30] Kostrzak A, Caval V, Escande M L, et al. APOBEC3A intratumoral DNA electroporation in mice[J]. Gene Ther, 2017, 24(2): 74 - 83.

[31] Sharma S, Patnaik S K, Kemer Z, et al. Transient overexpression of exogenous APOBEC3A causes C-to-U RNA editing of thousands of genes[J]. RNA Biol, 2017, 14(5): 603 - 610.

[32] Schutsky E K, Nabel C S, Davis A K F, et al. APOBEC3A efficiently deaminates methylated, but not TET-oxidized, cytosine bases in DNA[J]. Nucleic Acids Res, 2017, 45

(13): 7655 - 7665.

[33] Suspène R, Mussil B, Laude H, et al. Self-cytoplasmic DNA upregulates the mutator enzyme APOBEC3A leading to chromosomal DNA damage[J]. Nucleic Acids Res, 2017, 45(6): 3231 - 3241.

[34] Warren C J, Westrich J A, Doorslaer K V, et al. Roles of APOBEC3A and APOBEC3B in Human Papillomavirus Infection and Disease Progression[J]. Viruses, 2017, 9(8).

[35] Wang Y, Li X, Song S, et al. HPV11 E6 mutation by overexpression of APOBEC3A and effects of interferon-ωon APOBEC3s and HPV11 E6 expression in HPV11. HaCaT cells[J]. Virol J, 2017, 14(1): 211.

[36] Weisblum Y, Oiknine-Djian E, Zakay-Rones Z, et al. APOBEC3A Is Upregulated by Human Cytomegalovirus (HCMV) in the Maternal-Fetal Interface, Acting as an Innate Anti-HCMV Effector[J]. J Virol, 2017, 91(23): e01296-17.

[37] Laude H C, Caval V, Bouzidi M S, et al. The rabbit as an orthologous small animal model for APOBEC3A oncogenesis[J]. Oncotarget, 2018, 9(45): 27809 - 27822.

[38] Silvas T V, Hou S, Myint W, et al. Substrate sequence selectivity of APOBEC3A implicates intra-DNA interactions[J]. Sci Rep, 2018, 8(1): 7511.

[39] Siriwardena S U, Perera M L W, Senevirathne V, et al. A Tumor-Promoting Phorbol Ester Causes a Large Increase in APOBEC3A Expression and a Moderate Increase in APOBEC3B Expression in a Normal Human Keratinocyte Cell Line without Increasing Genomic Uracils[J]. Mol Cell Biol, 2018, 39(1): e00238-18.

[40] Bowlt Blacklock K L, Birand Z, Selmic L E, et al. Genome-wide analysis of canine oral malignant melanoma metastasis-associated gene expression[J]. Sci Rep, 2019, 9(1): 6511.

[41] Niocel M, Appourchaux R, Nguyen X N, e tal. The DNA damage induced by the Cytosine Deaminase APOBEC3A Leads to the production of ROS[J]. Sci Rep, 2019, 9(1): 4714.

[42] Taura M, Song E, Ho Y C, et al. Apobec3A maintains HIV-1 latency through recruitment of epigenetic silencing machinery to the long terminal repeat[J]. Proc Natl Acad Sci USA, 2019, 116(6): 2282 - 2289.

[43] Sheehy A M, Gaddis N C, Choi J D, et al. Isolation of a human gene that inhabites HIV-1 infecton and is suppressed by the viral Vif protein[J]. Nature, 2002, 418(6898): 646 - 650.

[44] Bogerd H P, Wiegand H L, Doehle B P, et al. The Intrinsic Antiretroviral Factor APOBEC3B Contains Two Enzymatically Active Cytidine Deaminase Domains[J]. Virology, 2007, 364(2): 486 - 493.

[45] Stenglein M D, Matsuo H, Harris R S. Two regions within the amino-terminal half of APOBEC3G cooperate to determine cytoplasmic localization[J]. J Virol, 2008, 82(19): 9591 -

9599.

[46] An P, Johnson R, Phair J, et al. APOBEC3B Deletion and Risk of HIV-1 Acquisition [J]. J Infect Dis, 2009, 200(7): 1054 - 1058.

[47] Pak V, Heidecker G, Pathak V K, et al. The Role of Amino-Terminal Sequences in Cellular Localization and Antiviral Activity of APOBEC3B[J]. J Virol, 2011, 85(17): 8538 - 8547.

[48] Wissing S, Montano M, Garcia-Perez J L, et al. Endogenous APOBEC3B restricts LINE-1 retrotransposition in transformed cells and human embryonic stem cells[J]. J Biol Chem, 2011, 286(42): 36427 - 36437.

[49] Lackey L, Demorest Z L, Land A M, et al. APOBEC3B and AID Have Similar Nuclear Import Mechanisms[J]. J Mol Biol, 2012, 419(5): 301 - 314.

[50] Shinohara M, Io K, Shindo K, et al. APOBEC3B can impair genomic stability by inducing base substitutions in genomic DNA in human cells[J]. Sci Rep, 2012, 2: 806.

[51] Burns M B, Temiz N A, Harris R S. Evidence for APOBEC3B mutagenesis in multiple human cancers[J]. Nat Genet, 2013, 45(9): 977 - 983.

[52] Burns M B, Lackey L, Carpenter M A, et al. APOBEC3B is an enzymatic source of mutation in breast cancer[J]. Nature, 2013, 494(7437): 366 - 370.

[53] Leonard B, Hart S N, Burns M B, et al. APOBEC3B upregulation and genomic mutation patterns in serous ovarian carcinoma[J]. Cancer Res, 2013, 73(24): 7222 - 7231.

[54] McDougle R M, Hultquist J F, Stabell A C, et al. D316 is critical for the enzymatic activity and HIV-1 restriction potential of human and rhesus APOBEC3B[J]. Virology, 2013, 441(1): 31 - 39.

[55] Roberts S A, Lawrence M S, Klimczak L J, et al. An APOBEC Cytidine Deaminase Mutagenesis Pattern is Widespread in Human Cancers[J]. Nat Genet, 2013, 45(9): 970 - 976.

[56] Xuan D, Li G, Cai Q, et al. APOBEC3 deletion polymorphism is associated with breast cancer risk among women of European ancestry[J]. Carcinogenesis, 2013, 34(10): 2240 - 2243.

[57] Vasudevan A A, Smits S H, Höppner A, et al. Structural features of antiviral DNA cytidine deaminases[J]. Biol Chem, 2013, 394(11): 1357 - 1370.

[58] Bacolla A, Cooper D N, Vasquez K M. Mechanisms of Base Substitution Mutagenesis in Cancer Genomes[J]. Genes (Basel), 2014, 5(1): 108 - 146.

[59] Ohba K, Ichiyama K, Yajima M, et al. In Vivo and In Vitro Studies Suggest a Possible Involvement of HPV Infection in the Early Stage of Breast Carcinogenesis via APOBEC3B Induction[J]. PLoS One, 2014, 9(5): e97787.

[60] Sieuwerts A M, Willis S, Burns M B, et al. Elevated APOBEC3B Correlates with Poor Outcomes for Estrogen-Receptor-Positive Breast Cancers[J]. Horm Cancer, 2014, 5(6): 405 - 413.

[61] Vieira V C, Leonard B, White E A, et al. Human Papillomavirus E6 Triggers Upregulation of the Antiviral and Cancer Genomic DNA Deaminase APOBEC3B[J]. MBio, 2014, 5(6): e02234-14.

[62] Jin Z, Han Y X, Han X R. The role of APOBEC3B in chondrosarcoma[J]. Oncol Rep, 2014, 32(5): 1867 – 1872.

[63] Sasaki H, Suzuki A, Tatematsu T, et al. APOBEC3B gene overexpression in non-small-cell lung cancer[J]. Biomed Rep, 2014, 2(3): 392 – 395.

[64] Cescon D W, Haibe-Kains B, Mak T W. APOBEC3B expression in breast cancer reflects cellular proliferation, while a deletion polymorphism is associated with immune activation [J]. Proc Natl Acad Sci USA, 2015, 112(9): 2841 – 2846.

[65] Harris R S. Molecular mechanism and clinical impact ofAPOBEC3B-catalyzed mutagenesis in breast cancer[J]. Breast Cancer Res, 2015, 17: 8.

[66] Wu P F, Chen Y S, Kuo T Y, et al. APOBEC3B: a potential factor suppressing growth of human hepatocellular carcinoma cells[J]. Anticancer Res, 2015, 35(3): 1521 – 1527.

[67] Zhang J, Wei W, Jin H C, et al. The roles of APOBEC3B in gastric cancer[J]. Int J Clin Exp Pathol, 2015, 8(5): 5089 – 5096.

[68] Kosumi K, Baba Y, Ishimoto T, et al. APOBEC3B is an enzymatic source of molecular alterations in esophageal squamous cell carcinoma[J]. Med Oncol, 2016, 33(3): 26.

[69] Luo X, Huang Y, Chen Y, et al. Association of Hepatitis B Virus Covalently Closed Circular DNA and Human APOBEC3B in Hepatitis B Virus-Related Hepatocellular Carcinoma [J]. PLoS One, 2016, 11(6): e0157708.

[70] Verhalen B, Starrett G J, Harris R S, et al. Functional Upregulation of the DNA Cytosine Deaminase APOBEC3B by Polyomaviruses[J]. J Virol, 2016, 90(14): 6379 – 6386.

[71] Yan S, He F, Gao B, et al. Increased APOBEC3B Predicts Worse Outcomes in Lung Cancer: A Comprehensive Retrospective Study[J]. J Cancer, 2016, 7(6): 618 – 625.

[72] Klonowska K, Kluzniak W, Rusak B, et al. The 30 KB deletion in the APOBEC3 cluster decreases APOBEC3A and APOBEC3B expression and creates a transcriptionally active hybrid gene but does not associate with breast cancer in the European population[J]. Oncotarget, 2017, 8(44): 76357 – 76374.

[73] Nikkilä J, Kumar R, Campbell J, et al. Elevated APOBEC3B expression drives a kataegic-like mutation signature and replication stress-related therapeutic vulnerabilities in p53-defective cells[J]. Br J Cancer, 2017, 117(1): 113 – 123.

[74] Periyasamy M, Singh A K, Gemma C, et al. p53 controls expression of the DNA deaminase APOBEC3B to limit its potential mutagenic activity in cancer cells[J]. Nucleic Acids Res, 2017, 45(19): 11056 – 11069.

[75] Sieuwerts A M, Schrijver W A, Dalm S U, et al. Progressive APOBEC3B mRNA expression in distant breast cancer metastases[J]. PLoS One, 2017, 12(1): e0171343.

［76］Xiao X，Yang H，Arutiunian V，et al. Structural determinants of APOBEC3B non-catalytic domain for molecular assembly and catalytic regulation［J］. Nucleic Acids Res，2017，45 (12)：7494 - 7506.

［77］Zou J，Wang C，Ma X，et al. APOBEC3B, a molecular driver of mutagenesis in human cancers［J］. Cell Biosci，2017，7：29.

［78］Gao Y，Feng J，Yang G，et al. Hepatitis B virus X protein-elevated MSL2 modulates hepatitis B virus covalently closed circular DNA by inducing degradation of APOBEC3B to enhance hepatocarcinogenesis［J］. Hepatology，2017，66(5)：1413 - 1429.

［79］Li S，Bao X，Wang D，et al. APOBEC3B and IL-6 form a positive feedback loop in hepatocellular carcinoma cells［J］. Sci China Life Sci，2017，60(6)：617 - 626.

［80］Chen Y，Hu J，Cai X，et al. APOBEC3B edits HBV DNA and inhibits HBV replication during reverse transcription［J］. Antiviral Res，2018，149：16 - 25.

［81］Du Y，Tao X，Wu J，et al. APOBEC3B up-regulation independently predicts ovarian cancer prognosis：a cohort study［J］. Cancer Cell Int，2018，18：78.

［82］Feng C，Zheng Q，Yang Y，et al. APOBEC3B High Expression in Gastroenteropancreatic Neuroendocrine Neoplasms and Association With Lymph Metastasis［J］. Appl Immunohistochem Mol Morphol，2018［Epub ahead of print］.

［83］Jaguva Vasudevan A A，Kreimer U，Schulz W A，et al. APOBEC3B Activity Is Prevalent in Urothelial Carcinoma Cells and Only Slightly Affected by LINE-1 Expression［J］. Front Microbiol，2018，9：2088.

［84］Shimizu A，Fujimori H，Minakawa Y，et al. Onset of deaminase APOBEC3B induction in response to DNA double-strand breaks［J］. Biochem Biophys Rep，2018，16：115 - 121.

［85］Wang J，Shaban N M，Land A M，et al. Simian Immunodeficiency Virus Vif and Human APOBEC3B Interactions Resemble Those between HIV-1 Vif and Human APOBEC3G ［J］. J Virol，2018，92(12)：e00447-18.

［86］Wang S，Jia M，He Z，et al. APOBEC3B and APOBEC mutational signature as potential predictive markers for immunotherapy response in non-small cell lung cancer［J］. Oncogene，2018，37(29)：3924 - 3936.

［87］Jia Q P，Yan C Y，Zheng X R，et al. Upregulation of MTA1 expression by human papillomavirus infection promotes CDDP resistance in cervical cancer cells via modulation of NF-κB/APOBEC3B cascade［J］. Cancer Chemother Pharmacol，2019，83(4)：625 - 637.

［88］Ma W，Ho D W，Sze K M，et al. APOBEC3B promotes hepatocarcinogenesis and metastasis through novel deaminase-independent activity［J］. Mol Carcinog，2019，58(5)：643 - 653.

［89］Marino D，Zichi C，Audisio M，et al. Second-line treatment options in hepatocellular carcinoma［J］. Drugs Context，2019，8：212577.

[90] Starrett G J, Serebrenik A A, Roelofs P A, et al. Polyomavirus T Antigen Induces APOBEC3B Expression Using an LXCXE-Dependent and TP53-Independent Mechanism[J]. mBio, 2019, 10(1): e02690-18.

[91] Yao J, Tanaka M, Takenouchi N, et al. Induction of APOBEC3B cytidine deaminase in HTLV-1-infected humanized mice[J]. Exp Ther Med, 2019, 17(5): 3701 – 3708.

[92] Langlois M A, Beale R C, Conticello S G, et al. Mutational comparison of the single-domained APOBEC3C and double-domained APOBEC3F/G anti-retroviral cytidine deaminases provides insight into their DNA target site specificities[J]. Nucleic Acids Research, 2005, 33 (6): 1913 – 1923.

[93] Bourara K, Liegler T J, Grant R M. Target cell APOBEC3C can induce limited G-to-A mutation in HIV-1[J]. PLoS Pathog, 2007, 3(10): e153.

[94] Köck J, Blum H E. Hypermutation of hepatitis B virus genomes by APOBEC3G, APOBEC3C and APOBEC3H[J]. J Gen Virol, 2008, 89(Pt 5): 1184 – 1191.

[95] Wang T, Zhang W, Tian C, et al. Distinct viral determinants for the packaging of human cytidine deaminases APOBEC3G and APOBEC3C[J]. Virology, 2008, 377(1): 71 – 79.

[96] Perković M, Schmidt S, Marino D, etal. Species-specific Inhibition of APOBEC3C by the Prototype Foamy Virus Protein Bet[J]. J Biol Chem, 2009, 284(9): 5819 – 5826.

[97] Stauch B, Hofmann H, Perković M, et al. Model structure of APOBEC3C reveals a binding pocket modulating ribonucleic acid interaction required for encapsidation[J]. Proc Natl Acad Sci, 2009, 106(29): 12079 – 12084.

[98] Li D, Liu J, Kang F, et al. Core-APOBEC3C chimerical protein inhibits hepatitis B virus replication[J]. J Biochem, 2011, 150(4): 371 – 374.

[99] Suspène R, Aynaud M M, Koch S, et al. Genetic editing of herpes simplex virus 1 and Epstein-Barr herpesvirus genomes by human APOBEC3 cytidine deaminases in culture and in vivo [J]. J Virol, 2011, 85(15): 7594 – 7602.

[100] Dong E, Gavin D P, Chen Y, et al. Upregulation of TET1 and downregulation of APOBEC3A and APOBEC3C in the parietal cortex of psychotic patients[J]. Transl Psychiatry, 2012, 2: e159.

[101] Guidotti A, Dong E, Gavin D P, et al. DNA methylation/demethylation network expression in psychotic patients with a history of alcohol abuse[J]. Alcohol Clin Exp Res, 2013, 37(3): 417 – 424.

[102] Lukic D S, Hotz-Wagenblatt A, Lei J, et al. Identification of the feline foamy virus Bet domain essential for APOBEC3 counteraction[J]. Retrovirology, 2013, 10: 76.

[103] Aydin H, Taylor M W, Lee J E. Structure-guided analysis of the human APOBEC3-HIV restrictome[J]. Structure, 2014, 22(5): 668 – 684.

[104] Li J, Chen Y, Li M, et al. APOBEC3 Multimerization Correlates with HIV-1 Packaging and Restriction Activity in Living Cells[J]. J Mol Biol, 2014, 426(6): 1296 – 1307.

[105] Desimmie B A, Delviks-Frankenberrry K A, Burdick R C, et al. Multiple APOBEC3 restriction factors for HIV-1 and one Vif to rule them all[J]. J Mol Biol, 2014, 426(6): 1220 - 1245.

[106] Horn A V, Klawitter S, Held U, et al. Human LINE-1 restriction by APOBEC3C is deaminase independent and mediated by an ORF1p interaction that affects LINE reverse transcriptase activity[J]. Nucleic Acids Res, 2014, 42(1): 396 - 416.

[107] Shandilya S M, Bohn M F, Schiffer C A. A computational analysis of the structural determinants of APOBEC3's catalytic activity and vulnerability to HIV-1 Vif[J]. Virology, 2014, 471 - 473: 105 - 116.

[108] Ahasan M M, Wakae K, Wang Z, et al. APOBEC3A and 3C decrease human papillomavirus 16 pseudovirion infectivity[J]. Biochem Biophys Res Commun, 2015, 457(3): 295 - 299.

[109] Zhang Y, Delahanty R, Guo X, et al. Integrative genomic analysis reveals functional diversification of APOBEC gene family in breast cancer[J]. Hum Genomics, 2015, 9: 34.

[110] Zhang Z, Gu Q, Jaguva Vasudevan A A, et al. Vif Proteins from Diverse HIV/SIV Lineages have Distinct Binding Sites in A3C[J]. J Virol, 2016: 01497-16.

[111] Ariumi Y. Guardian of the Human Genome: Host Defense Mechanisms against LINE-1 Retrotransposition[J]. Front Chem, 2016, 4: 28.

[112] Desimmie B A, Burdick R C, Izumi T, et al. APOBEC3 proteins can copackage and comutate HIV-1 genomes[J]. Nucleic Acids Res, 2016, 44(16): 7848 - 7865.

[113] Greenwood E J, Matheson N J, Wals K, et al. Temporal proteomic analysis of HIV infection reveals remodelling of the host phosphoproteome by lentiviral Vif variants[J]. ELife, 2016, 5: e18296.

[114] Wittkopp C J, Adolph M B, Wu Li, et al. A Single Nucleotide Polymorphism in Human APOBEC3C Enhances Restriction of Lentiviruses [J]. PLoS Pathog, 2016, 12 (10): e1005865.

[115] Siriwardena S U, Chen K, Bhagwat A S. The Functions and Malfunctions of AID/ APOBEC Family Deaminases: the known knowns and the known unknowns[J]. Chem Rev, 2016, 116(20): 12688 - 12710.

[116] Adolph M B, Ara A, Feng Y, et al. Cytidine deaminase efficiency of the lentiviral viral restriction factor APOBEC3C correlates with dimerization[J]. Nucleic Acids Res, 2017, 45 (6): 3378 - 3394.

[117] Jaguva Vasudevan A A, Hofmann H, Willbold D, et al. Enhancing the Catalytic Deamination Activity of APOBEC3C Is Insufficient to Inhibit Vif-Deficient HIV-1[J]. J Mol Biol, 2017, 429(8): 1171 - 1191.

[118] Testoni B, Durantel D, Zoulim F. Novel targets for hepatitis B virus therapy[J]. Liver Int, 2017, 37 Suppl 1: 33 - 39.

［119］Anderson B D，Ikeda T，Moghadasi S A，et al. Natural APOBEC3C variants can elicit differential HIV-1 restriction activity［J］. Retrovirology，2018，15(1)：78.

［120］Milewska A，Kindler E，Vkovski P，et al. APOBEC3-mediated restriction of RNA virus replication［J］. Sci Rep，2018，8(1)：5960.

［121］Dang Y，Wang X，Esselman W J，et al. Identification of APOBEC3DE as Another Antiretroviral Factor from the Human APOBEC Family［J］. J Virol，2006，80(21)：10522 – 10533.

［122］Smith J L，Pathak V K. Identification of specific determinants of human APOBEC3F，APOBEC3C，and APOBEC3DE and African green monkey APOBEC3F that interact with HIV-1 Vif［J］. J Virol，2010，84(24)：12599 – 12608.

［123］Dang Y，Abudu A，Son S，et al. Identification of a Single Amino Acid Required for APOBEC3 Antiretroviral Cytidine Deaminase Activity［J］. J Virol，2011，85(11)：5691 – 5695.

［124］Duggal N K，Malik H S，Emerman M. The Breadth of Antiviral Activity of Apobec3DE in Chimpanzees Has Been Driven by Positive Selection［J］. J Virol，2011，85(21)：11361 – 11371.

［125］Hultquist J F，Lengyel J A，Refsland E W，et al. Human and rhesus APOBEC3D，APOBEC3F，APOBEC3G，and APOBEC3H demonstrate a conserved capacity to restrict Vif-deficient HIV-1［J］. J Virol，2011，85(21)：11220 – 11234.

［126］Harris R S，Hultquist J F，Evans D T. The restriction factors of human immunodeficiency virus［J］. J Biol Chem，2012，287(49)：40875 – 40883.

［127］Smith H C，Bennett R P，Kizilyer A，et al. Functions and regulation of the APOBEC family of proteins［J］. Semin Cell Dev Biol，2012，23(3)：258 – 268.

［128］Chaipan C，Smith J L，Hu W S，et al. APOBEC3G Restricts HIV-1 to a Greater Extent than APOBEC3F and APOBEC3DE in Human Primary CD4＋T Cells and Macrophages ［J］. J Virol，2013，87(1)：444 – 453.

［129］Duggal N K，Fu W Q，Akey J M.，et al. Identification and Antiviral Activity of Common Polymorphisms in the APOBEC3 locus in Human Populations［J］. Virology，2013，443 (2)：329 – 337.

［130］Lackey L，Law E K，Brown W L，et al. Subcellular localization of the APOBEC3 proteins during mitosis and implications for genomic DNA deamination［J］. Cell Cycle，2013，12 (5)：762 – 772.

［131］Deng Y，Du Y，Zhang Q，et al. Human cytidine deaminases facilitate hepatitis B virus evolution and link inflammation and hepatocellular carcinoma［J］. Cancer Lett，2014，343 (2)：161 – 171.

［132］Sato K，Takeuchi J S，Misawa N，et al. APOBEC3D and APOBEC3F Potently Promote HIV-1 Diversification and Evolution in Humanized Mouse Model［J］. PLoS Pathog，2014，10(10)：e1004453.

[133] Schmitt K, Katuwal M, Wang Y, et al. Analysis of the N-terminal positively charged residues of the simian immunodeficiency virus Vif reveals a critical amino acid required for the antagonism of rhesus APOBEC3D, G, and H[J]. Virology, 2014, 449: 140 - 149.

[134] Zhang A, Bogerd H, Villinger F, et al. In vivo hypermutation of xenotropic murine leukemia virus-related virus DNA in peripheral blood mononuclear cells of rhesus macaque by APOBEC3 proteins[J]. Virology, 2011, 421(1): 28 - 33.

[135] He X, Li J, Wu J, et al. Associations between activation-induced cytidine deaminase/ apolipoprotein B mRNA editing enzyme, catalytic polypeptide-like cytidine deaminase expression, hepatitis B virus (HBV) replication and HBV-associated liver disease[J]. Mol Med Rep, 2015, 12(5): 6405 - 6414.

[136] Morales M E, White T B, Streva V A, et al. The contribution of alu elements to mutagenic DNA double-strand break repair[J]. PLoS Genet, 2015, 11(3): e1005016.

[137] Bouzidi M S, Caval V, Suspène R, et al. APOBEC3DE Antagonizes Hepatitis B Virus Restriction Factors APOBEC3F and APOBEC3G[J]. J Mol Biol, 2016, 428(17): 3514 - 3528.

[138] Liang W, Xu J, Yuan W, et al. APOBEC3DE Inhibits LINE-1 Retrotransposition by Interacting with ORF1p and Influencing LINE Reverse Transcriptase Activity[J]. PLoS One, 2016, 11(7): e0157220.

[139] Mullane S A, Werner L, Rosenberg J, et al. Correlation of Apobec Mrna Expression with overall Survival and pd-l1 Expression in Urothelial Carcinoma [J]. Sci Rep, 2016, 6: 27702.

[140] Olson M E, Harris R S, Harki D A. APOBEC Enzymes as Targets for Virus and Cancer Therapy[J]. Cell Chem Biol, 2018, 25(1): 36 - 49.

[141] Adolph M B, Ara A, Chelico L. APOBEC3 Host Restriction Factors of HIV-1 Can Change the Template Switching Frequency of Reverse Transcriptase[J]. J Mol Biol, 2019, S0022-2836(19)30092-0.

[142] Jarmuz A, Chester A, Bayliss J, et al. An anthropoid-specific locus of orphan C to U RNA editing enzymes on chromosome 22 [J]. Genomics, 2002, 79 (3): 285 - 296.

[143] Reuben S H, Bishop K N, Sheehy A. M, et al. DNA Deamination Mediates Innate Immunity to Retroviral Infection [J]. Cell, 2003, 113 (6): 803 - 809.

[144] Heather L W, Brian P D, Hal P B, et al. A second human antiretroviral factor, APOBEC3F, is suppressed by the HIV-1 and HIV-2 Vif proteins[J]. The EMBO Journal, 2004, 23 (12): 2451 - 2458.

[145] Liddament M T, Brown W L, Schumacher A J, et al. APOBEC3F properties and hypermutation preferences indicate ac- tivity against HIV- 1 in vivo [J]. Curr Biol, 2004, 14 (15): 1385 - 1391.

[146] Rose K M, Martin M, Susan L K, et al. The viral infectivity factor (Vif) of HIV‐1 unveiled [J]. Trends in Molecular medicine, 2004, 10 (6): 291‐297.

[147] 魏民,李海山,黄海龙,等. DNA 脱氨基:新发现的人类抗 HIV-1 机制[J]. 生命的化学,2004,24(3):190‐192.

[148] Zheng Y H, Irwin D, Kurosu T, et al. Human APOBEC3F is another host factor that blocks Human Immunodeficiency Virus Type 1replication[J]. Journal of Virology, 2004, 78 (11): 6073‐6076.

[149] Liu B, Sarkis P T, Luo K, et al. Regula‐ tion of Apobec3F and Human Immunodeficiency Virus Type 1 Vif by Vif- Cul5- ElonB/C E3 Ubiquitin Ligase [J]. Journal of Virology, 2005, 79 (15): 9579‐9587.

[150] 吴小霞,马义才. 固有免疫的新成员——APOBEC3G[J]. 免疫学杂志,2005,21(3): 93‐95.

[151] 吴小霞,马义才. APOBEC 家族的防御机制[J]. 现代预防医学,2006,32(1):41‐43.

[152] Rebecca K H, Fransje A K, Kate N B, et al. APOBEC3F Can Inhibit the Accumulation of HIV-1 Reverse Transcription Products in the Absence of Hypermutation[J]. J Biol Chem, 2007, 282 (4): 2587‐2595.

[153] Stenglein M D, Harris R S. APOBEC3B and APOBEC3F inhibit L1 retrotransposition by a DNA deamination-independent mechanism[J]. J Biol Chem, 2006, 281 (25): 16837‐16841.

[154] Wang X, Dolan P T, Dang Y, et al. Biochemical Dif- ferentiation of APOBEC3F and APOBEC3G Proteins Associated with HIV-1 Life Cycle [J]. J Biol Chem, 2007, 282(3): 1585‐1594.

[155] Gallois-Montbrun S, Holmes R K, Swanson C M, et al. Comparison of cellular ribonucleoprotein complexes associated with the APOBEC3F and APOBEC3G antiviral proteins [J]. J Virol, 2008, 82(11): 5636‐5642.

[156] Lovsin N, Peterlin B M. APOBEC3 proteins inhibit LINE-1 retrotransposition in the absence of ORF1p binding[J]. Ann N Y Acad Sci, 2009, 1178: 268‐275.

[157] Smith J L, Bu W, Burdick R C, et al. Multiple ways of targeting APOBEC3-virion infectivity factor interactions for anti-HIV-1 drug development[J]. Trends Pharmacol Sci, 2009, 30(12): 638‐646.

[158] Mbisa J L, Bu W, Pathak V K. APOBEC3F and APOBEC3G inhibit HIV-1 DNA integration by different mechanisms[J]. J Virol, 2010, 84(10): 5250‐5259.

[159] Lee J, Choi J Y, Lee H J, et al. Repression of porcine endogenous retrovirus infection by human APOBEC3 proteins[J]. Biochem Biophys Res Commun, 2011, 407(1): 266‐270.

[160] Siu K K, Sultana A, Azimi F C, et al. Structural determinants of HIV-1 Vif susceptibility and DNA binding in APOBEC3F[J]. Nat Commun, 2013, 4: 2593.

[161] Xiang S, Ma Y, Yan Q, et al. Construction and characterization of an infectious replication competent clone of porcine endogenous retrovirus from Chinese miniature pigs[J]. Virol J, 2013, 10: 228.

[162] Ara A, Love R P, Chelico L. Different mutagenic potential of HIV-1 restriction factors APOBEC3G and APOBEC3F is determined by distinct single-stranded DNA scanning mechanisms[J]. PLoS Pathog, 2014, 10(3): e1004024.

[163] Albin J S, Brown W L, Harris R S. Catalytic activity of APOBEC3F is required for efficient restriction of Vif-deficient human immunodeficiency virus[J]. Virology, 2014, 450 - 451: 49 - 54.

[164] Land A M, Shaban N M, Evans L, et al. APOBEC3F determinants of HIV-1 Vif sensitivity[J]. J Virol, 2014, 88(21): 12923 - 12927.

[165] Wang X, Li X, Ma J, et al. Human APOBEC3F incorporation into human immunodeficiency virus type 1 particles[J]. Virus Res, 2014, 191: 30 - 38.

[166] Kobayashi T, Koizumi Y, Takeuchi J S, et al. Quantification of deaminase activity-dependent and -independent restriction of HIV-1 replication mediated by APOBEC3F and APOBEC3G through experimental-mathematical investigation[J]. J Virol, 2014, 88(10): 5881 - 5887.

[167] Donahue J P, Levinson R T, Sheehan J H, et al. Genetic analysis of the localization of APOBEC3F to human immunodeficiency virus type 1 virion cores[J]. J Virol, 2015, 89(4): 2415 - 2424.

[168] Merindol N, Berthoux L. Restriction Factors in HIV-1 Disease Progression[J]. Curr HIV Res, 2015, 13(6): 448 - 461.

[169] Yang Z, Zhuang L, Yu Y, et al. Overexpression of APOBEC3F in tumor tissues is potentially predictive for poor recurrence-free survival from HBV-related hepatocellular carcinoma [J]. Discov Med, 2015, 20(112): 349 - 356.

[170] An P, Penugonda S, Thorball C W, et al. Role of APOBEC3F Gene Variation in HIV-1 Disease Progression and Pneumocystis Pneumonia [J]. PLoS Genet, 2016, 12 (3): e1005921.

[171] Chen Q, Xiao X, Wolfe A, et al. The in vitro Biochemical Characterization of an HIV-1 Restriction Factor APOBEC3F: Importance of Loop 7 on Both CD1 and CD2 for DNA Binding and Deamination[J]. J Mol Biol, 2016, 428(13): 2661 - 2670.

[172] Marin M, Golem S, Kozak S L, et al. Movements of HIV-1 genomic RNA-APOBEC3F complexes and PKR reveal cytoplasmic and nuclear PKR defenses and HIV-1 evasion strategies[J]. Virus Res, 2016, 213: 124 - 139.

[173] Richards C, Albin J S, Demir Ö, et al. The Binding Interface Between Human APOBEC3F and HIV-1 Vif Elucidated by Genetic and Computational Approaches[J]. Cell Rep, 2015, 13(9): 1781 - 1788.

[174] Shaban N M, Shi K, Li M, et al. 1. 92 Angstrom Zinc-Free APOBEC3F Catalytic Domain Crystal Structure[J]. J Mol Biol, 2016, 428(11): 2307 - 2316.

[175] Allweiss L, Dandri M. The Role of cccDNA in HBV Maintenance[J]. Viruses, 2017, 9(6).

[176] Fang Y, Xiao X, Li S X, et al. Molecular Interactions of a DNA Modifying Enzyme APOBEC3F Catalytic Domain with a Single-Stranded DNA[J]. J Mol Biol, 2018, 430(1): 87 - 101.

[177] Mohammadzadeh N, Follack T B, Love R P, et al. Polymorphisms of the cytidine deaminase APOBEC3F have different HIV-1 restriction efficiencies[J]. Virology, 2018, 527: 21 - 31.

[178] Yang Z, Tao Y, Xu X, et al. Bufalin inhibits cell proliferation and migration of hepatocellular carcinoma cells via APOBEC3F induced intestinal immune network for IgA production signaling pathway[J]. Biochem Biophys Res Commun, 2018, 503(3): 2124 - 2131.

[179] Adolph M B, Ara A, Chelico L. APOBEC3 Host Restriction Factors of HIV-1 Can Change the Template Switching Frequency of Reverse Transcriptase[J]. J Mol Biol, 2019, 431 (7): 1339 - 1352.

[180] Zhang B, Zhang X, Jin M, et al. CagA increases DNA methylation and decreases PTEN expression in human gastric cancer[J]. Mol Med Rep, 2019, 19(1): 309 - 319.

[181] Sheehy A M, Gaddis N C, Choi J D, et al. Isolation of a human gene that inhibits HIV-1 infection and is suppressed by the viral Vif protein[J]. Nature, 2002, 418(6898): 646 - 650.

[182] Chiu Y L, Witkowska H E, Hall S C, et al. High-molecular-mass APOBEC3G complexes restrict Alu retrotransposition[J]. Proc Natl Acad Sci USA, 2006, 103(42): 15588 - 15593.

[183] Nguyen D H, Gummuluru S, Hu J. Deamination-independent inhibition of hepatitis B virus reverse transcription by APOBEC3G[J]. J Virol, 2007, 81(9): 4465 - 4472.

[184] Chiu Y L, Greene W C. APOBEC3G: an intracellular centurion[J]. Philos Trans R Soc Lond B Biol Sci, 2009, 364(1517): 689 - 703.

[185] Wang S M, Wang C T. APOBEC3G cytidine deaminase association with coronavirus nucleocapsid protein[J]. Virology, 2009, 388(1): 112 - 120.

[186] Zhou T, Han Y, Dang Y, et al. A novel HIV-1 restriction factor that is biologically distinct from APOBEC3 cytidine deaminases in a human T cell line CEM NKR [J]. Retrovirology, 2009, 6: 31.

[187] Paprotka T, Venkatachari N J, Chaipan C, et al. Inhibition of xenotropic murine leukemia virus-related virus by APOBEC3 proteins and antiviral drugs[J]. J Virol, 2010, 84 (11): 5719 - 5729.

［188］Reingewertz T H, Shalev D E, Friedler A. Structural disorder in the HIV-1 Vif protein and interaction-dependent gain of structure［J］. Protein Pept Lett, 2010, 17(8): 988 - 998.

［189］Dey A, Mantri C K, Pandhare-Dash J, et al. Downregulation of APOBEC3G by xenotropic murine leukemia-virus related virus (XMRV) in prostate cancer cells［J］. Virol J, 2011, 8: 531.

［190］Ding Q, Chang C J, Xie X, et al. APOBEC3G promotes liver metastasis in an orthotopic mouse model of colorectal cancer and predicts human hepatic metastasis［J］. J Clin Invest, 2011, 121(11): 4526 - 4536.

［191］Anwar F, Davenport M P, Ebrahimi D. Footprint of APOBEC3 on the genome of human retroelements［J］. J Virol, 2013, 87(14): 8195 - 8204.

［192］Krupp A, McCarthy K R, Ooms M, et al. APOBEC3G polymorphism as a selective barrier to cross-species transmission and emergence of pathogenic SIV and AIDS in a primate host ［J］. PLoS Pathog, 2013, 9(10): e1003641.

［193］Kitamura K, Wang Z, Chowdhury S, et al. Uracil DNA glycosylase counteracts APOBEC3G-induced hypermutation of hepatitis B viral genomes: excision repair of covalently closed circular DNA［J］. PLoS Pathog, 2013, 9(5): e1003361.

［194］Koyama T, Arias J F, Iwabu Y, et al. APOBEC3G oligomerization is associated with the inhibition of both Alu and LINE-1 retrotransposition［J］. PLoS One, 2013, 8(12): e84228.

［195］Chang L C, Kuo T Y, Liu C W, et al. APOBEC3G exerts tumor suppressive effects in human hepatocellular carcinoma［J］. Anticancer Drugs, 2014, 25(4): 456 - 461.

［196］Lan H, Jin K, Gan M2, et al. APOBEC3G expression is correlated with poor prognosis in colon carcinoma patients with hepatic metastasis［J］. Int J Clin Exp Med, 2014, 7 (3): 665 - 672.

［197］] Minkah N, Chavez K, Shah P, et al. Host restriction of murine gammaherpesvirus 68 replication by human APOBEC3 cytidine deaminases but not murine APOBEC3［J］. Virology, 2014, 454 - 455: 215 - 226.

［198］Nowarski R, Prabhu P, Kenig E, et al. APOBEC3G inhibits HIV-1 RNA elongation by inactivating the viral trans-activation response element［J］. J Mol Biol, 2014, 426(15): 2840 - 2853.

［199］Nair S, Rein A. Antiretroviral restriction factors in mice［J］. Virus Res, 2014, 93: 130 - 134.

［200］Bélanger K, Langlois M A. RNA-binding residues in the N-terminus of APOBEC3G influence its DNA sequence specificity and retrovirus restriction efficiency［J］. Virology, 2015, 483: 141 - 148.

［201］Garg A, Kaul D, Chauhan N. APOBEC3G governs to ensure cellular oncogenic transformation［J］. Blood Cells Mol Dis, 2015, 55(3): 248 - 254.

[202] Kouno T, Luengas E M, Shigematsu M, et al. Structure of the Vif-binding domain of the antiviral enzyme APOBEC3G[J]. Nat Struct Mol Biol, 2015, 22(6): 485 – 491.

[203] Wu J, Pan T H, Xu S, et al. The virus-induced protein APOBEC3G inhibits anoikis by activation of Akt kinase in pancreatic cancer cells[J]. Sci Rep, 2015, 5: 12230.

[204] Xu Y, Leng J, Xue F, et al. Effect of apolipoprotein B mRNA-editing catalytic polypeptide-like protein-3G in cervical cancer[J]. Int J Clin Exp Pathol, 2015, 8(10): 12307 – 12312.

[205] Zhu Y P, Peng Z G, Wu Z Y, et al. Host APOBEC3G protein inhibits HCV replication through direct binding at NS3[J]. PLoS One, 2015, 10(3): e0121608.

[206] Araujo J M, Prado A, Cardenas N K, et al. Repeated observation of immune gene sets enrichment in women with non-small cell lung cancer[J]. Oncotarget, 2016, 7(15): 20282 – 20292.

[207] Bennett R P, Stewart R A, Hogan P A, et al. An analog of camptothecin inactive against Topoisomerase I is broadly neutralizing of HIV-1 through inhibition of Vif-dependent APOBEC3G degradation[J]. Antiviral Res, 2016, 136: 51 – 59.

[208] Garg A, Kaul D. APOBEC3G has the ability to programme T cell plasticity[J]. Blood Cells Mol Dis, 2016, 59: 108 – 112.

[209] Laksono B M, de Vries R D, McQuaid S, et al. Measles Virus Host Invasion and Pathogenesis[J]. Viruses, 2016, 8(8): E210.

[210] Leonard B, Starrett G J, Maurer M J, et al. APOBEC3G Expression Correlates with T-Cell Infiltration and Improved Clinical Outcomes in High-grade Serous Ovarian Carcinoma[J]. Clin Cancer Res, 2016, 22(18): 4746 – 4755.

[211] Okada A, Iwatani Y. APOBEC3G-Mediated G-to-A Hypermutation of the HIV-1 Genome: The Missing Link in Antiviral Molecular Mechanisms[J]. Front Microbiol, 2016, 7: 2027.

[212] Prabhu P, Shandilya S M, Britan-Rosich E, et al. Inhibition of APOBEC3G activity impedes double-stranded DNA repair[J]. FEBS J, 2016, 283(1): 112 – 129.

[213] Ran X, Ao Z, Yao X. Apobec3G-Based Strategies to Defeat HIV Infection[J]. Curr HIV Res, 2016, 14(3): 217 – 224.

[214] Sharma S, Garg A, Dhanda R, et al. APOBEC3G governs the generation of truncated AATF protein to ensure oncogenic transformation[J]. Cell Biol Int, 2016, 40(12): 1366 – 1371.

[215] Sharma S, Patnaik S K, Taggart R T, et al. The double-domain cytidine deaminase APOBEC3G is a cellular site-specific RNA editing enzyme[J]. Sci Rep, 2016, 6: 39100.

[216] Svoboda M, Meshcheryakova A, Heinze G, et al. AID/APOBEC-network reconstruction identifies pathways associated with survival in ovarian cancer[J]. BMC Genomics, 2016, 17(1): 643.

[217] Xiao X, Li S X, Yang H, et al. Crystal structures of APOBEC3G N-domain alone and its complex with DNA[J]. Nat Commun, 2016, 7: 12193.

[218] Aksoy P, Gottschalk E Y, Meneses P I. HPV entry into cells[J]. Mutat Res Rev Mutat Res, 2017, 772: 13 - 22.

[219] Chen R, Zhao X, Wang Y, et al. Hepatitis B virus X protein is capable of down-regulating protein level of host antiviral protein APOBEC3G[J]. Sci Rep, 2017, 7: 40783.

[220] Cheung A K L, Huang Y, Kwok H Y, et al. Latent human cytomegalovirus enhances HIV-1 infection in CD34+ progenitor cells[J]. Blood Adv, 2017, 1(5): 306 - 318.

[221] He X T, Xu H Q, Wang X M, et al. Association between polymorphisms of the APOBEC3G gene and chronic hepatitis B viral infection and hepatitis B virus-related hepatocellular carcinoma[J]. World J Gastroenterol, 2017, 23(2): 232 - 241.

[222] Iizuka T, Wakae K, Nakamura M, et al. APOBEC3G is increasingly expressed on the human uterine cervical intraepithelial neoplasia along with disease progression[J]. Am J Reprod Immunol, 2017, 78(4).

[223] Morse M, Huo R, Feng Y, et al. Dimerization regulates both deaminase-dependent and deaminase-independent HIV-1 restriction by APOBEC3G[J]. Nat Commun, 2017, 8 (1): 597.

[224] Piguet V. Heat-Induced Editing of HPV Genes to Clear Mucocutaneous Warts[J]. J Invest Dermatol, 2017, 137(4): 796 - 797.

[225] Sharma S, Baysal B E. Stem-loop structure preference for site-specific RNA editing by APOBEC3A and APOBEC3G[J]. PeerJ, 2017, 5: e4136.

[226] Wang Y, Wu S, Zheng S, et al. APOBEC3G acts as a therapeutic target in mesenchymal gliomas by sensitizing cells to radiation-induced cell death[J]. Oncotarget, 2017, 8 (33): 54285 - 54296.

[227] Zheng W, Ling L, Li Z, et al. Conserved Interaction of Lentiviral Vif Molecules with HIV-1 Gag and Differential Effects of Species-Specific Vif on Virus Production[J]. J Virol, 2017, 91(7): e00064-17.

[228] Stavrou S, Zhao W, Blouch K, et al. Deaminase-Dead Mouse APOBEC3 Is an In Vivo Retroviral Restriction Factor[J]. J Virol, 2018, 92(11): e00168-18.

[229] Tiwarekar V, Wohlfahrt J, Fehrholz M, et al. APOBEC3G-Regulated Host Factors Interfere with Measles Virus Replication: Role of REDD1 and Mammalian TORC1 Inhibition[J]. J Virol, 2018, 92(17): e00835-18.

[230] Sharma S, Wang J, Alqassim E, et al. Mitochondrial hypoxic stress induces widespread RNA editing by APOBEC3G in natural killer cells[J]. Genome Biol, 2019, 20 (1): 37.

[231] Dang Y, Siew L M, Wang X, et al. Human Cytidine Deaminase APOBEC3H Restricts HIV-1 Replication[J]. J Biol Chem, 2008, 283(17): 11606 - 11614.

［232］Goila-Gaur R，Strebel K. HIV-1 Vif，APOBEC，and Intrinsic Immunity［J］. Retrovirology，2008，5：51.

［233］Izumi T，Shirakawa K，Takaori-Kondo A. Cytidine deaminases as a weapon against retroviruses and a new target for antiviral therapy［J］. Mini Rev Med Chem，2008，8(3)：231 – 238.

［234］Harari A，Ooms M，Mulder L C，et al. Polymorphisms and Splice Variants Influence the Antiretroviral Activity of Human APOBEC3H［J］. J Virol，2009，83(1)：295 – 303.

［235］Tan L，Sarkis P T，Wang T，et al. Sole copy of Z2-type human cytidine deaminase APOBEC3H has inhibitory activity against retrotransposons and HIV-1［J］. FASEB J，2009，23(1)：279 – 287.

［236］Larue R S，Lengyel J，Jónsson S R，et al. Lentiviral Vif Degrades the APOBEC3Z3/APOBEC3H Protein of Its Mammalian Host and Is Capable of Cross-Species Activity［J］. J Virol，2010，84(16)：8193 – 8201.

［237］Li M M，Wu L I，Emerman M. The Range of Human APOBEC3H Sensitivity to Lentiviral Vif Proteins［J］. J Virol，2010，84(1)：88 – 95.

［238］邵一鸣主译. 艾滋病病毒与艾滋病的发病机制［M］. 3 版. 北京：科学出版社，2010.

［239］Ooms M，Majdak S，Seibert C W，et al. The Localization of APOBEC3H Variants in HIV-1 Virions Determines Their Antiviral Activity［J］. J Virol，2010，84(16)：7961 – 7969.

［240］Cagliani R，Riva S，Fumagalli M，et al. A Positively Selected APOBEC3H Haplotype is Associated With Natural Resistance to HIV-1 Infection［J］. Evolution，2011，65(11)：3311 – 3322.

［241］Gourraud P A，Karaouni A，Woo J M，et al. APOBEC3H Haplotype and HIV-1 Proviral vif DNA Sequence Diversity in Early Untreated Infection［J］. Hum Immunol，2011，72(3)：207 – 212.

［242］Li M M，Emerman M. Polymorphism In Human APOBEC3H Affects a Phenotype Dominant for Subcellular Localization and Antiviral Activity［J］. J Virol，2011，85(16)：8197 – 8207.

［243］Wang X，Abudu A，Son S，et al. Analysis of Human APOBEC3H Haplotypes and Anti-Human Immunodeficiency Virus Type 1 Activity［J］. J Virol，2011，85(7)：3142 – 3152.

［244］Zhen A，Du J，Zhou X，et al. Reduced APOBEC3H Variant Anti-Viral Activities Are Associated with Altered RNA Binding Activities［J］. Plos One，2012，7(7)：e38771.

［245］Valdimara C V，Marcelo A S. The Role of Cytidine Deaminases on Innate Immune Responses against Human Viral Infections［J］. Biomed Res Int，2013：e683095.

［246］Refsland E W，Hultquist J F，Luengas E M，et al. Natural polymorphisms in human APOBEC3H and HIV-1 Vif combine in primary T lymphocytes to affect viral G-to-A mutation levels and infectivity［J］. PLoS Genet，2014，10(11)：e1004761.

［247］Feng Y, Love R P, Ara A, et al. Natural Polymorphisms and Oligomerization of Human APOBEC3H Contribute to Single-stranded DNA Scanning Ability［J］. J Biol Chem, 2015, 290(45): 27188 - 27203.

［248］Mastrogiannis D S, Wang X, Dai M, et al. Alcohol enhances HIV infection of cord blood monocyte-derived macrophages［J］. Curr HIV Res, 2014, 12(4): 301 - 308.

［249］Mitra M, Singer D, Mano Y, et al. Sequence and structural determinants of human APOBEC3H deaminase and anti-HIV-1 activities［J］. Retrovirology, 2015, 12: 3.

［250］Yang Z, Lu Y, Xu Q, et al. Correlation of APOBEC3 in tumor tissues with clinico-pathological features and survival from hepatocellular carcinoma after curative hepatectomy［J］. Int J Clin Exp Med, 2015, 8(5): 7762 - 7769.

［251］Naruse T K, Sakurai D, Ohtani H, et al. APOBEC3H polymorphisms and susceptibility to HIV-1 infection in an Indian population［J］. J Hum Genet, 2016, 61(3): 263 - 265.

［252］Zhao K, Du J, Rui Y, et al. Evolutionarily conserved pressure for the existence of distinct G2/M cell cycle arrest and A3H inactivation functions in HIV-1 Vif［J］. Cell Cycle, 2015, 14(6): 838 - 847.

［253］Zhu M, Wang Y, Wang C, et al. The eQTL-missense polymorphisms of APOBEC3H are associated with lung cancer risk in a Han Chinese population［J］. Sci Rep, 2015, 5: 14969.

［254］Gu J, Chen Q, Xiao X, et al. Biochemical Characterization of APOBEC3H Variants: Implications for Their HIV-1 Restriction Activity and mC Modification［J］. J Mol Biol, 2016, 428(23): 4626 - 4638.

［255］Starrett G J, Luengas E M, McCann J L, et al. The DNA cytosine deaminase APOBEC3H haplotype I likely contributes to breast and lung cancer mutagenesis［J］. Nat Commun, 2016, 7: 12918.

［256］Bohn J A, Thummar K, York A, et al. APOBEC3H structure reveals an unusual mechanism of interaction with duplex RNA［J］. Nat Commun, 2017, 8(1): 1021.

［257］Zhang Z, Gu Q, de Manuel Montero M, et al. Stably expressed APOBEC3H forms a barrier for cross-species transmission of simian immunodeficiency virus of chimpanzee to humans ［J］. PLoS Pathog, 2017, 13(12): e1006746.

［258］Ebrahimi D, Richards C M, Carpenter M A, et al. Genetic and mechanistic basis for APOBEC3H alternative splicing, retrovirus restriction, and counteraction by HIV-1 protease［J］. Nat Commun, 2018, 9(1): 4137.

［259］Feng Y, Wong L, Morse M, ey al. RNA-Mediated Dimerization of the Human Deoxycytidine Deaminase APOBEC3H Influences Enzyme Activity and Interaction with Nucleic Acids［J］. J Mol Biol, 2018, 430(24): 4891 - 4907.

［260］Garcia E I，Emerman M. Recurrent Loss of APOBEC3H Activity during Primate Evolution［J］. J Virol，2018，92(17)：e00971-18.

［261］Ito F，Yang H，Xiao X，et al. Understanding the Structure，Multimerization，Subcellular Localization and mC Selectivity of a Genomic Mutator and Anti-HIV Factor APOBEC3H［J］. Sci Rep，2018，8(1)：3763.

［262］Matsuoka T，Nagae T，Ode H，et al. Structural basis of chimpanzee APOBEC3H dimerization stabilized by double-stranded RNA［J］. Nucleic Acids Res，2018，46(19)：10368 - 10379.

［263］Shaban N M，Shi K，Lauer K V，et al. The Antiviral and Cancer Genomic DNA Deaminase APOBEC3H Is Regulated by an RNA-Mediated Dimerization Mechanism［J］. Mol Cell，2018，69(1)：75 - 86.

［264］吴小霞. APOBEC3A 的功能研究新进展［J］. 中国艾滋病性病，2016(6):481 - 484.

［265］吴小霞. 人类 APOBEC3B 功能的研究进展［J］. 免疫学杂志，2016(5):453 - 456.

［266］吴小霞. 人类抗病毒因子 APOBEC3H 的研究进展［J］东南大学学报(医学版)，2016，35(6):1013 - 1016.

［267］吴小霞. APOBEC3C 的研究进展［J］. 中国免疫学杂志，2019,35(2):240 - 243.

6 APOBEC4

A4 是最近发现的，也是研究最少的 APOBEC 蛋白。与其他 APOBECs 相比，A4 蛋白与 A1 亲缘关系更近，A4 基因在黑猩猩、恒河猴、狗、牛、小鼠、大鼠、小鸡和青蛙都是保守的。

A4 被认为是一个假的 C→U 编辑酶。利用 A4 在酵母和细菌的过度表达的实验不能证实其对 DNA 的胞嘧啶脱氨酶功能。研究者建立了 A4 的哺乳动物表达质粒，产生了细菌表达的 GST-A4 融合蛋白以测试其酶活性。在易于通过 A3G 检测胞苷脱氨基的实验条件下，纯化的 GST-A4 不进行任何可检测的胞苷脱氨作用。而测试从转染的人细胞中分离的 A4，也没有发现胞苷脱氨活性。这些发现与更早报道的在细菌和酵母中使用细胞突变实验不存在 A4 的胞苷脱氨作用一致，突变 A4 的锌配位结构域并未消除 A4 的 HIV 增强活性。然而，这些观察结果并不意味着 A4 是催化失活的，A4 可能只是具有不同的底物特异性，而胞苷脱氨可能不是增强 HIV 表达所需的 A4 功能。

A3 蛋白质如 A3G 对 ssDNA 的脱氨活性由 A3G 二聚体和四聚体促进。A4 至少形成二聚体，但仅与 ssDNA 较弱结合。如果 A4 的 C 末端的特征性聚赖氨酸（KKKKKGKK）被删除（A4ΔKK），这种弱的 DNA 结合就会丢失，这支持了由聚赖氨酸产生的净正电荷产生与 DNA 相互作用的能力的假设。因此，A4 与 ssDNA 的弱相互作用可能是缺乏可检测的脱氨作用的一个原因。

但是，鼠 A4 基因主要是在睾丸表达，这暗示可能与精子发生有关。人 A4 mRNA 在睾丸中高度表达，但在 293T、HeLa、A3.01T 和 Jurkat T 细胞系中几乎检测不到。鉴于 HIV-1 的性传播途径，人体睾丸组织被认为对 HIV-1 敏感，并且在一些研究中发现猕猴睾丸和附睾被 SIV 感染。目前尚不知道睾丸中的 CD4＋细胞是否表达 A4，不能说明 A4 在睾丸组织对 HIV 进行调节。A4 还增强了萤火虫荧光素酶的表达，其以与无关 HSV 启动子驱动的 Renilla 荧光素酶类似的方式由 HIV-1 LTR 控制，并且 A4 表达增加了由细胞启动子驱动的荧光素酶构建体的表达。然而,这些结果并未清楚地证明 A4 是增强 LTR 介导的转录的因子。

人类 A3s 和 A1 已证实参与固有免疫应答,人类 A4 是否也参与抗 HIV 的免疫应答还不太清楚,但是人类 A3s 和 A1 的抗病毒功能暗示人类 A4 也是可能的抗病毒蛋白。

参考文献

[1] Rogozin I B, Basu M K, Jordan I K, et al. APOBEC4, a new member of the AID/APOBEC family of polynucleotide (deoxy) cytidine deaminases predicted by computational analysis[J]. Cell Cycle, 2005, 4(9): 1281-1285.

[2] Marino D, Perković M, Hain A, et al. APOBEC4 enhances the replication of HIV-1 [J]. PLoS One, 2016, 11(6): e0155422.

[3] Krishnan A, Iyer L M, Holland S J, et al. Diversification of AID/APOBEC-like deaminases in metazoa: multiplicity of clades and widespread roles in immunity[J]. Proc Natl Acad Sci USA, 2018, 115(14): E3201-E3210.

7　AID

　　高等真核生物已经开发出多种抵抗病毒感染的策略。第一道防线是基于对病原体相关分子模式(PAMP)的识别,例如病毒复制中间体,它们是未感染的宿主细胞中不常见的分子。PAMP 最初被定义为对微生物特异的分子模式,高度保守并且是微生物产生功能所必需的。在 PAMP 与随后鉴定的 PAMP 受体结合后,一系列事件的激活导致表达,导致抗病毒分子和趋化因子在一些情况下的分泌。这些分子中的一些被定义为"限制因子",意思是基于其限制微生物感染的能力而进化选择的宿主因子。这种先天免疫的受体和效应子是种系编码的并且介导宿主防御的关键方面。但是,病毒也可以逃避宿主防御。免疫系统的第二臂,即适应性免疫,它基于免疫细胞中抗原受体基因的体细胞修饰提供灵活的抗原识别。该过程涉及免疫细胞的选择,其包括缺失自身反应性的抗原受体的步骤,从而防止自身免疫,同时允许适应多种病原体并建立快速而稳健的记忆应答。有证据表明,需要先天性和适应性免疫之间的沟通来清除对宿主有害的病原体感染。

　　通过称为 B 细胞和 T 细胞的适应性免疫淋巴细胞实现脊椎动物免疫系统识别高度多样化抗原的能力。B 细胞的命名是由于在禽类发现了法氏囊,故于 1957年把在法氏囊中分化成熟的淋巴细胞称为抗体产生细胞,1962 年正式命名为 B 淋巴细胞,以区别于在胸腺中成熟的 T 淋巴细胞。哺乳动物没有法氏囊,其 B 细胞在骨髓中发育成熟。

　　抗体是 B 细胞识别抗原后增殖分化为浆细胞所产生的一种蛋白质,主要存在于血清等体液中,能与相应抗原特异性的结合,具有免疫功能。1937 年,Tiselius用电泳方法将血清蛋白分为白蛋白、α1、α2、β 及 γ 球蛋白等组分,其后又证明抗体的活性部分是在 γ 球蛋白外,还存在于 α 和 β 球蛋白处。1968 年和 1972 年的两次国际会议上,将具有抗体活性或化学结构域抗体相似的球蛋白统一命名为免疫球蛋白(Ig)。由于可以作为抗体分泌的免疫球蛋白(Ig)表面受体的表达,B 细胞是体液免疫应答的组成部分。

7.1 Ig 的基本结构

Ig 分子由两个重链和两个轻链多肽组成,它们通过二硫桥连接在一起。重链和轻链由多个氨基末端可变区组成,负责抗原识别和结合,羧基末端恒定区决定抗原结合后的效应子功能。

Ig 重链的相对分子质量约为 50~75 KDa,由 450~550 个氨基酸残基组成,Ig 重链恒定区由于氨基酸的组成和顺序不同,其抗原性也不同。据此,将 Ig 分为五类,也可称为 Ig 的同种型,即 IgM、IgD、IgG、IgA 和 IgE,其相应的重链分别是 μ 链、δ 链、γ 链、α 链和 ε 链。不同种型具有不同的特征,包括链内二硫键的数目和位置、连接寡糖的数量、功能区的数目以及铰链区的长度等。

Ig 轻链的相对分子质量约为 25 KDa,由 214 个氨基酸残基组成。轻链可分为两型,即 κ 型和 λ 型,一个天然的 Ig 分子两条轻链的型别总是相同的。五类 Ig 中每类 Ig 都可以有 κ 链和 λ 链,两型轻链的功能无差异。不同种属中,两型轻链的比例不同,正常人血清中 Igκ : λ 约为 2 : 1,而在小鼠则为 20 : 1。κ : λ 比例的异常反映免疫系统的异常,例如人类 Igλ 链过多,提示有产生 λ 链的 B 细胞肿瘤。

通过分析 Ig 重链和轻链的氨基酸序列,发现重链和轻链靠近 N 端的约 110 个氨基酸的序列变化很大,称为可变区(V 区),而靠近 C 端的其余氨基酸序列相对稳定,称为恒定区(C 区)。J 链是一条多肽链,富含半胱氨酸,由浆细胞合成。J 链可连接 Ig 单体形成二聚体、五聚体或多聚体。2 个单体 IgA 由 J 链连接形成二聚体,5 个单体 IgM 由二硫键相互连接,并通过二硫键与 J 链形成五聚体。

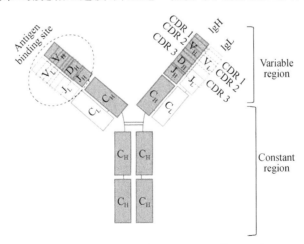

图 7-1 抗体的结构(Hwang J K 等,2015)

重链和轻链的 V 区分别称为 V_H 和 V_L。比较许多不同抗体 V 区的氨基酸序列,发现 V_H 和 V_L 各有 3 个区域的氨基酸组成和排列顺序特别容易变化,这些区域称为高变区(HVR),分别用 HVR1、HVR2 和 HVR3 表示,一般 HVR3 变化程度更高。V_L 的三个高变区分别位于 28—35、49—56 和 91—98 位氨基酸;V_H 的三个高变区分别位于 29—31、49—58 和 95—102 位氨基酸。高变区之外区域的氨基酸组成和排列顺序相对不易变化,称为骨架区(FR),V_H 或 V_L 各有四个骨架区,分别用 FR1、FR2、FR3 和 FR4 表示。

V_H 和 V_L 的三个高变区共同组成 Ig 的抗原结合部位,该部位形成一个与抗原决定基互补的表面,故高变区又称为互补性决定区(CDR),分别用 CDR1、CDR2 和 CDR3 表示。不同的抗体其 CDR 序列不相同,并因此决定抗体的特异性。

重链和轻链的 C 区分别称为 C_H 和 C_L。不同 Ig 重链 C_H 长度不一,有的包括 C_H1、C_H2 和 C_H3;有的更长,包括 C_H1、C_H2、C_H3 和 C_H4。同一种属动物中,同一类别 Ig 分子其 C 区氨基酸的组成和排列顺序比较稳定。

铰链区位于 C_H1 与 C_H2 之间,含有丰富的脯氨酸,因此易伸展弯曲,而且易被木瓜蛋白酶、胃蛋白酶水解。铰链区连接抗体的 Fab 段和 Fc 段,使得两个 Fab 段易于移动和弯曲,从而可与不同距离的抗原表位结合。

Ig 分子的每条肽链可折叠为几个球形的结构域,每个结构域约由 110 个氨基酸组成,其氨基酸的序列具有相似性或同源性。Ig 的每个结构域的二级结构是由几股多肽链折叠在一起形成的两个反向平行的 β 片层,两个 β 片层中心的两个半胱氨酸残基由一个链内二硫键垂直连接,具有稳定结构域的作用,因而形成一个 β 桶状的结构,这种折叠方式称为 Ig 折叠。

在人类和小鼠中,三种不同的基因组改变产生 B 细胞的巨大多样性,即:V(D)J 重组,类别转换重组(CSR)和体细胞超突变(SHM)。

激活诱导的胞苷脱氨酶(AID)是 B 细胞多样化的重要调节因子,但它的全部作用直到最近还是一个谜。基于同源性,最初提出它是 RNA 编辑酶,但到目前为止,还没有 RNA 底物是已知的。相反,它通过脱氨基胞苷起作用,并且以这种方式,与碱基切除修复或错配修复机制相结合,它是天然的突变体。这使其能够在适应性免疫中发挥核心作用,从而启动类别转换重组和体细胞超突变的过程,以帮助产生多样化和高亲和力的免疫球蛋白同种型。最近,已经认识到甲基化胞苷作为 DNA 控制基因表达的关键表观遗传标记,也可以是 AID 修饰的靶标。与修复机械相结合,可以促进甲基化 DNA 的主动去除。这种活动可以影响细胞重编程的过程,包括体细胞向多能性的转变,这需要对表观遗传记忆进行重大改组。因此,AID 在控制免疫多样性和表观遗传记忆方面看似不同的角色却具有共同的机制基础。然而,对 B 细胞多样性和细胞重编程极为有用的活性对于基因组的完整性却是危险的。因此,AID 表达和活性受到严格调节,而放松管制却与包括癌症在内的疾病相关。

AID 在抗体成熟过程中参与两个生物途径:体细胞超突变(SHM)和类别转换重组(CSR)。AID 在每个步骤都起关键作用。SHM 是一个以 Ig 可变区 VDJ 为靶进行点突变的过程,VDJ 编码抗体中与抗原联系的部分。突变增强了抗体对抗原的亲和力,可更有效地清除体内的抗原。极有可能的是,AID 通过 Ig 基因 VDJ 区多个 dC→dU 突变,启动了 SHM。AID 脱氨酶活性的生化分析说明 AID 专门作用于 ssDNA 底物,并以 SHM 热点基序 WRCY(体内发现的)为靶点。AID 催化胞嘧啶脱氨基启动了易错的 DNA 修复机制,而这使得 A 和 T 碱基出现了额外的突变。CSR 与 Ig 基因重组有关,将基因上的恒定区与其下游的进行置换,不同恒定区的表达产生了不同的抗体同型(如 IgA 和 IgG)。多数人认为 AID 通过位于恒定区上游的可变区发生 dC→dU 突变,启动 CSR。AID 催化可变区的脱氨基作用导致双链 DNA 解开,而这却是恒定区交换所必需的。

AID 在适应性免疫中的生物学功能是很好理解的,但它参与的生化途径在分子水平上仍然知之甚少。特别是,AID 作用于 DNA 的下游步骤不符合对 DNA 修复途径的理解,并且似乎 AID 与 DNA 修复途径结合以重排 B 淋巴细胞的基因组并改变其遗传信息。当几十年的研究表明这些途径已经进化出来时,了解基因切除修复(BER)和错配修复(MMR)中的酶如何在 AID 的帮助下导致高水平的突变和链断裂是一项重大挑战。最后,AID 对基因组造成的损害不仅局限在 Ig 基因座位上。Ig 基因外的胞嘧啶也是 AID 产生的靶作用,并且这会导致 B 淋巴细胞和其他细胞中的突变及基因组的不稳定。

AID 被证明是体外的一种进行性酶,催化同一 ssDNA 片段上的大量胞苷脱氨作用。然而,AID 是一种效率低下的酶,即使在优选的热点基序上也仅使约 3% 的胞苷脱氨基。基于体外脱氨基因数据的数学公式导致了"随机游走"模型,其中 AID 主要通过双向滑动来穿越 ssDNA,每个热点基序遭遇的脱氨概率为 1%~7%。有研究者认为 AID 的偶然和低效活性确保了在 SHM 期间测试多种可变区突变的抗原亲和力。

7.2 AID 与 SHM

SHM 发生在抗原刺激以后,而且在次级淋巴器官的生发中心(GC),主要的方式是点突变,并且只发生在重排过的 V 基因上,但并非完全随机。在轻重链 V 区的三个 CDR 区大多是替代突变,因而和抗体的结合能力改变有关。突变后其中有些分子的亲和力优于原先的分子,因此在抗原免疫后会产生抗体亲和力成熟的现象,即在抗体应答过程中,特别在再次免疫后有亲和力逐渐提高的现象,这是在生发中心中抗原对高频突变细胞选择的结果。

在它们的成熟过程中,抗体被转运到 B 淋巴细胞的表面并充当受体,并且这些 B 细胞受体结合抗原与滤泡辅助 T 细胞相互作用的能力确保它们的存活和增殖。这被称为克隆选择,B 细胞通过超突变重复循环,选择是增加抗体对源自感染因子的抗原亲和力的时间依赖性。在感染之前,V 区、D 区和 J 区的组合重配在不同细胞中产生数百万个独特组合,并在 Ig 基因中产生 V(D)J 外显子。脊椎动物 B 淋巴细胞在包括 V(D)J 外显子的区域中通过 DNA 损伤后的易错修复或 V(D)之间的基因转化的过程获得超突变。

纯化的 AID 的序列选择性是 WRC14,因此 SHM 的主要热点 RGYW/WRCY63 可以仅由该选择性决定。然而,由 AID 产生的尿嘧啶的复制仅导致 C∶G 至 T∶A,在 SHM 中发现的 A 转换和其他类型的碱基取代是由跨损伤合成(TLS)聚合酶引起的。在该模型中,尿嘧啶易出错的修复导致产生三种可能的碱基取代中的任何一种。UNG2 切除尿嘧啶,产生无碱基(AP)位点,TLS 聚合酶在 AP 位点插入四个碱基中的任何一个。TLS 聚合酶 η 将主要在 AP 位点插入腺嘌呤,导致 C∶G 至 T∶A 突变,但是其他 TLS 聚合酶可以在 AP 位点插入其他碱基,从而扩展突变谱。例如,REV1 在 AP 站点上插入 C,并创建 C∶G 到 G∶C 的颠换。该模型进一步表明 MMR 和 UNG2 的作用有助于将突变扩展到靶胞嘧啶侧翼的碱基对。总之,这些过程将突变扩散到 WRC 位点之外,WRC 位点是 AID 的目标,可用于脱氨基并允许产生所有六个碱基取代突变。

AID 可能在转录暂停或停滞位点起作用的原因是因为有很好的生化因素。转录导致 DNA 链的分离,可能使它们暴露于 AID。然而,AID 是一种缓慢的酶,因此无法在正常延伸期间通常仅保持打开约 0.1 s 的转录泡中捕获胞嘧啶。因此,AID 更可能在转录延伸复合物内,在停滞或停滞位点发现 ssDNA 中的胞嘧啶。

AID 和转录泡之间相互作用的许多结构和机制人们都知之甚少。例如,转录泡中的非模板链比模板链更容易接近,但是脱氨基却不利于非模板链。解释该问题的模型提出通过暴露模板链的核糖核酸酶去除转录泡中的 RNA。然而,目前尚不清楚核糖核酸酶如何进入新生前 mRNA 的 3′ 末端进行降解。RNA 与模板链配对并位于 RNA 聚合酶的深处。此外,尚未描述在 RNA 降解和从 DNA 去除聚合酶后使两条 DNA 链分开的力。如果 AID 作用于转录暂停位点,则不清楚暂停是沿着 DNA 随机发生还是由特定事件引起,例如二级结构的形成或 DNA 超螺旋结构域的产生。另一种可能性是两个会聚伸长聚合酶可能在 V(D)J 区段内发生碰撞,导致转录停滞并形成单链区域。有趣的是,单分子研究表明 AID 可导致 T7 RNA 聚合酶延伸复合物停滞消除对蛋白质或结构因素的需要,从而促进转录暂停或停滞。

SHM 过程在成熟活化 B 细胞的 IgH 和 IgL 基因的组装 V 区中引入点突变。SHM 发生在生发中心(GC)中,GC 是在外周淋巴器官(例如淋巴结和脾)的 B 细胞滤泡中发现的特殊结构,可在初次免疫后快速增殖 B 细胞积累。与 AID 在 SHM 中的作用一致,GC B 细胞表达高水平的 AID。在 GC 中,抗原活化的 B 细胞,通常在 T 细胞的帮助下,经历多轮 SHM 和达尔文样选择,与具有高亲和力抗原结合,随后克隆扩增,导致表达 B 细胞的进化 BCR 对抗原的亲和力增加。这种亲和力成熟过程对于产生针对特定病原体的高亲和力抗体是至关重要的。

经历 GC 反应的 B 细胞的生产性和非生产性 IgH 和 IgL 可变区外显子等位基因均受 SHM 的影响;然而,只有生产等位基因的突变才会影响 BCR 并影响结合抗原的 GC B 细胞的命运。不会选择降低 BCR 对抗原的亲和力或导致自身反应性的 SHM 的 GC B 细胞。另外,SHM 改变正常 BCR 功能所必需的残基(例如正确折叠所必需的某些框架残基)会导致 B 细胞死亡,因为 B 细胞存活需要 BCR(例如配体非依赖性)信号传导。

在抗体应答过程中,抗原激活 B 细胞后,膜上表达和分泌的 Ig 类别会从 IgM 转换成 IgG、IgA、IgE 等其他类别或亚类的 Ig,这种现象称为类别转换。类别转换和重链 C 区有关,因此不影响抗体的特异性,但效应会随着同种型的改变而变化。它涉及部位特异的重组过程,在 C 基因的 5′端的内含子中,除了 Cδ 基因外,都有一段重复性 DNA 序列称为转换区(S)。这些重复序列在各 C 基因有所不同,但都含有 GAGCT 和 GGGGT 的重复序列。在类别转换为 IgG3 也即其重链为 γ3 时,具有重复序列的 Sμ 和 Sγ3 发生重组,位于其间的 Cμ、Cδ 基因被换出,因而在 V 基因后面的不再是 Cμ 而是 Cγ3,从而转录为重链转录体。

7.3 AID 与 CSR

AID 促进两个转换区中 DSB 的形成,这两个 S 区参与引起同种型转换的重组。Ig 重链 CSR 交换默认的 Cμ 外显子,用于另一组下游 Igh C 区(Ch)外显子,即 Cγ、Cε 或 Cα。因此,B 细胞从表达 IgM 改变为分别产生二抗同种型如 IgG、IgE 或 IgA 的细胞,每种抗体在免疫应答期间具有不同的效应功能。CSR 是在每个 Ch 基因之前称为"开关"或 S 区的重复 DNA 元件之间发生的缺失重组反应。根据 CSR 的主流模型,通过 S 区域的转录允许产生 RNA:DNA 杂合结构,例如 R-环,揭示作为 AID 底物的 ssDNA 片段,BER 和 MMR 途径组分进行后续处理将脱氨基残基转化为 DSB。DSB 在两个 S 区之间的末端连接切除了插入的 DNA 序列,并通过将新的恒定基因直接置于重排的可变区外显子的下游来完成 CSR。因此,CSR 允许产生对抗原有相同亲和力的 Ig 分子,但具有新的效应功能。

AID 的 ssDNA 特异性导致在 CSR 期间如何产生这种底物的问题。S 区在体外转录时可形成 R 环,其中被置换的富含 G 的非模板链中的胞苷可被 AID 有效脱氨。R 环形成和 AID 活性之间更直接的关联来自观察,即当反应与转录偶联时,体内支持 CSR 的富含 G 的 DNA 在体外被 AID 有效脱氨,而富含 C 的 DNA 也是如此。通过哺乳动物 S 区的转录产生 ssDNA R 环底物以允许 AID 产生胞苷脱氨酶活性。随后通过 BER 和 MMR 蛋白的活性将脱氨基 DNA 加工成 DSB。

AID 的 C 末端突变或最后 10 个氨基酸的缺失导致 CSR 严重阻滞而不影响 AID 脱氨活性或与 Sμ 区域的结合,说明 AID 的 C 末端可能参与 CSR 特异性的募集因子。与野生型蛋白不同,缺乏 C 末端的 AID 不与 DNA-PKcs 相互作用。然而,DNAPKcs 缺陷细胞显示出显著水平的 CSR。此外,表达突变 AID 蛋白的 B 细胞在 CSR 期间招募 UNG 和 Msh2-Msh6 至 S 区是低效的。相反,Sμ 的突变依赖于 UNG 和 Msh2-Msh6,并在表达突变蛋白的细胞中以正常水平发生。

7.4 全基因组突变和 DSB

许多研究表明,AID 靶向 Ig 基因外的胞嘧啶,导致突变和链断裂。免疫沉淀实验显示 AID 结合 RNAPⅡ 和 ChIP 分析发现 AID 与受刺激的鼠 B 细胞中的近 6 000 个基因相关。募集 AID 的基因具有相应的 mRNA 丰度,是不募集 AID 的基因的 40 倍。在延长基因中,AID 和 RNAPⅡ 在转录起始位点(TSS)处达到峰值。对有限数量的募集 AID 的基因进行测序,发现在刺激的野生型 B 细胞中没有超突变。然而,在 UNG⁻/⁻ 背景中,一些非 Ig 基因积累的突变仅比 Sμ 区域低约 10 倍。在另一项研究中,当从经历成熟的 B 细胞中对在生发中心中表达的超过 80 个基因的 5' 末端附近的 1 kB 片段进行测序时发现,19% 的非 Ig 基因显著突变。基因 BCL6、CD83 和 PIM1 具有最高水平的 AID 依赖性突变,而包括 H2AFX 的其他基因具有背景突变频率。MYC 基因适度,但明显突变。

然而,VDJ 区段中 Jh4 区域的突变频率大于任何其他基因频率的 40 倍,证明 VDJ 区段远远超出了导致高度突变的最佳目标。当相同基因从 UNG⁻/⁻ MSH2⁻/⁻ 小鼠的细胞中测序时,发现具有显著高于背景突变的基因百分比增加至 43%。然而,在这种背景下,BCL6、CD83 和 PIM1 获得的突变仅为 WT 细胞中发现频率的 1.6 倍。相比之下,ung⁻/⁻ msh2⁻/⁻ 细胞中几个其他基因的突变频率显著更高。例如,H2AFX 和 Myc 基因的突变频率分别增加了 18 倍和 14 倍。这些结果表明,AID 使生发中心 B 细胞中表达的许多非 Ig 基因中的胞嘧啶脱氨基,但高保真修复尿嘧啶可以防止大多数基因的突变。然而,其他几个基因中的尿嘧啶以与 V(D)J 区段相同的错误倾向方式进行处理,从而导致突变。关键是确定对基因组区域中 U·G 进行高保真修复的决定因素。从这种全基因组测序研究中获得结果来确定 AID 的基因和非基因靶标以及描述使基因组区域容易出错或高保真修复的特征也是有用的。

7.5 AID 与癌症

肿瘤发生是一个多步骤过程,其中遗传改变的积累驱动正常细胞转化为恶性衍生物。AID 的诱变活性也可以诱导各种基因的遗传变化,并可能导致癌症的发展。幽门螺杆菌是人类胃癌的一类致癌物,通过两种不同的机制影响 AID 表达,将细菌毒力因子引入宿主细胞并诱导炎症反应,从而促进肿瘤相关基因突变的积累。因此,异常的 AID 活动可能是感染和致癌作用之间的新联系。

从不同类型和阶段的癌症相关的实体瘤和液体恶性肿瘤的基因组测序揭示了过多的遗传变化,从核苷酸取代和插入/缺失到染色体重排和染色体拷贝数改变。正如几十年前由癌症的突变理论所预测的那样,肿瘤中升高的突变有助于它们的发病和进一步的进化。这种诱变的根本原因是多样的,从突变的出现到内在或环境诱变剂,例如氧化应激、烟草烟雾、紫外线等导致的 DNA 损伤。体细胞基因组不稳定性导致癌基因的激活和肿瘤抑制因子的失活,并帮助肿瘤细胞出现、增殖、逃避免疫监视,并获得对抗癌药物的抗性。体液免疫应答中 AID 作用的可变基序是脱氨酶引起的体细胞突变谱的最普遍特征。

7.5.1 AID 与上皮癌

传统理论认为 Ig 分子的唯一资源来自 B 淋巴细胞。在人类中,所有细胞包括种系(GL)Ig 基因,都包含几个 V、D、J 和 C 基因。在 B 淋巴细胞的成熟和分化过程中,Ig 基因经历 V(D)J 重组、CSR 和 SHM,然后才能表达 Ig。为了产生 Ig 的可变基因,V(D)J 重组随机组装不同的 V、(D) 和 J 区,这在识别不同的试剂中起重要作用。CSR 将下游恒定区(例如 Cα 或 Cγ 区)与 V(D)J 区组合,将 Ig 分子从 IgM 转化为 IgA 或 IgG。

有研究者发现 Ig 在上皮癌中表达。Ig 基因在癌症中的 CSR 机制尚不清楚。这些研究者通过检测 CSR 的标志证实了癌症中的 Igα 基因经历了 CSR。然后利用肿瘤坏死因子(TNF)-α 刺激和 NF-κB 特异性抑制剂的进一步研究表明,TNF-α 可通过 NF-κB 信号通路增加 AID 表达。研究者证明了 AID 可以与蛋白激酶 A 共定位并与 Igα 基因的转换(Sα)区域结合。AID 的过表达明显增强了 Igα 重链的表达及其对 Sα 区的结合能力。这些发现表明 TNF-α 诱导的 AID 表达与癌症中的 CSR 有关。

大多数皮肤癌是由紫外线诱导的 DNA 损伤引起的。然而,大量病例似乎与紫外线损伤无关。例如,鳞状细胞癌(SCC)、基底细胞癌(BCC)和黑素瘤可发生在通常不暴露于紫外线的皮肤区域。临床数据表明,慢性炎症、慢性溃疡和瘢痕形成是肤色较深的人发生皮肤 SCC 的重要危险因素。尽管精确的分子机制尚不清楚,但人们怀疑紫外线非依赖性皮肤癌与慢性炎症之间存在因果关系,尽管这种关联的确切机制尚不清楚。有研究者提出 AID(Aicda 基因编码)将慢性炎症和皮肤癌联系起来,证明在皮肤中表达 AID 的 Tg 小鼠自发地发展出具有 Hras 和 Trp53 突变的皮肤鳞状细胞癌。此外,Aicda 的遗传缺失降低了化学诱导的皮肤癌发生小鼠模型中的肿瘤发生率。AID 以炎性刺激依赖性方式在人原代角质形成细胞中表达,并且在人皮肤癌中可检测到。总之,该研究的结果表明,炎症诱导的 AID 表达促进皮肤癌的发展而不受 UV 损伤,并且表明 AID 是皮肤癌治疗的潜在靶标。

Merkel 细胞癌(MCC)是临床上具有侵袭性的神经内分泌皮肤癌,分为 Merkel 细胞多瘤病毒(MCPyV)阳性和阴性肿瘤。MCPyV 阳性 MCC 和 MCPyV 阴性 MCC 之间的临床和病理学差异较大,MCPyV 阳性 MCC 具有比 MCPyV 阴性 MCC 更圆和窄的形状,并且 MCPyV 阳性 MCC 显示出比 MCPyV 阴性 MCC 更好的预后,可能通过不同的致癌机制发展。MCPyV 单克隆整合到大约 80% 的 MCC 的基因组中。最近,有研究者证实虽然病原体诱导的 AID 表达通过上调 NF-κB 可能与 MCPyV 阳性 MCCs 的癌变有关,但 MCPyV 阴性 MCCs 中,AID 的异常表达明显高于 MCPyV 阳性 MCCs,这与 MCPyV 阴性 MCCs 比 MCPyV 阳性 MCCs 具有更高的突变负荷是一致的。

头颈癌是全球常见恶性肿瘤。大多数头颈部癌症是鳞状细胞癌,其中大多数是口腔鳞状细胞癌。除了经典的口腔癌风险因素,即酒精和烟草,人类乳头瘤病毒等感染被认为与口腔恶性肿瘤的发展有关。在世界范围内,25% 的口腔癌可归因于烟草使用(吸烟和/或咀嚼),7%~19% 归因于酒精消费,10%~15% 归因于微量营养素缺乏,50% 以上归因于槟榔咀嚼的流行。据报道,舌鳞状细胞癌患者的转移性肿瘤复发与转移促进因子如基质金属蛋白酶(MMPs)、MMP-2 组织抑制剂(TIMP-2)和自分泌运动因子的表达之间存在相关性。

AID 可以作为 DNA 突变体,通过其胞苷脱氨酶活性促进肿瘤发生。实际上,转基因小鼠中的组成型 AID 表达诱导各种组织中的肿瘤发展,包括上皮组织,与高突变频率相关。口腔暴露于许多刺激物,例如食物、微生物和化学试剂。这些条件适合引发炎症级联反应。在目前的研究中,免疫组织化学检查显示早期口腔鳞状细胞癌中的 AID 表达。此外,TNF-α,一种促炎细胞因子,在 HSC-2 口腔癌细胞系中上调 AID 表达。

口腔上皮发育不良被认为是癌发生的前兆状态,并且可能包含基因改变。据报道,AID 在与慢性炎症/感染相关的癌发生过程中在前体和癌上皮细胞中表达,并且该酶诱导肿瘤抑制基因的突变。因此,AID 可能通过口腔上皮异常增生在癌发生中起作用。根据 2005 年世界卫生组织的分类,研究者将表现为上皮异常增生的口腔黏膜上皮分类为鳞状上皮内瘤变(SIN)1—3 级,并使用免疫组织化学技术检测口腔黏膜上皮中的 AID 表达,表现为 SIN 和口腔癌。在具有上皮发育异常的口腔黏膜上皮和口腔癌细胞中的刺痒细胞中观察到 AID。另外,为了研究 AID 表达的机制及其在癌症进展中的作用,这些研究者还将口腔癌细胞系 HSC-2 与炎性细胞因子一起孵育。在 HSC-2 细胞系中,通过 NF-κB 活化,TNF-α 增强 AID 表达,并通过调节 Snail 表达促进 N-cadherin 的表达。这些发现表明 AID 在口腔上皮发育不良的发展中起作用并促进口腔癌的进展。

7.5.2　AID 与淋巴瘤

如果修复不当,CSR 期间出现的生理 DSB 可能对基因组完整性构成威胁。例如,它们可以是染色体重排的底物,例如缺失和易位,并且可以导致恶性转化。虽然通过在顺式染色体上连接一条染色体上的断裂可能发生缺失,但染色体易位涉及在不同染色体上连接成对的 DSB。易位可以以非互易构象出现。在此构象中,可能导致有或无染色体区段丢失的遗传上不稳定的双着丝粒或中心染色体的形成。相反,相互易位涉及端粒和着丝粒染色体部分的交换,导致形成两条具有完全序列保留的稳定杂交染色体。然后可以在细胞分裂期间稳定地繁殖。大多数造血系统恶性肿瘤都存在克隆性相互易位。易位通常是淋巴细胞发育过程中遗传编程的 DSB 产生的结果。并且,由于这些事件可能通过几种机制诱导致癌转化,因此在许多情况下它们被认为是病因学的。例如,高活性启动子或顺式调节元件可与原癌基因并置,从而使其表达失调。"臭名昭著"的例子是 c-Myc/IgH 易位,这是 Burkitt's 淋巴瘤的标志,它将 IgH 调节元件置于 c-Myc 原癌基因的上游。染色体易位可以将不同的编码序列聚集在一起以形成嵌合融合蛋白。例如,在慢性粒细胞白血病中发现的 BCR-ABL 融合物导致组成型活性 ABL 激酶产生。

虽然正常的循环 B 淋巴细胞具有不可检测的 AID 表达水平,但大多数非霍奇金淋巴 B 细胞淋巴瘤(B-NHL)以高水平表达 AID。这些细胞还显示出生发中心发育的证据,例如 SHM、CSR 或两者。另外,它们的基因组包含易位和非 Ig 突变。通常易位涉及 Ig 基因和原癌基因如 Myc、BCL2 或 BCL6 之间的重组。

在 IL6tg 鼠 B 细胞浆细胞瘤模型中,细胞转化的关键步骤取决于 AID。当用姥鲛烷,一种引起慢性炎症的化学物质或白细胞介素-6(IL6)治疗小鼠时,动物获得浆细胞瘤并且肿瘤含有 Myc-IgH 易位。然而,在 IL6tg AID$^{-/-}$ 小鼠中未发现这些易位。而且这些小鼠中淋巴细胞增生的形成延迟。AID 通过在 Myc 和 IgH 位点产生 DSB 促进易位的形成。在不同的淋巴瘤易感小鼠模型中,生发中心衍生的淋巴瘤形成也需要 AID。这些小鼠表达 BCL6,它是生发中心发育和抑制细胞凋亡的主要调节因子。表明 AID 在引起 B 细胞非霍奇金淋巴瘤中的主要作用是 AID 在 Myc、BCL6 和其他致癌基因附近产生 DSB,导致易位使其失调。相反,缺乏 AID 对 Myc 驱动的 GC 前淋巴瘤没有影响,表明只有 GC 衍生的 B 细胞淋巴瘤依赖于 AID 的表达。

除促进易位外,AID 还可能在致癌作用中发挥其他作用。当用 AID 转导的骨髓细胞移植到免疫细胞耗竭的小鼠中时,小鼠发生 B 细胞和 T 细胞淋巴瘤。B 细胞淋巴瘤在基因 EBF1 和 PAX5 中含有碱基替换和添加/缺失突变,其通常在 B 细胞中表达,但不含有 Myc-IgH 易位。这表明 AID 引起突变的能力也可能在肿瘤促进中发挥作用。

但是,AID 在转基因小鼠中的组成型表达导致 T 细胞淋巴瘤,但不会导致 B 细胞淋巴瘤。这些小鼠也会发展为肺微腺瘤和腺癌,并且不太经常发展其他类型的肿瘤,如肝细胞癌、黑色素瘤和肉瘤。在这些小鼠中,T 细胞受体(TCR)、Myc、PIM1、CD4 和 CD5 的基因被广泛突变,但没有发现大规模的克隆染色体重排,如 Myc-IgH 易位。这些研究表明 AID 的异位表达可导致癌发生,但对 B 细胞癌不足。所以,可能需要其他蛋白质如 BCL6 的协调表达才能将 B 细胞驱动至恶性肿瘤。

总之,B 细胞刺激导致在 Ig 基因外部产生链断裂,其在 DNA 复制之前通过同源重组修复,但尚未确定这些断裂的位置和数量。在其他研究中,AID 在小鼠基因组中产生的双链断裂的位置通过捕获 SceI 核酸内切酶产生断裂的易位来确定。尽管如此,AID 产生的大部分断裂位于 Ig 基因座内,其余的断裂分布在整个鼠染色体中并与活跃转录的基因相关。AID 产生的断裂频率在 TSS 下游几百 bp 处达到峰值并与高突变基因相关。总之,研究表明 AID 可以靶向非 Ig 基因并导致链断裂。

滤泡性淋巴瘤(FL)是一种不可恢复的癌症,其特征在于进行性的复发。有研究者分析了来自大量 FL 患者的 B 细胞中突变的序列背景特异性,揭示了一个新的杂合核苷酸基序内有大量突变:SHM 酶和 AID 的特征,这与 CpG 甲基化位点重叠。这暗示在 FL 中 SHM 机制作用于含有甲基化胞嘧啶的基因组位点。研究者们在许多其他类型的人类癌症中鉴定出这种杂合突变特征,表明 AID 介导的 CpG-甲基化依赖性诱变是肿瘤发生的共同特征。

7.5.3　AID 与白血病

急性淋巴细胞白血病(ALL)是最常见的儿童癌症。自 20 世纪 60 年代以来,ALL 患儿的总生存率从小于 10% 上升到近 90%。这种急剧改善源于多药化疗方案的有效性,因为对白血病生物学的理解有所改善,而且仔细监测微小残留疾病作为治疗措施。尽管如此,仍然有 15%～20% 的患者发生复发,并且在复发后结果令人沮丧,使其成为儿童和年轻人中癌症相关死亡的主要原因。

基因组改变与 B 细胞前体 ALL 的疾病进展有关,并且 Rag1 是该背景下的关键参与者。出乎意料的是,尽管存在几种基因组拷贝数改变,但在 ALL 患者的骨髓(BM)样品中检测到 Rag1 功能丧失突变,这表明除 Rag1 之外的分子能够在各自的胚细胞中诱导基因组改变。除了负责 V(D)J 重组的重组激活基因 Rag1 和 Rag2 之外,AID 酶对于在生发中心 B 细胞中产生抗体是必需的。

AID 活性异常可能与 BCR-ABL 阳性白血病有关,这是一种影响 B 细胞前体的疾病。虽然 AID 的作用已经在生发中心 B 细胞进行研究,但最近的证据突出了 AID 如何在开发 B 细胞中发挥作用。虽然显示 AID 和 Rag1 在小前 BⅡ 细胞中的同时表达有助于儿童 ALL 在强烈炎症刺激下的克隆进化,在 BI 前和未成熟 B 细胞中缺乏 AID 表达。到目前为止,BM 中的功能性 AID 表达可以在小的前 BⅡ、早期未成熟和过渡 B 细胞中检测到。早期的 B 细胞前体是否已经使用了不表达前体 B 细胞受体(pre-BCR)的 AID,仍然存在争议。

有研究证明 AID 表达受 PI3K 调节,但最近发现 PI3Kγδ 或 Bruton 激酶抑制剂治疗成熟 B 细胞导致 AID 表达增强使得基因组不稳定性增加。有研究者认为这突出了在 B 细胞生命期间严格调节的 AID 表达的重要性。他们认为 AID 作为 Rag1 缺陷型 pro-B 细胞的负调节因子,其中 AID 清除易患白血病的异常 pro-B 细胞,并拓展了在清除自身反应性 B 细胞中的作用以建立 B 细胞耐受性,以及在 Rag1 缺陷和 pro-B ALL 发育的特定背景中易于恶性转化的 pro-B 细胞的负调节。

慢性淋巴细胞白血病(CLL)是无法治愈的 CD5＋CD19＋B 淋巴细胞的临床异质性恶性肿瘤,染色体 13q 缺失或正常细胞遗传学的患者占 CLL 病例的大多数,但驱动突变相对较少。CLL 是老年人慢性 B 细胞恶性肿瘤,大约一半患者可检测到外周血白血病细胞中的 AID 转录本。表达 AID 的患者治疗时间明显缩短,临床预后更差,细胞遗传学异常更多。令人惊讶的是,AID 表达还与非超突变 B 细胞受体(BCR)的表达相关,并且与白血病细胞亚群中的活性 CSR 增加和抗凋亡潜力相关,而携带高突变 BCR 的 CLL 样品经常缺乏 AID 转录物。然而,虽然在 CLL 中 AID 表达与突变 BCR 之间存在负相关,但 BCR 突变状态和 AID 表达在多变量分析中仍然是治疗时间较短的参数。CLL 样品也显示出不同的甲基化模式,在疾病进展期间具有不同的甲基化动力学。已有证据显示 AID 在 CLL 中是阴性预后因子。研究者试图确定基因组范围的甲基化变化以及响应 CLL 中 AID 表达的基因表达变化,发现 AID 表达后个体甲基化位置存在微小差异,但无法找到特定靶点的复发甲基化或全局甲基化的变化。

7.5.4　AID 与胰腺癌

胰腺导管腺癌(PDAC)是一种破坏性的恶性肿瘤,每年在美国约有 48,000 例新案例和 40,000 例死亡.PDAC 通常被诊断为晚期,并且 5 年生存率低于 2% 前体病变被称为胰腺上皮内瘤变(PanIN),用 PanIN3 评分,其特征是生长紊乱和突出的核异型。据推测,腺泡细胞向导管样细胞的转分化,即腺泡至导管化生(ADM)的过程,是 PanIN 发展的起始事件。几乎所有 PanIN 病变和侵袭性 PDAC 都涉及激活 KRAS 突变。肿瘤抑制因子 CDKN2A、TP53 或 SMAD4 的其他失活突变通常在晚期 PanIN 和 PDAC 中发生,并且与更高的转移负荷相关。

PDAC 通过各种基因突变的积累而发展。然而,PDAC 中突变的潜在机制尚不完全清楚。最近对各种癌症的突变模式与特定诱变剂之间密切关联的深入了解发现 AID 可能参与胰腺肿瘤发生。研究者的免疫组化结果显示 AID 蛋白在人类腺泡导管化生、PanIN 和 PDAC 中表达。AID 蛋白表达的量和强度随着人 PDAC 组织中从癌前病变到癌性病变的进展而增加。为了进一步评估异位上皮 AID 表达在胰腺肿瘤发生中的重要性,这些研究者分析了 AID 转基因(AID Tg)小鼠的表型,发现 AID 参与胰腺肿瘤发生的突变机制,在 AID Tg 小鼠的胰腺中发生癌前病变。使用深度测序,他们还在 AID Tg 小鼠的整个胰腺的分析中检测到 Kras 和 c-Myc 突变。总之,研究结果表明,AID 通过诱导肿瘤相关基因突变促进胰腺癌前病变的发展。

7.5.5　AID 与胃癌

胃腺癌是最常见的恶性肿瘤之一,也是全世界恶性肿瘤相关死亡的主要原因。在世界上大多数国家(不包括日本),其 5 年生存率约为 20%。而有研究者报道日本胃癌的 5 年生存率为 60%。然而,AID 蛋白的过度表达或持续表达与肝炎和胃炎中的核因子-κB(NF-κB)的慢性炎症相关。PKCi 蛋白在上皮细胞功能中发挥不同的作用,例如细胞存活和细胞生长。此外,PKCi 参与促进人食管癌的致瘤性和转移。有研究者发现高 AID 和 PKCi 显著表达与低分化的胃腺癌相关。

胃上皮细胞的幽门螺杆菌感染导致 AID 和体细胞基因突变的异常表达。在人胃细胞中,异常的 AID 活性诱导了各种染色体位点的拷贝数变化。在 AID 转基因小鼠表达 AID 的细胞和胃黏膜中,在肿瘤抑制基因 CDKN2A 和 CDKN2B 中经常观察到点突变和拷贝数的减少。用幽门螺旋杆菌口服感染野生型小鼠减少了 Cdkn2b-Cdkn2a 基因座的拷贝数,而在幽门螺旋杆菌感染的 AID 缺陷小鼠的胃黏膜中没有观察到这种变化。在人类样品中,与周围的非癌区域相比,胃癌组织中 CDKN2A 和 CDKN2B 的相对拷贝数减少。幽门螺杆菌感染导致 AID 的异常表达,可能是胃上皮细胞中亚显微缺失和体细胞突变积累的机制。AID 介导的遗传毒性效应似乎经常发生在 CDKN2b-CDKN2a 基因座上并且有助于胃黏膜的恶性转化。

爱泼斯坦-巴尔病毒（EBV），也称为人类疱疹病毒 4，是最常见的人类病毒之一。大多数个体在婴儿期或儿童期被感染，因此大多数成年人已经被感染并且已经建立了终身潜伏感染。EBV 是第一个被描述的人类肿瘤病毒，于 1964 年从 Burkitt 淋巴瘤细胞系中鉴定出来。随后的研究表明，EBV 引起传染性单核细胞增多症和许多不同的人类恶性肿瘤，包括鼻咽癌、霍奇金淋巴瘤、结外自然杀伤/T 细胞淋巴瘤，免疫功能低下宿主的淋巴组织增生性疾病和多种类型的胃癌。

爱泼斯坦-巴尔病毒相关胃癌（EBVaGC）是胃癌的独特亚型，其特征在于临床病理学特征，包括淋巴上皮瘤样组织学。通过幽门螺杆菌相关胃癌中的病原体相关核因子 κB(NF-κB) 信号传导证实 AID 作为基因组调节剂异常表达。为了阐明 AID 表达是否与 EBVaGC 中的癌发生相关，有研究者评估了 EBVaGC 和 EBV 非相关胃癌（GC）之间 AID 和 AID 调节因子的免疫组织化学表达，每个使用 15 例伴有淋巴间质的 GC(GCLS) 和其他类型的 GC。与 EBV 非相关 GC 相比，EBVaGC 中 AID、NF-κB 和 PAX5 的异常表达显著降低。与 EBV 相关的 GCLS 相比，EBV 相关 GCLS 的 AID 表达也降低。出乎意料的是，与没有 LS 的 GC 相比，在 GCLS 中观察到 NF-κB 和 PAX5 的表达降低。在 EBVaGC 中观察到的 AID 表达降低与报道的 EBVaGC 中高甲基化和稀有体细胞基因突变的分子特征一致。这些结果表明，病原体诱导的 AID 表达可能与 EBVaGC 的癌发生无关，而它有助于某些类型的 EBV 非相关 GC 的致癌作用。

7.6 AID 与炎症及自身免疫

细胞因子介导的炎症反应是抵抗病毒感染的第一道防线。细胞因子包括干扰素 α、β 和 γ(IFNα、β 和-γ)，白细胞介素和肿瘤坏死因子 α(TNF-α)。这些细胞因子反过来激活几种转录因子，如 NF-κB 和 STAT150，导致特定宿主蛋白的表达和宿主防御机制的激活，以清除病毒感染。这些细胞因子引起细胞功能和身体生理学的广泛变化，统称为炎症。

AID 表达受许多促炎细胞因子的调节。TGF-β、TNF-α 和 IL-1β 可通过原代人肝细胞中的 NF-κB 信号传导刺激 AID 表达，并降低宿主细胞中的 HBV 感染性。此外，在 B 细胞和人结肠上皮细胞中，IL-4 和 IL-13 也以 STAT6 依赖性方式增强 AID 表达。因此，AID 表达是感染后炎症反应的一部分。

慢性炎症可由自身免疫反应引发，并且 AID 在调节自身免疫中发挥多种且相互矛盾的作用。AID 缺陷患者不能产生类别转换重组，不能产生抗体亲和力成熟,并易患有细菌感染。AID 在预防自身免疫方面所起的作用可以通过以下观察来说明:患者中约有 20%～30% 患有自身免疫性疾病,产生针对自身免疫的非超突变自身反应性 IgM 抗体。AID 缺陷患者中的自身反应性抗体包括编码冷凝集素抗体的异常 Ig,其识别红细胞上的 N-乙酰基乳糖胺结构和富含具有长 IgH CDR3 的克隆,有利于自身反应性。在离开骨髓进一步成熟的 B 细胞中,AID 的表达对于去除自身反应性克隆是必需的,可能通过与 Rag2 一起施加基因毒性而促进细胞凋亡。因此,AID 缺乏导致从骨髓中出现的自身反应性 B 细胞的无效缺失。

Behçet 病(BD)是一种全身性自身炎症性疾病,主要表现为复发性口腔阿弗他溃疡、生殖器溃疡和眼部炎症。BD 还影响涉及血管、关节、胃肠、肺和中枢神经系统的许多其他器官。由于某些地区,包括地中海、中东、土耳其和东亚,其 BD 患病率很高。很多研究试图确定 BD 的基因致病机制,然而,BD 的病因和发病机制仍不清楚,特别是 B 细胞在 BD 患者中的作用尚未阐明。AID 是 B 细胞中 Ig 重链 CRS 和 SHM 的关键酶,并且已经有学者研究了各种免疫条件下 AID 的异常表达。B10 细胞是分泌白细胞介素 10(IL-10)的调节性 B 细胞亚群,其功能是下调炎症和自身免疫。因此,研究者分析了 BD 患者中 B 细胞的相关性。在 16 名 BD 患者和 16 名年龄和性别匹配的健康对照(HC)中测量了 IL-10 和 IgA 的血浆水平以及 CD43+B 细胞(不包括幼稚 B 细胞)的比例,并且在来自 BD 患者和 HC 的新鲜外周血样品的 B 细胞中评估 IL-10 和 AID 的 mRNA 水平。结果发现 BD 患者的血浆 IL-10 水平与 HCs 的血浆水平没有显著差异。同样,IgA 的血浆水平没有显著差异,尽管 BD 患者与 HC 相比略有增加,BD 和 HC 之间 CD43+、CD19+B 细胞数量也无差异。然而,与 HC 相比,BD 患者的 B 细胞中 IL-10 mRNA 水平显著降低,而 AID mRNA 水平显著增加。

自身免疫表现是原发性免疫缺陷的矛盾和常见并发症,包括 T 细胞和/或 B 细胞缺陷。在纯 B 细胞缺陷中,AID 缺陷的特征在于完全缺乏 IgCSR 和 SHM,特别是自身免疫疾病复杂化。细菌感染也可能是 SHM 的缺陷和 AID 缺乏的 CSR,导致外周血中自身反应性 B 细胞扩增。此外,外周血调节性 T 细胞的减少和肿瘤坏死因子家族(BAFF)的循环 B 细胞活化因子的增加也可能加重 B 细胞自身免疫。与 AID 在限制人类自身免疫中的作用相一致,$aid^{-/-}$ 小鼠在某些特定遗传背景中具有比 WT 对应物更严重的自身免疫表现。

虽然 AID 的缺乏会导致 B 细胞自身免疫,但不受控制的 AID 表达也可以促进 B 细胞自身免疫。事实上,AID 介导的生发中心反应是自身抗体的重要来源。相关性研究发现,类风湿性关节炎患者血液和异位滑膜淋巴滤泡中的 B 细胞 AID 表达高于骨关节炎患者,且 AID 表达强烈。与 B6 小鼠相比,自身免疫倾向的 BXD2

小鼠在脾 B 细胞中增加 AID 的表达,并伴随着生发中心的自发形成和高突变的自身反应性 IgG 的产生。此外,AID 介导的 SHM 在系统性红斑狼疮(SLE)小鼠模型中产生高亲和力抗核抗体起关键作用。与 WT MRL/lpr 小鼠相比,$aid^{-/-}$ 和 $aid^{+/-}$ MRL/lpr 小鼠显示出减少或延迟的狼疮性肾炎。

　　AID 的遗传缺陷导致 Ⅱ 型高 IgM 综合征(HIGM2),这是一种与免疫缺陷有关的疾病。HIGM2 是一组罕见的遗传性免疫缺陷病症,CSR/HIGM 综合征的定义是在低水平的转换 IgG、IgA 和 IgE 同种型的情况下存在正常或升高的血浆 IgM 水平。PIK3CD 和 PIK3R1 中的常染色体显性功能获得性(GOF)突变导致组合的免疫缺陷,也可以表现为 CSR/HIGM 缺陷。其特征在于由 CD40 配体/CD40 信号传导途径缺陷损害 Ig 同种型转换。X 连锁形式的高 IgM 是由 CD40 配体基因或 NF-κB 必需调节剂的缺陷引起的,而常染色体隐性形式的高 IgM 是由 CD40 缺陷或下游信号分子引起的,包括激活诱导的胞苷脱氨酶,尿嘧啶 N 糖基化酶 CD40 与其配体之间的相互作用的丧失导致 T 细胞功能、B 细胞分化和单核细胞功能的损害,而只有 B 细胞分化似乎受 CD40 下游的信号分子缺陷的影响。

　　格雷夫斯病是一种自身免疫性疾病,是甲状腺功能亢进的最常见原因,并且 B 淋巴细胞中持续存在的爱泼斯坦-巴尔病毒(EBV)再激活诱导宿主 B 细胞分化为浆细胞。EBV 是一种人类疱疹病毒,在儿童时期大多数成年人都有原发感染。EBV 主要存在于 B 淋巴细胞中,并且基于病毒抗原表达显示四个阶段的潜伏期(潜伏期 0-3)。EBV 偶尔会重新激活以将其复制模式从潜伏转变为裂解,并产生大量感染性病毒粒子,导致宿主细胞裂解。一些 EBV 感染的 B 细胞具有促甲状腺激素受体抗体(TRAb)作为表面 Igs,并且 EBV 再激活诱导这些 TRAb$^+$ EBV$^+$ 细胞产生 TRAb。即 EBV 再激活诱导宿主 B 细胞产生 Ig。有研究者检测 B 细胞培养液中的总 Ig 产物,并检测培养物中激活 AID、核因子 κB(NF-κB)和 EBV 潜伏膜蛋白 1(LMP1)。然后研究者讨论了 EBV 再激活诱导的 Ig 产生与自身免疫相关的机制。这些研究者发现 EBV 再激活诱导 Ig 的每种同种型的产生,并且通过 LMP1 和 NF-κB 由 AID 催化 Ig 产生。与 IgG 相比,IgM 的量明显更大,这表明 LMP1 导致多克隆 B 细胞活化。这些研究者认为 EBV 再激活诱导 Ig 产生的途径是新感染 EBV 的 B 细胞被多克隆 B 细胞活化激活,并通过 EBV 再激活诱导的浆细胞分化产生 Ig。LMP1 诱导的 AID 使 B 细胞经历类别转换重组以产生 Ig 的每种同种型。根据这种机制,EBV 拯救自身反应性 B 细胞产生自身抗体,这有助于自身免疫疾病的发展和恶化。

7.7　AID 与去甲基化

哺乳动物中的DNA甲基化是表观遗传标记,是正常胚胎发生所必需的。有研究者分析了 AID 在牛胚胎植入前胚胎中细胞多能性和胚胎发育的动态表观遗传调控。对 AID 过表达的转基因细胞系的分析显示,AID 过表达不改变全局基因组甲基化,但确实改变了 *Oct4*、*Nanog* 和 *Sox2* 基因的启动子的甲基化状态,从而引起其表达的改变。在早期胚胎发育中 siRNA 介导的 AID 敲低表明 AID 干扰不影响卵母细胞成熟或体外受精后的胚胎发育,但影响 *Oct4* 和 *Nanog* 的 DNA 甲基化状态。

哺乳动物中的 DNA 甲基化似乎仅限于将甲基共价添加到胞嘧啶的 5-位(5mC)。5mC 对控制哺乳动物基因调控的影响使其被认为是 DNA 的第五个碱基。虽然甚至在 DNA 被认为是遗传物质之前就已经确定了 5mC 的存在,但是直到编码负责甲基化胞嘧啶的酶的基因靶向突变被发现导致胚胎致死性时,重要性才被发现。DNA 甲基化调节基因表达的证据来自 β-珠蛋白基因座的沉默与甲基化相关的观察。此后,5mC 标记显示出影响许多细胞过程,包括基因组印记、X 染色体失活、染色体稳定性保存、基因组防御、分子化和组织特异性基因调控。常见的机制是甲基化能够"表观遗传地"修饰基因功能而不改变编码序列(与 SHM 或 CSR 相反)。在哺乳动物中,DNA 甲基化几乎仅在 CpG 环境中发生,并且估计在整个基因组中约 70%～80% 的 CpG 二核苷酸发生。在胚胎干细胞(ESC)中描述了少量的非 CpG 甲基化。启动子甲基化主要与转录抑制相关,而基因内甲基化与转录活性相关.DNA 甲基化模式是动态的,与启动子和上游调控区相比,在基因内和基因间区域更常发现可变甲基化的 CpG。

AID 可能在 DNA 去甲基化中起作用是因为观察到 DNA 中的 5mC 是 AID 的底物。据推测,5mC 脱氨后产生的 T·G 错配可以通过恢复 C：G 对的碱基切除修复途径进行修复。此外,在卵母细胞和胚胎干细胞中检测 AID 基因表达提示 AID 在哺乳动物胚胎发生和干细胞发育的早期阶段中去除 DNA 甲基化时起作用。然而,在睾丸中未发现 AID,纯化 AID 的遗传和生化研究表明,5mC 是 AID 的不良底物。随后发现 Tet 酶将 DNA 中的 5mC 转化为 5-羟甲基胞嘧啶(5hmC)、5-甲酰基胞嘧啶(5fC)和 5-羧基胞嘧啶(5caC),而且在来自早期胚胎中的亲本的基因组中检测这些修饰的碱基使得 AID 不太可能在胚胎发生期间发生的全基因组 DNA 去甲基化中起主要作用。此外,发现 AID 对 C5-取代的胞嘧啶的反应性随着取代基的大小增加而降低,这使人怀疑 AID 在 DNA 中使 5hmC、5fC 或 5caC 脱氨基中的作用。对 AID$^{-/-}$ 小鼠中甲基化组的分析也不支持其在 DNA 去甲基化中的作用。尽管有这些负面结果,但持续的报道表明,在细胞分化和多能性建立过程中,AID 可能在有限数量的基因座中的 DNA 甲基化变化中发挥作用。

基于斑马鱼模型,通过 AID 去除 5mC 是一个两步过程。通过 AID 将 5mC 初始脱氨基至胸腺嘧啶导致 G：T 错配,然后使用 BER 系统用 C 替换诱变 T。引用这个两步过程是因为单独过表达 AID 酶不会改变甲基化,AID 脱氨酶活性与胸腺嘧啶糖基化酶 MBD4 的偶联导致斑马鱼基因组的去甲基化。另一方面,单独 MBD4 的过表达对 DNA 甲基化几乎没有影响。MBD4 含有甲基化 DNA 结合和糖基化酶结构域,优先结合 5mC：T 错配。此外,正如共免疫沉淀分析所示,DNA 损伤应答基因 *gadd45a* 以及 AID 和 MBD4 合作增强去甲基化,最有可能通过桥接脱氨酶和糖基化酶来实现。与该模型一致,DNA 高甲基化发生在缺乏 TDG 的小鼠中。用 shRNA 阻断 TDG 从而阻断 EG 细胞中体外甲基化 Oct4 基因的再激活,并且共免疫沉淀(co-IP)实验证实 TDG 还与 AID 形成复合物生长停滞和 DNA 损伤诱导蛋白 45a(GADD45A)。

7.8 AID 与 HBV

HBV 是一种小型 DNA 病毒,其复制依赖于逆转录。有研究者使用 HBV 病毒复制的体外模型,将 HBV 复制子质粒转染到人肝细胞系如 HepG2 或 Huh7 中。HBV 复制子质粒携带具有额外 ε(ε)序列的完整病毒基因组序列。转染后,复制子质粒转录其复制所需的所有病毒基因,包括前基因组(pg)RNA 和病毒蛋白(P、核心、X 和 S)的 mRNA。核心蛋白包裹 pgRNA 以形成核衣壳,其中 P 蛋白逆转录 pgRNA 以产生负链 DNA。P 蛋白通过其 RNase-H 活性消化 RNA-DNA 杂合体中的 pgRNA,并合成正链 DNA 以在核衣壳中产生松弛的环状(RC)DNA。最后,核衣壳在获得表面蛋白后作为病毒粒子分泌。一小部分核衣壳被转移到细胞核,其中 RC-DNA 从核衣壳释放并转化为共价闭合的环状 DNA(cccDNA)。在体内 HBV 感染中,cccDNA 累积并保留在肝细胞的细胞核中,在那里它作为所有病毒 RNA 的转录模板。X 基因编码的蛋白质对于病毒复制不是必需的,但可能在肝细胞癌的发展中起作用。这些研究者发现当 AID 在 HBV 复制的肝细胞系中表达时,C→T 和 G→A 突变在 HBV 核衣壳 DNA 中积累。AID 表达导致 RNase H 缺陷型 HBV 的核衣壳 DNA 中的 C→T 突变,其不产生正链病毒 DNA。此外,来自表达 AID 的细胞的核衣壳病毒 RNA 的 RT-PCR 产物显示出大量的 C→T 突变,而核衣壳外的病毒 RNA 不积累 C→U 突变。此外,通过与 HBV RNA 和 HBV 聚合酶蛋白形成核糖核蛋白复合物,将 AID 包装在核衣壳内。AID 蛋白与病毒 RNA 和 DNA 的形成衣壳为评估 AID 的 RNA 和 DNA 脱氨活性提供了有效的环境。总之,这些结果表明 AID 可以使 HBV 的核衣壳 RNA 脱氨基。

7.9 AID 与 KHSV

疱疹病毒与宿主共同进化了数百万年,获得了逃避和操纵宿主免疫反应的方法。这些病毒的成功进化突出其终生持久性、高流行性,也是免疫活性宿主的最小病理负担。然而,在免疫抑制的情况下,这些病毒可引起严重的疾病。Kaposi 肉瘤相关疱疹病毒(KSHV)是人 γ-疱疹病毒家族的成员,其特征在于淋巴细胞性和严格的宿主特异性。它是 Kaposi 肉瘤的致病因子,是艾滋病患者中最常见的恶性肿瘤形式,也导致两种淋巴组织增生性疾病,原发性积液淋巴瘤(PEL)和多中心 Castleman 病(MCD)。

尽管 KSHV 可以感染多种细胞类型,但 B 细胞在体内充当病毒的主要储藏库。KSHV 有利于在感染时建立潜伏期,但可能会重新激活以进行溶解复制。在潜伏期间,病毒基因组为与宿主 DNA 连接的多拷贝染色质化的附加体,并且不产生子代病毒粒子。潜在基因表达仅限于 4 种蛋白质编码基因和 12 种 miRNA,所有这些都有助于促进细胞存活,在有丝分裂期间分离病毒附加体并抑制宿主免疫应答。

有研究者在 KSHV 感染的背景下检查 AID 表达,确定 AID 作为先天免疫防御策略是否对 KSHV 适应性产生负面影响。结果显示,为应答 KSHV 感染,人原代 B 细胞中的 AID 持续快速上调。在原代细胞培养物中,AID 表达在整个感染过程中持续升高。另外,受感染的细胞上调活化受体 NKG2D 的表面配体,由包括天然杀伤(NK)细胞的细胞毒性淋巴细胞表达,与 AID 诱导 DNA 损伤的能力一致,研究者发现 NKG2D 配体诱导依赖于 DNA 损伤应答途径。这些研究者还检测了 KSHV 编码的 miRNA 阻止 AID 介导的免疫的能力,揭示了两个 KSHV miRNA—K12-11 和 K12-5,能够与 AID 的 3′UTR 相互作用并翻译和抑制它。这些数据证实 AID 在针对 KSHV 的先天免疫防御中起关键作用。

参考文献

[1] Revy P, Muto T, Levy Y, et al. Activation-induced cytidine deaminase (AID) deficiency causes the autosomal recessive form of the Hyper-IgM syndrome (HIGM2)[J]. Cell, 2000, 102(5): 565 - 575.

[2] 陈慰峰. 医学免疫学[M]. 3 版. 北京:人民卫生出版社,2000.

[3] Di Noia J M, Neuberger M S. Molecular mechanisms of antibody somatic hypermutation [J]. Annu Rev Biochem, 2007(76): 1 - 22.

[4] Liu M, Schatz D G. Balancing AID and DNA repair during somatic hypermutation[J]. Trends Immunol, 2009, 30(4): 173 - 181.

[5] Matsumoto Y, Marusawa H, Kinoshita K, et al. Up-regulation of activation-induced cytidine deaminase causes genetic aberrations at the CDKN2b-CDKN2a in gastric cancer[J]. Gastroenterology, 2010, 139(6): 1984 – 1994.

[6] Marusawa H, Chiba T. Helicobacter pylori-induced activation-induced cytidine deaminase expression and carcinogenesis[J]. Curr Opin Immunol, 2010, 22(4): 442 – 447.

[7] Pavri R, Nussenzweig M C. AID targeting in antibody diversity[J]. Adv Immunol, 2011, 110: 1 – 26.

[8] Gazumyan A, Bothmer A, Klein I A, et al. Activation-induced cytidine deaminase in antibody diversification and chromosome translocation[J]. Adv Cancer Res, 2012(113): 167 – 190.

[9] Larijani M, Martin A. The biochemistry of activation-induced deaminase and its physiological functions[J]. Semin Immunol, 2012, 24(4): 255 – 263.

[10] Smith H C, Bennett R P, Kizilyer A, et al. Functions and regulation of the APOBEC family of proteins[J]. Semin Cell Dev Biol, 2012, 23(3): 258 – 268.

[11] Bekerman E, Jeon D, Ardolino M, et al. A role for host activation-induced cytidine deaminase in innate immune defense against KSHV[J]. P LoS Pathog, 2013, 9(11): e1003748.

[12] Diaz M. Activation-induced deaminase in immunity and autoimmunity: introduction [J]. Autoimmunity, 2013, 46(2): 81 – 82.

[13] Durandy A, Cantaert T, Kracker S, et al. Potential roles of activation-induced cytidine deaminase in promotion or prevention of autoimmunity in humans[J]. Autoimmunity, 2013, 46 (2): 148 – 156.

[14] Isobe T, Song S N, Tiwari P, et al. Activation-induced cytidine deaminase auto-activates and triggers aberrant gene expression[J]. FEBS Lett, 2013, 587(16): 2487 – 2492.

[15] Liang G, Kitamura K, Wang Z, et al. RNA editing of hepatitis B virus transcripts by activation-induced cytidine deaminase[J]. Proc Natl Acad Sci USA, 2013, 110(6): 2246 – 2251.

[16] Miyazaki Y, Fujinami M, Inoue H, et al. Expression of activation-induced cytidine deaminase in oral epithelial dysplasia and oral squamous cell carcinoma[J]. J Oral Sci, 2013, 55 (4): 293 – 299.

[17] Nakanishi Y, Kondo S, Wakisaka N, et al. Role of activation-induced cytidine deaminase in the development of oral squamous cell carcinoma [J]. PLoS One, 2013, 8 (4): e62066.

[18] Batsaikhan B E, Kurita N, Iwata T, et al. The role of activation-induced cytidine deaminase expression in gastric adenocarcinoma[J]. Anticancer Res, 2014, 34(2): 995 – 1000.

[19] Kumar R, DiMenna L J, Chaudhuri J, et al. Biological function of activation-induced cytidine deaminase (AID)[J]. Biomed J, 2014, 37(5): 269 – 283.

[20] Matthews A J, Zheng S, DiMenna L J, et al. Regulation of immunoglobulin class-switch recombination: choreography of noncoding transcription, targeted DNA deamination, and

long-range DNA repair[J]. Adv Immunol, 2014(122): 1-57.

[21] Moris A, Murray S, Cardinaud S. AID and APOBECs span the gap between innate and adaptive immunity[J]. Front Microbiol, 2014(5): 534.

[22] Qamar N, Fuleihan R L. The hyper IgM syndromes[J]. Clin Rev Allergy Immunol, 2014, 46(2): 120-130.

[23] Hwang J K, Alt F W, Yeap L S. Related Mechanisms of Antibody Somatic Hypermutation and Class Switch Recombination[J]. Microbiol Spectr, 2015, 3(1): MDNA3-0037-2014.

[24] Kasar S, Kim J, Improgo R, et al. Whole-genome sequencing reveals activation-induced cytidine deaminase signatures during indolent chronic lymphocytic leukaemia evolution [J]. Nat Commun, 2015(6): 8866.

[25] Ramiro A R, Barreto V M. Activation-induced cytidine deaminase and active DNA demethylation[J]. Trends Biochem Sci, 2015, 40(3): 172-181.

[26] Rebhandl S, Huemer M, Greil R, et al. AID/APOBEC deaminases and cancer[J]. Oncoscience, 2015, 2(4): 320-333.

[27] Sawai Y, Kodama Y, Shimizu T, et al. Activation-Induced Cytidine Deaminase Contributes to Pancreatic Tumorigenesis by Inducing Tumor-Related Gene Mutations[J]. Cancer Res, 2015, 75(16): 3292-3301.

[28] Ao X, Sa R, Wang J, et al. Activation-induced cytidine deaminase selectively catalyzed active DNA demethylation in pluripotency gene and improved cell reprogramming in bovine SCNT embryo[J]. Cytotechnology, 2016, 68(6): 2637-2648.

[29] Duan Z, Zheng H, Liu H, et al. AID expression increased by TNF-α is associated with class switch recombination of Igα gene in cancers[J]. Cell Mol Immunol, 2016, 13(4): 484-491.

[30] Nonaka T, Toda Y, Hiai H, et al. Involvement of activation-induced cytidine deaminase in skin cancer development[J]. J Clin Invest, 2016, 126(4): 1367-1382.

[31] Rogozin I B, Lada A G, Goncearenco A, et al. Activation induced deaminase mutational signature overlaps with CpG methylation sites in follicular lymphoma and other cancers[J]. Sci Rep, 2016(6): 38133.

[32] Tran T H, Loh M L. Ph-like acute lymphoblastic leukemia[J]. Hematology Am Soc Hematol Educ Program, 2016, 2016(1): 561-566.

[33] Auer F, Ingenhag D, Pinkert S, et al. Activation-induced cytidine deaminase prevents pro-B cell acute lymphoblastic leukemia by functioning as a negative regulator in Rag1 deficient pro-B cells[J]. Oncotarget, 2017, 8(44): 75797-75807.

[34] Bahjat M, Guikema J E J. The Complex Interplay between DNA Injury and Repair in Enzymatically Induced Mutagenesis and DNA Damage in B Lymphocytes[J]. Int J Mol Sci, 2017, 18(9): E1876.

［35］Matsushita M, Iwasaki T, Nonaka D, et al. Higher Expression of Activation-induced Cytidine Deaminase Is Significantly Associated with Merkel Cell Polyomavirus-negative Merkel Cell Carcinomas［J］. Yonago Acta Med, 2017, 60(3): 145 - 153.

［36］Methot S P, Di Noia J M. Molecular Mechanisms of Somatic Hypermutation and Class Switch Recombination［J］. Adv Immunol, 2017, 133: 37 - 87.

［37］Mohri T, Nagata K, Kuwamoto S, et al. Aberrant expression of AID and AID activators of NF-κB and PAX5 is irrelevant to EBV-associated gastric cancers, but is associated with carcinogenesis in certain EBV-non-associated gastric cancers［J］. Oncol Lett, 2017, 13(6): 4133 - 4140.

［38］Nagata K, Kumata K, Nakayama Y, et al. Epstein-Barr Virus Lytic Reactivation Activates B Cells Polyclonally and Induces Activation-Induced Cytidine Deaminase Expression: A Mechanism Underlying Autoimmunity and Its Contribution to Graves' Disease［J］. Viral Immunol, 2017, 30(3): 240 - 249.

［39］Yoon J Y, Lee Y, Yu S L, et al. Aberrant expression of interleukin-10 and activation-induced cytidine deaminase in B cells from patients with Behçet's disease［J］. Biomed Rep, 2017, 7(6): 520 - 526.

［40］Murakami S, Shahbazian D, Surana R, et al. Yes-associated protein mediates immune reprogramming in pancreatic ductal adenocarcinoma［J］. Oncogene, 2017, 36(9): 1232 - 1244.

［41］An L, Chen C, Luo R, et al. Activation-Induced Cytidine Deaminase Aided In Vitro Antibody Evolution［J］. Methods Mol Biol, 2018(1707): 1 - 14.

［42］Jhamnani R D, Nunes-Santos C J, Bergerson J, et al. Class-Switch Recombination (CSR)/Hyper-IgM (HIGM) Syndromes and Phosphoinositide 3-Kinase (PI3K) Defects［J］. Front Immunol, 2018(9): 2172.

［43］Schubert M, Hackl H, Gassner F J, et al. Investigating epigenetic effects of activation-induced deaminase in chronic lymphocytic leukemia［J］. PLoS One, 2018, 13 (12): e0208753.

［44］Rogozin I B, Roche-Lima A, Lada A G, et al. Nucleotide Weight Matrices Reveal Ubiquitous Mutational Footprints of AID/APOBEC Deaminases in Human Cancer Genomes［J］. Cancers (Basel), 2019, 11(2): E211.

8 APOBEC 的进化

分子进化理论认为,多样化通常是通过遗传变异的逐渐积累进行的,点突变是物种内部和物种间遗传异质性的重要来源。突变可以通过自发化学反应产生,由诱变剂诱导,或者由容易出错的复制和修复机制以及其他过程产生。这种突变通常被认为是在整个基因组中随机发生的,并且可以通过自然选择进行连续的靶向。虽然已经描述了一些例外,但是假设大多数单核苷酸突变彼此独立地发生。这些点突变被认为沿着进化时间或多或少稳定地积累,从而充当分子钟。

所有脊椎动物多核苷酸胞嘧啶脱氨酶属于所谓的"APOBEC"家族。APOBEC都有一个典型的形成催化核心的锌离子协调基序。这些基序中的蛋白质序列使系统发生群分为三个亚家族:A1、AID 和 A3s。A3s 被进一步分为三个亚家族:Z1、Z2 和 Z3。

祖先 APOBEC 在脊椎动物辐射开始时起源于一支锌离子依赖的脱氨酶亚家族。APOBEC 基因家族似乎伴随脊椎动物血系的发生和适应性免疫的进化,AID被认为是祖先家族成员之一。能在 B 细胞诱发 SHM 和 CSR 的 AID 同源结构已在硬骨鱼类中得到确认,而真正的 AID 同源结构已在有免疫基因以及属于七鳃鳗目的无颌类脊椎动物的软骨鱼类中得以确认。AID 在七鳃鳗的出现非常特殊,因为其适应性免疫系统不是基于免疫基因而是基于各种不同的淋巴细胞受体(VLRs),而 VLRs 是至少经历了一轮分化的一个富含亮氨酸重复的家族。

在两栖动物中 A4 和 A5 蛋白出现,但它们的功能尚待确定。在四足动物进化过程中,AID 基因的复制导致 A1 的进化。在哺乳动物中,A3 基因进化并大大扩展。小鼠体内只有一个 A3 基因,人类共有 7 个 A3 基因:A3A、A3B、A3C、A3D、A3F、A3G 和 A3H。A3 蛋白通过在病毒 cDNA 中间体中引入 C→U 突变来抑制各种病毒,从而导致 G→A 超突变和病毒抑制。A3 蛋白也可以通过抑制逆转录来抑制逆转录病毒和 L1 元件。已经证明蜥蜴 A1 蛋白具有 DNA 脱氨酶活性,这与APOBEC 家族酶的原始功能是限制逆转录元件而非抗体多样化的假说一致。

APOBEC 基因结构包括 5 个外显子,其催化位点由第 3 个外显子编码。相反,其他的祖先 APOBEC 基因,命名为 A4 和 A2,已在所有有颌类脊椎动物中发现,分别有 2 个和 3 个外显子,编码序列主要限制在第 2 个外显子。A2 的第一个外显子编码的氨基酸几乎没有与任何已知的序列有相似性。这些发现为基因家族的总体进化提供了线索:在 A4 和 A2 脱氨酶样的域内含子缺失暗示这些基因可能是早期逆转座事件的结果。结合系统进化树海七鳃鳗脱氨酶域(AID-CDA1 和 CDA2)的位置,A4 似乎是从 AID 单独进化而来,而 A2 可能起源于 AID 提供的分岔口。家族后来演变成员 A1 和 A3 的系统发育关系和基因结构暗示其可能起源于 AID 座位的有序复制。

8.1 A1 的进化

已有研究者进行筛选找到 A1 的同源物。然而,研究者的分析表明,在非哺乳动物物种中无法识别的 A1 相关序列,都不是真正的 A1 直向同源物。例如,酵母胞苷脱氨酶被描述为 A1 直系同源物。尽管描述了其对载脂蛋白 B RNA 脱氨的能力,但这些研究者发现它显然与经典的作用于游离胞苷的胞苷脱氨酶密切相关。实际上,其锌配位结构域显示出胞苷脱氨酶的特征,而不是 APOBEC 家族的特征。此外,不仅有证据表明酵母通常不会表现出任何可以对载脂蛋白 B RNA 起作用的编辑活性,而且遗传证据表明 CDD1 在酵母中的游离嘧啶核苷酸补救途径中起作用。因此,A1 为哺乳动物特异性基因。

序列的系统发育关系表明 A1 最有可能是通过重复 AID(与 A2 相反)基因座而产生的。与 A2 中的内含子/外显子边界相比,AID、A3 和 A1 中的内含子/外显子的边界相似。研究者推测重复产生 A1 的 AID 导致两个基因在染色体上密切相关。然而,灵长类动物和啮齿动物中的 AID/A1 基因座之间存在鲜明的对比。在人类和黑猩猩中,AID 和 A1 分开大约 1 MB 并且处于相同的转录方向,在啮齿动物中它们相距约 30 KB。已有证据表明,人和啮齿动物基因座之间的差异起源于包含在啮齿动物/灵长类动物分叉后发生的 A1 基因座的 1 MB 倒位。

AID 和 A1 编码序列之间的最大差异在于 C 末端,A1 的 C 末端部分长 32 个氨基酸。虽然没有一级序列相似性,但 A1 的最后两个外显子可能对应于大肠杆菌胞苷脱氨酶 C 末端的假催化结构域。然而,鉴于 A1 中的其他氨基酸在其他 APOBEC 家族成员中没有表现出对应的事实,并且 A1 似乎是后来的 AID 衍生基因,研究者认为 A1 的这个 C 末端部分可能已经进化到允许 A1 特异性地与其他分子相互作用以促进其在 RNA 编辑中的功能。这可能与 AID 类似,其中突变体分析显示 C 末端部分对于类别转换重组是重要的,但对于免疫球蛋白基因的体细胞超突变是不必要的。

8.2 A3 的进化

基因组进化和新基因功能出现的一个重要机制是基因复制。作为基因重复后代的基因组内的基因是旁系同源物,而来自两个物种的最后共同祖先中的单个基因在不同物种中的两个基因是直向同源物。旁系同源物来源于祖先重复或来自谱系特异性重复,从而产生共同直系同源关系。

有研究者推测了 A3 基因座进化的时间尺度,因为它们与其他胞苷脱氨酶有共同起源。根据推测,A3 位点的重复轨迹始于祖先基因本身。A3 家族中三个进化分支的出现可追溯到胎盘哺乳动物的出现。从那时起,A3s 的进化历史就一直受到重复事件的影响,特别是在灵长目动物、奇蹄目和食肉目动物,还有如啮齿目的删除事件。研究者观察到三个主要趋势:第一,过去 100 Mya(进化时刻单位,指距今百万年)中 A3 亚家族的进化速率持续下降;第二,A3Z1 和 A3Z2 亚科发生了重复事件,但 A3Z3 没有;第三,重复事件累积在最近 50 Mya 中。

A3Z1 基因在人类中以三个拷贝出现,命名为 Z1a、Z1b 和 Z1c。A3Z1 基因的MRCA(根或最近共同祖先)约出现在 71 Mya 前,其大致对应于灵长类动物的最初分歧时间,约 73 Mya—87 Mya。A3Z1 基因的直向同源物可以在几种简鼻亚目阔鼻猴物种的基因组中发现,包括狭鼻猴(catarrhini,一种旧世界猴)和阔鼻猴(platyrrhini,一种新世界猴)。研究者在 platyrrhines 基因组中检测到一个 A3Z1基因。Z1c 直向同源物之间的系统发育关系和推断的分歧时间大致与相应物种对应。关于 Z1a 和 Z1b 基因,研究者鉴定普通黑猩猩、西部大猩猩、北方白颊长臂猿和恒河猴的基因组中有两种人类基因的直向同源物。可以在苏门答腊猩猩中鉴定Z1b 人基因的直向同源物。Z1a 和 Z1b 基因的重复事件发生在约 27 Mya。研究者重建灵长类动物中 A3Z2 基因之间的进化关系。在灵长类动物中 A3Z2 基因进化包括在阔鼻猴和狭鼻猴之间分裂之前的第一个基础分裂 Z2aceg/Z2bdf。在此分裂事件之前,祖先的 Z2aceg 也经历了第二次重复 Z2ace/Z2g。在随后的重复事件之后出现了现代 Z2a、Z2c 和 Z2e 人类基因。另一方面,祖先 Z2bdf 至少在猕猴和类人猿分歧之前经历了第一次重复 Z2b/Z2df。A3Z3 基因的直向同源物可以在黑线姬鼠、倭黑猩猩、人类、大猩猩、长臂猿和猕猴的基因组中找到,这些 A3Z3 基因的MRCA 可追溯到 31 Mya 前,在所有这些物种中,A3Z3 基因表现为单拷贝,没有基因重复的证据。

现代马有 6 个 A3 基因,它们是在相对近期的重复事件后从祖先的 A3Z1、A3Z2 和 A3Z3 基因产生。马基因组中的 A3Z1 基因座经历了重复事件。A3Z2 基因座在 39Mya 到 18Mya 之间经历了三轮扩张。系统发育关系以及最后两次重复的时间一致表明祖先 Z2ac 和 Z2bd 基因的串联在一个步骤中进行重复,产生当前排列 Z2a Z2b Z2c Z2d Z2e。马属可以追溯到约 4 Mya 前,在马 A3 基因座的重复事件之后。

从动物到人类病毒的跨物种传播是人类主要致病病毒的起源。虽然生态和流行病学因素在新病原体出现中的作用已有详细记载,但宿主因子的重要性往往是未知的。黑猩猩是人类和人类艾滋病大流行起源的动物中最亲近的亲属。然而,尽管黑猩猩经常暴露于猴子慢病毒,但黑猩猩仅被一种单一的猿猴免疫缺陷病毒 SIVcpz 自然感染。在这里,为什么黑猩猩似乎可以防止其他 SIV 的成功出现。因此,有研究者分析了黑猩猩 A3 基因在为大多数猴病毒感染提供屏障方面的作用。发现大多数 SIV Vif,包括来自 SIVwrc 的 Vif 感染西方红疣猴——黑猩猩在西非的主要猴子猎物,无法对抗黑猩猩 A3G。此外,黑猩猩 A3D 以及 A3F 和 A3H 为 SIV Vif 拮抗作用提供了附加的保护。因此,原代黑猩猩 CD4+T 细胞中的慢病毒复制依赖于拮抗黑猩猩 A3 慢病毒 vif 基因的存在。最后,通过鉴定和功能表征普通黑猩猩和倭黑猩猩中的几种 A3 基因多态性,这些研究者发现猿群编码 A3 蛋白,其均一致地抵抗猴慢病毒的拮抗作用。

虽然慢病毒在非洲猴中很普遍,但只有少数记录的跨物种传播和慢病毒出现在类人猿中的案例。黑猩猩的慢病毒 SIVcpz 是所有 HIV-1 感染的根源。SIVcpz 具有复杂的进化历史,因为它来自红冠白眉猴的 SIVrcm 和来自长尾猴 SIVmus/mon/gsn 的跨物种传播和重组。然而,只有中部和东部的黑猩猩被 SIVcpz 感染,而西方和尼日利亚-喀麦隆黑猩猩以及倭黑猩猩目前似乎没有任何慢病毒感染。黑猩猩只被一种慢病毒谱系感染的事实令人惊讶,因为它们暴露于其猴子猎物中以高流行率存在的 SIV。此外,已发现多种病毒跨物种传播事件,如猿猴泡沫病毒(SFV)和猿猴 T 淋巴细胞病毒(STLV)由西方红疣猴(黑猩猩的主要猎物)传给黑猩猩,但是,在黑猩猩中还未出现感染西方红疣猴的慢病毒 SIVwrc。总体而言,这表明存在宿主因素,而不仅仅是流行病学或生态障碍,保护黑猩猩免受新的慢病毒感染。

来自不同慢病毒的 Vif 不能拮抗黑猩猩 A3G。此外,其他的黑猩猩 A3 家族成员,尤其是 A3D,也为慢病毒复制提供了阻断。慢病毒在原代黑猩猩 CD4+T 细胞中复制的潜力受其辅助蛋白 Vif 控制。这些数据表明 A3 家族的保留和进化,其中几种宿主蛋白质被不同基序的单一病毒蛋白质拮抗,建立了针对病毒多样化的对抗,这可能总体上增强宿主对病毒出现的保护。另外,A3 基因在普通黑猩猩和倭黑猩猩中是多态的,但是群体对具有各种 vif 的慢病毒产生相似的抗性。总的来说,A3 家族对宿主限制因子的限制是一种关键机制,通过这种机制,常见的黑猩猩和倭黑猩猩可以自然地保护自身免受大多数慢病毒跨物种传播。

总之,A3 基因家族与祖先哺乳动物一起出现。A3 基因座通过一系列串联重复扩增,在灵长类动物中得到最好的证明。A3 蛋白的所有组成成分通过剪接替代和通读机制进一步扩展,从而产生更广泛的底物特异性和更精细的 DNA 修饰调节机制。这种多样性是由 A3 基因座中的一系列串联重复产生的,随后可能是正选择导致产生亚/新功能化。

在人类的所有 A3 基因中,A3H 是最多态的,有一些基因编码稳定和活跃的 A3H 蛋白,而另一些则不稳定且抗病毒性差。人 A3H 的这种变异影响与慢病毒拮抗剂 Vif 的相互作用,其通过蛋白酶体降解抵消 A3H。有研究者描述了四种非洲绿猴(AGM)亚种中的 A3H 变异,发现 A3H 在 AGM 中具有高度多态性,并且在多种旧世界猴中丧失了抗病毒活性。这种功能丧失部分与蛋白质表达水平有关,但也受到 N 末端氨基酸突变的影响。此外,这些研究者证明了导致 AGM 的灵长类谱系中 A3H 的进化不是由 Vif 驱动的。A3H 的活性具有进化动态,可能对寄主适应性产生负面影响,导致其在灵长类动物中反复丢失。

病毒对宿主的适应对于不同物种之间的病毒传播至关重要。已有研究发现 A3 家族蛋白质的变化影响了非洲绿猴中猿猴免疫缺陷病毒(SIVs)的物种特异性。研究者利用进化方法揭示了在灵长类动物进化过程中发生了 A3H 活动的反复丧失,表明 A3H 对宿主产生了适应性成本。不同灵长类动物之间 A3H 活性的变化突出了 A3 基因家族的不同选择压力。

8.3　AID 的进化

已经在鲨鱼中鉴定了重新排列的 IgV 基因(IgM、IgNAR 和 IgW)并且显示其已经经历超突变,研究者预期 AID 同源物将延伸回到超过硬骨鱼,至少延伸到软骨鱼。基于来自不同物种的 AID cDNA 的序列比对,研究者设计了一组用于 AID RT-PCR 扩增的简并引物,并且使用这些引物,克隆了在鲨鱼中看起来是真正的 AID 直向同源物的部分 cDNA。该分子与人 AID 显示出 79% 的相似性,与其他物种中的 AID 有显著差异,因为它在锌配位结构域中包含序列 HAE(而不是通常的 AID 特异性 HVE 共有序列)。APOBEC 基因家族的其他特征残基是保守的。

人类 AID(Hs-AID)优先在 ssDNA 中的 WRC(W 是 A/T;R 是 A/G)基序内将 dC 脱氨基至 dU。研究者认为纯化的 Hs-AID 具有某些独特的生化特性,即缓慢的催化速率(每约 4 min 一个反应)和特异性高的亲和力(nM 范围)用于结合 ssDNA,因此一旦与其 ssDNA 靶结合,其 AID:ssDNA 结合复合物在第一次解离事件之前平均持续 5~8 分钟。这些特征随后被其他人证实,与大多数典型的人类酶形成鲜明对比,这些酶的催化和底物开/关速率快约 1 000 倍。

由于在早期发散的脊椎动物鱼谱系中有 SHM 的证据。假设可以在硬骨鱼中发现 AID 直向同源物,从而在斑点鲶鱼(Ip-AID)中发现了 AID 转录物。有研究者确定斑马鱼还有一个真正的 AID 基因(Dr-AID 基因),并指出它与其他射线鳍鱼的预测 AID 基因一起编码胞苷脱氨酶基序中的另外 9 个氨基酸,与四足动物 AID 相比,具有不同的 N 末端基序。即使规范的 CSR 仅发生在四足动物中,多种鱼类 AID 直向同源物仍然能够在大肠杆菌、酿酒酵母和鼠类细胞中启动 SHM 和 CSR,尽管不如哺乳动物 AID 有效,这表明 CSR 由于开关的出现而进化 Ig 基因座内的区域,而不是由于 AID 直向同源物的适应性。

研究者发现在鱼类物种中发现的 AID 直向同源物保持其独特的低酶促率和人类对应物的高亲和力 DNA 结合,并且尽管结构差异导致各种最佳温度和 DNA 底物序列偏好,但三个定义的调节方面结构在整个物种中非常保守:大量的高阳性表面电荷、催化口袋不可接近性,以及经常催化 ssDNA 结合。总之,AID 固有的这些特征是其催化活性保守的原因,在整个进化过程中也是保守的。这些结果证明限制 AID"危险"诱变活性的固有结构特征具有生物学意义,因为它们在进化过程中非常保守。

硬骨鱼接受 SHM 但不接受 CSR,而两栖动物和更高级的四足动物经历这两个过程。值得注意的是,非洲爪蟾 S 区域不像高四足动物的 S 区域那样形成 R 环,并且似乎依赖于丰富的 SHM 基序来靶向 AID 诱导的 DSB。因此,CSR 可能已经从 SHM 发展到一个进化过程,这在很大程度上只需要 S 区的演化作为生成 DSB 的专用 AID 目标。DSB 是一种危险的细胞 DNA 损伤形式,如果修复不当,会导致细胞死亡或致癌的缺失和易位。此外,AID 水平的适度增加对 AID 突变体活动(例如促进易位)的影响比对 CSR 本身的影响更大。在这方面,四足动物通过 S38 磷酸化的 AID 调节可能是从硬骨鱼中的组成型活性 AID 进化而来的,两种 AID 也可能是从共同的 AID 祖先进化而来的,正如鲨鱼 AID EST 中的经典 PKA 位点和相邻天冬氨酸所暗示的那样。

参考文献

[1] Zhang J, Webb D M. Rapid evolution of primate antiviral enzyme APOBEC3G[J]. Hum Mol Genet, 2004, 13(16): 1785 - 1791.

[2] Conticello S G, Thomas C J, Petersen-Mahrt S K, et al. Evolution of the AID/APOBEC family of polynucleotide (deoxy)cytidine deaminases[J]. Mol Biol Evol, 2005, 22(2): 367 - 377.

[3] Lada A G, Iyer L M, Rogozin I B, et al. Vertebrate immunity: mutator proteins and

their evolution [J]. Genetika, 2007, 43(10): 1311 – 1327.

[4] Basu U, Wang Y, Alt F W. Evolution of phosphorylation-dependent regulation of activation-induced cytidine deaminase[J]. Mol Cell, 2008, 32(2): 285 – 291.

[5] Conticello S G. The AID/APOBEC family of nucleic acid mutators. [J]. Genome Biol, 2008, 9(6): 229.

[6] Münk C, Willemsen A, Bravo I G. An ancient history of gene duplications, fusions and losses in the evolution of APOBEC3 mutators in mammals[J]. BMC Evol Biol, 2012(12): 71.

[7] Compton A A, Emerman M. Convergence and divergence in the evolution of the APOBEC3G-Vif interaction reveal ancient origins of simian immunodeficiency viruses[J]. PLoS Pathog, 2013, 9(1): e1003135.

[8] Etienne L, Bibollet-Ruche F, Sudmant P H, et al. The Role of the Antiviral APOBEC3 Gene Family in Protecting Chimpanzees against Lentiviruses from Monkeys[J]. PLoS Pathog, 2015, 11(9): e1005149.

[9] Hirano M. Evolution of vertebrate adaptive immunity: immune cells and tissues, and AID/APOBEC cytidine deaminases[J]. Bioessays, 2015, 37(8): 877 – 887.

[10] Pinto Y, Gabay O, Arbiza L, et al. Clustered mutations in hominid genome evolution are consistent with APOBEC3G enzymatic activity[J]. Genome Res, 2016, 26(5): 579 – 587.

[11] Nakano Y, Misawa N, Juarez-Fernandez G, et al. A conflict of interest: the evolutionary arms race between mammalian APOBEC3 and lentiviral Vif[J]. Retrovirology, 2017 (14): 31.

[12] Quinlan E M, King J J, Amemiya C T, et al. Biochemical Regulatory Features of Activation-Induced Cytidine Deaminase Remain Conserved from Lampreys to Humans[J]. Mol Cell Biol, 2017, 37(20): e00077-17.

[13] Damsteegt E L, Davie A, Lokman P M. The evolution of apolipoprotein B and its mRNA editing complex. Does the lack of editing contribute to hypertriglyceridemia? [J]. Gene, 2018(641): 46 – 54.

[14] Garcia E, Emerman M. Recurrent Loss of APOBEC3H Activity during Primate Evolution[J]. J Virol, 2018: 00971-18.